ARBEITSMETHODEN DER MODERNEN NATURWISSENSCHAFTEN

ANGEWANDTE GITTERPHYSIK

Behandlung der Eigenschaften kristallisierter Körper vom Standpunkte der Gittertheorie

Von

Dr. W. Kleber

Professor für Mineralogie und Kristallographie und Direktor des Mineralogisch-Petrographischen Instituts der Humboldt-Universität Berlin

Mit 86 Abbildungen im Text

3., völlig neubearbeitete und erweiterte Auflage

WALTER DE GRUYTER & CO.

vormals G. J. Göschen'sche Verlagshandlung — J. Guttentag, Verlagsbuchhandlung — Georg Reimer — Karl J. Trübner — Veit & Comp.

Berlin 1960

Archiv-Nr. 52 75 60 — Printed in Germany — Satz und Druck: Buchdruckerei Richard Hahn (H. Otto), Leipzig O 5

Vorwort zur 1. Auflage

Das, was wir unter einem Kristall verstehen, ist heute eindeutig durch den Strukturbegriff definiert. Es ist möglich, einen wesentlichen Teil der Kristalleigenschaften aus der Gittertheorie abzuleiten, und es wird letztes Ziel und Aufgabe der Kristallphysik und Kristallchemie sein, alle Eigenschaften und Erscheinungen der kristallisierten Materie aus ihrem strukturellen Aufbau mathematisch zu entwickeln. Damit ist gleichzeitig gesagt, daß es noch der Zukunft überlassen bleiben muß, eine vollständige quantitive Deduktion der Erscheinungswelt des Kristalls vom Diskontinuumsbegriff her aufzubauen.

Trotzdem erscheint es auch schon im Augenblick lohnend, einen Überblick über Wege und Möglichkeiten zu geben, die, wenn auch nicht immer, so doch in zahlreichen Fällen, zum erstrebten Ziel führen. Dies soll daher eine Aufgabe der vorliegenden Darstellung sein: Eine zusammenfassende Schau der physikalischen (physikalisch-chemischen) Eigenschaften der Kristalle vom Blickpunkt der Gittertheorie zu geben.

Dort, wo sich allgemeinere Methoden bereits bewährt haben, habe ich versucht, diese Methoden in ihren Grundzügen zu entwickeln. Ich habe mich dabei bemüht, das Mathematische möglichst einfach zu gestalten. Wenn mir dabei die exakte Ableitung für das dreidimensionale Gitter zu kompliziert erschien, habe ich das Methodische am eindimensionalen Fall erläutert. Jedenfalls war ich bestrebt, für einfache Modelle die erprobten Wege möglichst ausführlich aufzuzeigen. Die Verallgemeinerung, insbesondere die Übertragung auf das dreidimensionale Kristallgitter, die sich vielfach durch rechnerische Schwierigkeiten recht unwegsam gestaltet, wurde dann großzügig hergestellt. Es kam mir dabei nicht nur auf das Ergebnis, fast möchte ich sagen, weit mehr auf den Weg, das Verfahren, an.

Damit ist gleichzeitig und von vornherein festgestellt, daß das vorliegende Buch keineswegs die streng mathematisch aufgebauten Darstellungen über Gitterphysik ersetzen kann. Aber es soll — und das ist ein zweites Ziel – eine Einführung in die mathematische Theorie des kristallisierten Zustandes geben. Im allgemeinen wird der Mineraloge, Chemiker oder Physiker nur selten das hohe Rüstzeug mitbringen, das zum Verständnis und zur Verarbeitung der strengen gittertheoretischen Methoden gefordert werden muß. (Eine Monographie über diese Methoden ist in der Enzyklopädie der mathematischen Wissenschaften enthalten!) So blieben die interessanten Zusammenhänge zwischen Kristallstruktur und Kristallphysik denen verschlossen, die nicht über die notwendigen mathematischen Hilfsmittel verfügen können. Dies schien mir schon lange ein Mangel, dem abzuhelfen meine Absicht war.

In vielen Fällen habe ich bewußt auf eine quantitative Darlegung verzichtet und habe Wege angegeben, die zunächst nur auf dem Anschaulichen begründet sind. Dabei ergab es sich, daß dieses heuristische Verfahren nicht selten erfolgreich zur Planung experimenteller Untersuchungen angewandt werden kann. Dies darf ich aber als eine dritte Aufgabe der vorliegenden Darstellung nennen. Die Vorstellung vom gitterartigen Aufbau des kristallisierten Zustandes kann als Wegweiser dienen für die Aufstellung und Lösung vieler Probleme, die sich mit diesem Zustand beschäftigen. Das Entscheidende ist also, daß man in gegebenen Fällen stets das Kristallgitter vor seinem geistigen Auge bereitstellt, um von diesem Blickpunkt aus die Vorgänge am und im Kristall zu erfassen.

Damit ist auf die unmittelbar praktische Aufgabe hingewiesen, die eine angewandte Gitterphysik zu erfüllen hat. Es ist aber auch klar, daß die „Anwendung", so wie sie in der vorliegenden Darstellung verstanden wird, weiter zu fassen ist: Sie erstreckt sich allgemein auf alle physikalischen und physikalisch-chemischen Eigenschaften des Kristalls. Man kann die Gitterphysik als rein theoretische Disziplin aufbauen. Die Brücke aber, die durch die Anwendung dieser Theorie zum Kristall und schließlich zum Mineral geschlagen wird, bedingt das Interesse, das der experimentierende Mineraloge, Physiker oder Chemiker an diesen Problemstellungen nimmt.

Daß die vorliegende Arbeit zum Abschluß kommen konnte, verdanke ich ausschließlich Herrn Prof. K. F. Chudoba, Bonn, der mir bereitwilligst und entgegenkommend die Hilfsmittel seines Instituts zur Verfügung stellte. Ihm gebührt daher an erster Stelle mein Dank! Weiterhin danke ich dem Herausgeber der Sammlung, Herrn Prof. A. Thiel, Marburg, für die freundliche Durchsicht des Manuskriptes und manchen wertvollen Rat.

Bonn, im Februar 1941 *W. Kleber*

Vorwort zur 3. Auflage

Die Aufgabe, ein Buch mit einer naturwissenschaftlichen Themenstellung nach einigen Jahren wieder auf den neuesten Stand zu bringen, läßt in einem Augenblick der Besinnung das Bewußtsein des atemberaubenden Tempos in der Entwicklung der modernen Naturforschung deutlich werden. Dieser Prozeß, der sich auf internationaler Ebene abspielt, ist aber nicht nur hinsichtlich seines Zeitmaßes bemerkenswert, auch in bezug auf seinen Umfang ist er – für den einzelnen jedenfalls – kaum mehr übersehbar geworden. Damit werden neuartige Probleme der Dokumentation offenbar, und man ist geneigt zu vermuten, daß in der Zukunft die bisherigen Formen der üblichen Lehrbücher und Monographien fragwürdig erscheinen werden, wenn ihr Inhalt bereits in wenigen Jahren jeweils überholt wird.

Solche Entwicklungen beobachten wir nicht zuletzt auf dem Gebiet der modernen Kristallographie, insbesondere der Kristallphysik. Die Arbeiten, die jährlich das Thema der Realstruktur behandeln, haben sich gegenüber der Zeit vor dem zweiten Weltkrieg vervielfacht. So ist es nicht verwunderlich, daß für die „Angewandte Gitterphysik" gerade auf diesem Teilgebiet die meisten Ergänzungen notwendig geworden sind. Die Abschnitte über Versetzungen und thermodynamische Defekte wurden neu geschrieben, und ein Kapitel über „Kristallwachstum und Versetzungen" wurde eingefügt. Polytypie und Whiskerbildung bieten recht instruktive Beispiele über den Zusammenhang von Fehlordnung und Kristallisation. Hierher gehören im Grunde auch die wichtigen

Untersuchungen der Schule RAETHERS in Hamburg über die Zwillingsbildung als störungsempfindlichem Phänomen. Auch der Abschnitt über „Lumineszenz“ mußte wesentlich erweitert werden. Die Baufehler in einem „fast fehlerfreien Kristall“ beanspruchen noch immer ein zunehmendes Interesse.

Jedoch beschränken sich die stürmischen Entwicklungstendenzen nicht nur auf die fehlerbedingten Erscheinungen. Auch im Bereich der Kristallphysik des idealen Gitters sind wesentliche Resultate erzielt worden, die im Rahmen der „Angewandten Gitterphysik“ Berücksichtigung finden mußten. Erwähnt seien die modernen Probleme der kristallchemischen Bindung, wie sie von L. PAULING begründet und später vor allem von H. KREBS in Bonn propagiert wurden. Entscheidende und sehr weit führende Ergebnisse sind von I. N. STRANSKI und seiner Schule (KAISCHEW, BLIZNAKOW, MUTAFTSCHIEW) hinsichtlich der Kinetik des Kristallwachstums gewonnen worden, wobei insbesondere unsere Kenntnisse über die Wirkung der Adsorption wesentlich vertieft werden konnten. Schließlich wurde die elegante Behandlung der optischen Aktivität von Kristallen durch RAMACHANDRAN in das Buch eingebaut.

Man sieht: Eine große Vielfalt des Stoffes ist verarbeitet worden, und doch bleiben es immer nur einzelne Ausschnitte. Der große Umfang des immer wieder neu anfallenden Materials gebietet notwendig eine weitgehende Beschränkung. Dies ist aber nur über den Weg einer mehr oder weniger subjektiven Einstellung des Autors möglich. Nach wie vor sollte die „Angewandte Gitterphysik“ kein Handbuch sein, sondern als einführendes Werk zu einem sehr interessanten Gebiet der modernen Naturwissenschaft dienen und gleichzeitig zu eingehendem Studium der vorhandenen reichhaltigen Literatur anregen.

Berlin, Juni 1960 *W. Kleber*

Inhaltsübersicht

Seite

Einleitung

Wenn wir uns einmal die Aufgabe stellen wollen, die Vorstellung von dem, was wir unter „fester Materie“ verstehen, wissenschaftlich streng und eindeutig abzugrenzen, so würden wir dabei bald auf bemerkenswerte Schwierigkeiten stoßen. Es ist uns beispielsweise keineswegs möglich, mit Hilfe physikalischer Methoden etwa zu entscheiden, wann bei fallender Temperatur eine Glasschmelze in den festen Zustand übergegangen ist. Wenn wir eine SiO_2-Schmelze abkühlen, ergibt sich ein vollkommen kontinuierlicher Übergang zum Kieselglas. Ein Schmelz**punkt** ist nicht vorhanden. Anders verläuft demgegenüber der Übergang von der SiO_2-Schmelze zum α-Cristobalit, der sich bei einer Temperatur von 1710° C vollzieht. Verfolgen wir irgendeine physikalische Eigenschaft, etwa die Lichtbrechung, messend in der Nähe dieses Schmelzpunktes, so müssen wir feststellen, daß sich dort diese Eigenschaft unstetig, sprunghaft ändert. Wir können demnach den Kristallzustand scharf vom flüssigen Zustand abgrenzen, da sich der Übergang unter Energieänderung sprunghaft vollzieht. Dem Übergang in den „amorphen festen“ Zustand (z. B. Glas) hingegen liegen ganz andere, stetige Vorgänge zugrunde. Es ist daher vielfach üblich geworden, den amorphen Körper als eine Art unterkühlter, hochviskoser Flüssigkeit zu betrachten.

Wir unterscheiden zweckmäßigerweise zwei Hauptzustandsformen der Materie: isotrop und anisotrop. Untersuchen wir innerhalb einer homogenen Phase von irgendeinem Punkt aus ein bestimmtes chemisches oder physikalisches Verhalten (z. B. die Wärmeleitfähigkeit) in verschiedenen Richtungen, so kann dieses Verhalten in all diesen Richtungen das gleiche sein. Eine derartige Phase bezeichnen wir als **isotrop**. Ist dagegen das untersuchte Verhalten von der Richtung abhängig, so nennen wir die Phase **anisotrop**.

Beispiel: Wir überziehen ein Spaltblättchen eines Gipskristalles mit einer dünnen Paraffinschicht und drücken senkrecht zum Blättchen einen erhitzten Draht auf. Von der erhitzten punktförmigen Stelle aus wird die Wärme längs der Oberfläche des Spaltblättchens weitergeleitet, wobei die Paraffinhaut zum Schmelzen kommt und die Schmelzgrenze jeweils als kleiner Wulst sichtbar wird. Diese Schmelzgrenze zeigt deutlich die Form einer Ellipse, d. h. aber, die Wärme ist nicht nach allen Richtungen gleichmäßig weitergeleitet worden. Eine derartige Phase, die in unserem Beispiel durch den Kristallzustand dargestellt ist, bezeichnen wir als anisotrop.

Rein isotrop ist nur die Gasphase. Wir wissen, daß sich beispielsweise das Licht in einem Gas nach allen Richtungen mit der gleichen Geschwindigkeit ausbreitet. Der gasförmige Zustand ist strukturell durch eine vollkommene Unordnung der Atome oder Molekeln des Gases gekennzeichnet. Unsere Kenntnisse vom Aufbau einer Flüssigkeit sind noch verhältnismäßig unsicher, jedenfalls wesentlich weniger umfangreich als unser Wissen vom gasförmigen und vom kristallisierten Zustand. Es ist sehr wahrscheinlich, daß die flüssige Phase eine Mittelstellung zwischen dem isotropen und dem anisotropen Zustand einnimmt. Man spricht vielfach von einer quasikristallinen Struktur der Flüssigkeit, wobei man sich dann vorstellt, daß die Molekeln (auch Übermolekeln, Ionen oder Atome) der Flüssigkeit sich zu kleineren Gruppen, den sogenannten „Molekelschwärmen", ordnen. Sicher ist, daß in Flüssigkeiten die Molekeln nicht völlig regellos verteilt sind, sondern daß eben in kleineren Bereichen eine gewisse Ordnung existiert. Die Molekelgruppen sind aber so klein und ihr Aufbau ist so labil, weil er immer wieder durch die Wärmebewegung zerstört wird, daß sich die flüssige Phase in allen ihren physikalischen Eigenschaften wie ein isotroper Körper verhält. Wie der Festkörper – jedoch im Gegensatz zum gasförmigen Zustand – nimmt die Flüssigkeit ein definiertes Volumen ein. Im Gegensatz zum Festkörper andererseits nimmt sie keine bestimmte Gestalt an, sondern fügt sich der Gestalt ihres Behälters. Eine ähnliche Struktur wie die Flüssigkeiten dürften die amorphen Körper oder *Gläser* besitzen. Auch bei ihnen sind die Molekeln ungeordnet zusammengelagert. Doch ist ihre Beweglichkeit so gering, daß die einzelnen Molekeln von ihren Nachbarn fest in ihrer Lage gehalten werden: Die Molekeln sind „eingefroren".

Als wichtigster Typus des anisotropen Zustandes ist die kristalline Phase zu nennen, deren Struktur ja heute weitgehend erforscht ist. Dieser Zustand ist charakterisiert durch eine strenge, geometrische Ordnung der Bausteine im Raum (Gitteraufbau). Wir können den Kristallzustand scharf gegen die übrigen Zustände abgrenzen, indem wir als Kriterium für ihn den Gitteraufbau voraussetzen. Mit Hilfe der Röntgenstrahlen ist es ohne Schwierigkeiten möglich, festzustellen, ob eine Substanz kristallisiert ist oder nicht. Die Interferenzerscheinungen, die man erhält, wenn man einen Kristall mit Röntgenlicht durchstrahlt, gelten als untrügliches Kennzeichen für diesen Zustand. Auch die sogenannten kristallinflüssigen Phasen (anisotrope Flüssigkeiten) liefern keine derartigen Erscheinungen. Immerhin besitzen solche Flüssigkeiten, wie z. B. p-Azoxyanisol, verschiedene (z. B. optische) Eigenschaften, die uns veranlassen, sie als anisotrop zu bezeichnen. In folgendem Schema finden sich die Zustandsarten der Materie zusammengestellt:

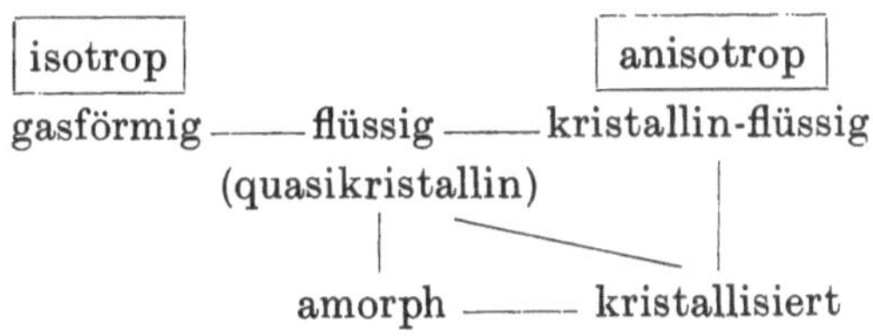

I. Der Gitteraufbau der kristallisierten Materie

1. Geometrie der Kristallgitter

Wir haben bereits vorausgeschickt, daß ein Kristall in ganz gesetzmäßiger Weise aus seinen Bausteinen zusammengesetzt ist. Derartige Bausteine sind Atome, Ionen oder Molekeln, die in einer periodisch diskontinuierlichen Anordnung Raumpunkte besetzen. Unsere Betrachtung, die zunächst rein geometrisch ist, wird dadurch wesentlich vereinfacht, daß wir an Stelle der physikalischen Baueinheiten (Atome usw.) zunächst einfach Punkte setzen, die wir als Schwerpunkte der betreffenden Bausteine deuten können.

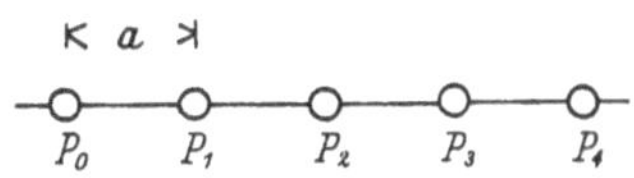

Abb. 1. Eindimensionales Gitter (Punktreihe)

Ein periodisch diskontinuierlicher Aufbau wird durch Parallelverschiebungen, die wir als Translationen bezeichnen wollen, erzeugt. Wir verschieben beispielsweise einen Punkt P_0 längs einer Geraden nach P_1 (Abb. 1) um eine bestimmte Strecke a, dann um die gleiche Strecke nach P_2, nach P_3 usw. Auf diesem Wege erhalten wir ein homogenes, eindimensionales Diskontinuum oder eine Punktreihe, die durch die Translation $\mathfrak{a}$ erzeugt wird. $\mathfrak{a}$ stellt selbstverständlich einen Vektor dar, dem eine bestimmte Richtung und ein bestimmter Betrag $|\mathfrak{a}| = a$ zukommt. a wird Periode (Identitätsperiode, Identitätsabstand) genannt. Aus Abbildung 1 können wir unmittelbar ableiten, daß mit der Translation $\mathfrak{a}$ gleichzeitig noch unendlichviele Parallelverschiebungen $2\mathfrak{a}$, $3\mathfrak{a}$, $4\mathfrak{a}$ oder allgemein $m\mathfrak{a}$ Translationen des Punktsystems darstellen. $\mathfrak{a}$ ist dabei die kleinste. Lassen wir nun auf einen Punkt P_0 zwei verschiedene Translationen $\mathfrak{a}$ und $\mathfrak{b}$ einwirken, so entsteht ein zweidimensionales homogenes Diskontinuum oder ein Punktnetz (Abb. 2). Wir bezeichnen $(\mathfrak{a}, \mathfrak{b})$ als Translations-

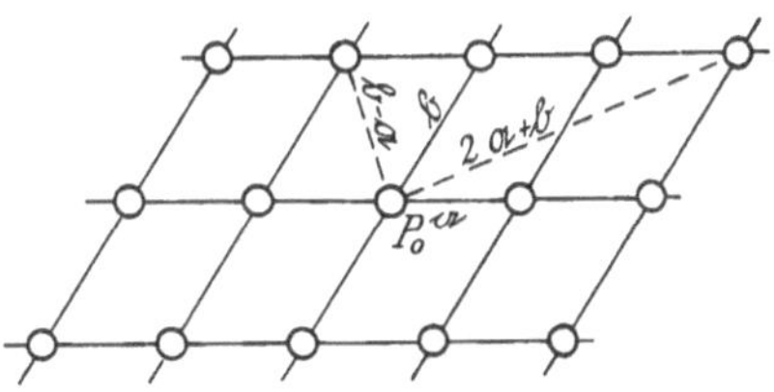

Abb. 2. Zweidimensionales Gitter (Netzebene)

gruppe. Jetzt ist nicht nur jede Parallelverschiebung $m\mathfrak{a}$ und $n\mathfrak{b}$ (m und n sind ganze Zahlen), sondern jede vektorielle Summe[1]) $m\mathfrak{a} + n\mathfrak{b}$ eine Operation, die das Punktnetz mit sich zur Deckung bringt (Deckoperation). Ein gegebenes Punktnetz läßt sich also durch unendlich viele Translationsgruppen erzeugen.

Schließlich gelangen wir ganz analog zu einem **Raumgitter**, wenn auf P_0 drei verschiedene Translationen $\mathfrak{a}$, $\mathfrak{b}$, $\mathfrak{c}$ (Translationsgruppe) angewandt werden (Abb. 3). In diesem dreidimensionalen Falle stellt jede Kombination $m\mathfrak{a} + n\mathfrak{b} + p\mathfrak{c}$ (m, n, p ganze Zahlen)

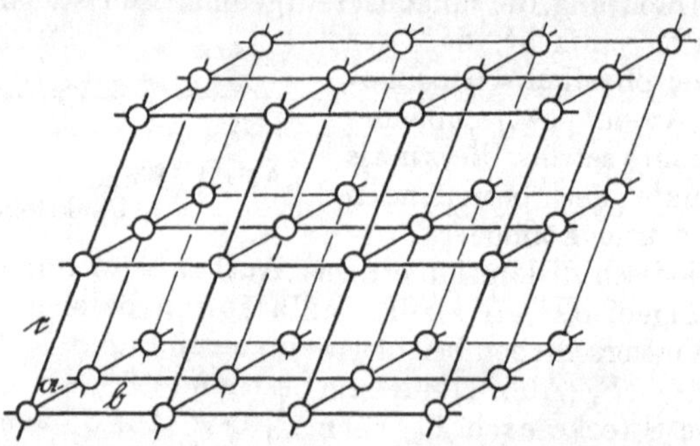

Abb. 3. Dreidimensionales Gitter (Raumgitter)

eine Deckoperation des Punktgitters dar. Das durch die drei Vektoren $\mathfrak{a}$, $\mathfrak{b}$, $\mathfrak{c}$ bestimmte Parallelepiped wird **Elementarparallelepiped** oder **Elementarzelle** genannt.

Jede Ebene, die durch drei Punkte eines Raumgitters hindurchgeht, ist regelmäßig mit Punkten besetzt, stellt also ein Punktnetz dar. Man bezeichnet solche Ebenen des Kristallgitters als Netzebenen. Sie entsprechen phänomenologisch den Kristallflächen. Es zeigt sich dabei, daß die Flächen einer Kristallart im allgemeinen um so größer sind und um so häufiger auftreten, je dichter die Netzebene, die jener Kristallfläche entspricht, mit Gitterpunkten besetzt ist.

Bei den Kristallen sind die Beträge der Translationen $\mathfrak{a}$, $\mathfrak{b}$, $\mathfrak{c}$ von der Größenordnung 10^{-8} cm = 1 Å (ÅNGSTRÖM-Einheit). Die Kri-

[1]) D. h. die Summe wird nach dem Parallelogramm der Kräfte aus den einzelnen Komponenten zusammengesetzt.

stalle erscheinen demnach sowohl makroskopisch als auch mikroskopisch kontinuierlich und nicht diskontinuierlich aufgebaut. Nun zeigen bekanntlich die äußeren Kristallformen gewisse Symmetrieeigenschaften, die selbstverständlich auch im Gitteraufbau zum Ausdruck kommen müssen. Um die Symmetrieeigenschaften eines Gitters zu verstehen, müssen wir uns zunächst mit den Symmetrieeigenschaften der Kristallformen vertraut machen. Betrachten wir einmal einen Kristall des weitverbreiteten Minerals Calcit, $CaCO_3$! Wir finden von diesem Mineral, beispielsweise bei Niederbronn im Elsaß, eine Form, wie sie etwas idealisiert in Abbildung 4 dargestellt ist. Man bezeichnet einen derartigen Körper als Skalenoeder. Von diesem Kristallkörper wollen wir uns eine Projek-

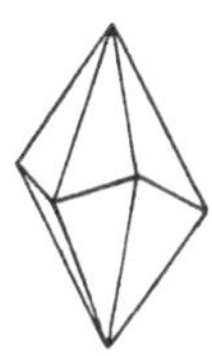

Abb. 4. Skalenoeder von Kalkspat

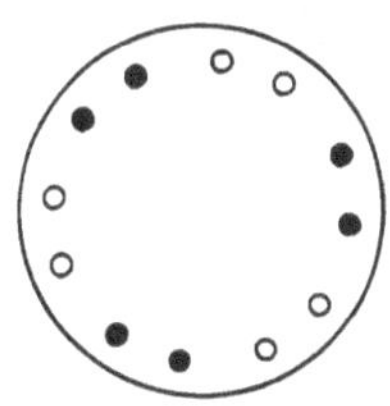

Abb. 5. Projektion der Flächen eines Skalenoeders (Abb. 4)

tion, und zwar eine sogenannte stereographische Projektion, herstellen. Wir stellen das Skalenoeder in den Mittelpunkt einer Kugel und zeichnen von diesem Mittelpunkt die Normalen auf alle 12 Flächen des Körpers, bis sie die Kugeloberflächen durchstoßen. Wir erhalten auf diese Weise 12 Punkte auf der Kugeloberfläche, die wir endlich einfach auf die Ebene, die durch den Äquator unserer Bezugskugel hindurchgeht, projizieren. Schließlich gewinnen wir eine Projektion, wie sie in Abbildung 5 dargestellt ist. Die ausgefüllten Kreise bezeichnen die Punkte oberhalb, die Leerkreise die Projektionspunkte unterhalb der Äquatorebene. Jeder Kristallfläche entspricht auf diese Weise ein Punkt in unserer Projektion. Wir erkennen, daß immer abwechselnd zwei Punkte (Flächen) oben und zwei Punkte (Flächen) unten liegen, ganz analog, wie dies bei dem Körper der Abbildung 4 der Fall ist. Unmittelbar sehen wir auch, daß diese Figur gewisse Symmetrieeigenschaften hat, die auch dem Kristallkörper zukommen, die sich aber bei der Projektion wesentlich deutlicher übersehen lassen. Wir wollen nun untersuchen, welche Symmetrieelemente vorhanden sind, die den Kristallkörper bzw. die Projektion mit sich selbst zur Deckung bringen. Ohne weiteres erkennen wir, daß in der Mitte der Figur, senkrecht zur Zeichenebene stehend, eine dreizählige Achse vorhanden ist: Die durch Vollkreise bezeichneten Projektionspunkte wiederholen sich paarweise dreimal, ebenso die durch Leerkreise angedeuteten Punktpaare, jeweils nach einer Drehung um 120°. Senkrecht zu dieser Achse, also in der Projektionsebene, stehen drei zweizählige Nebenachsen, die jeweils zwischen einem Punkt oben (Vollkreis) und einem Punkt unten (Leerkreis) verlaufen. Drei Spiegelebenen liegen zwischen zwei Punktpaaren. Man sieht unmittelbar, daß beispielsweise die linke Hälfte der Figur durch Spiegelung aus der rechten Hälfte erzeugt werden kann. Die vertikal stehende, dreizählige Achse ist gleichzeitig eine sechszählige Drehspiegelachse. Diese Drehspiegelung stellt eine Deckoperation dar, die aus einer Drehung um eine Achse bei gleichzeitiger Spiegelung an einer auf der Achse senkrecht stehenden Ebene besteht. Schließlich besitzt die Abbildung 5 ein Symmetriezentrum, d. h., zu jeder Fläche ist auch die parallele Gegenfläche vorhanden. Aus Abbildung 6 ist die Lage der Symmetrieelemente des Skalenoeders zu ersehen. An Stelle der sechszähligen Drehspiegelachse kann eine dreizählige Inversionsdrehachse gesetzt werden: Beide sind miteinander identisch. Man versteht unter Inversionsdrehung die Koppelung von Drehung und Symmetriezentrum (Inversion).

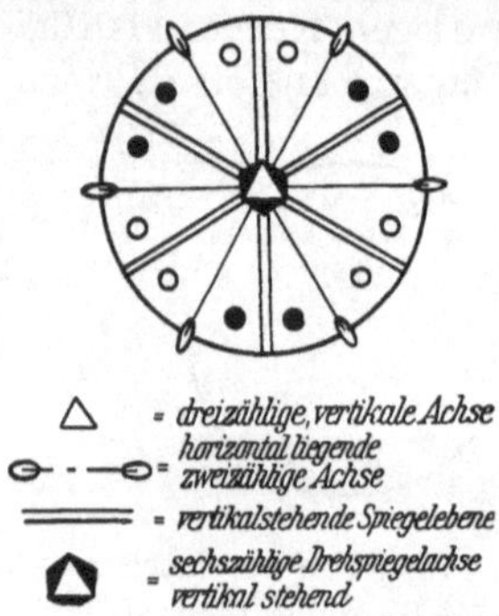

Abb. 6. Symmetrieelemente eines Skalenoeders

In unserem Beispiel haben wir gleich alle Arten von Symmetrieelementen kennengelernt: Drehungsachsen, Spiegelebenen und Drehspiegelachsen bzw. Inversionsdrehachsen. Kristallographisch existieren nur Drehungen von der Zähligkeit 1, 2, 3, 4 und 6 (Drehwinkel 360°, 180°, 120°, 90° und 60°). Entsprechendes gilt auch für die Inversionsdrehungen. Eine besondere Rolle unter ihnen spielt die zweizählige Drehspiegelachse oder einzählige Inversionsdrehachse. Es läßt sich leicht zeigen, daß dieses Symmetrieelement identisch ist mit dem Symmetriezentrum oder Inversionszentrum. Ein Symmetriezentrum ist nur dann vorhanden, wenn zu jeder Fläche die gleichwertige parallele Gegenfläche festgestellt ist.

Die verschiedenen Symmetrieelemente lassen sich nun in mannigfaltiger Weise kombinieren, und es zeigt eine ausführliche Überlegung, daß es 32 derartige Kombinationsmöglichkeiten gibt, die wir als Punktgruppen bzw. Kristallklassen bezeichnen. Zunächst erhalten wir die Klassen, die jeweils nur eine Drehachse besitzen. Je nach der Zähligkeit der Achse belegen wir die Symmetrieklassen mit folgenden Symbolen: 1, 2, 3, 4 und 6. Zu allen diesen Achsen können nun noch zweizählige Achsen hinzugefügt werden, die senkrecht auf der Hauptachse stehen. Diese Klassen erhalten die Symbole: 222, 32, 422 und 622. Auf Grund internationaler Vereinbarung legt man der Symbolisierung der Koppelungsoperationen die Inversionsdrehungen zugrunde, die man der Reihe nach mit $\bar{1}$, $\bar{2}$, $\bar{3}$, $\bar{4}$ und $\bar{6}$ (zu lesen z. B. „sechs quer") bezeichnen kann. (Die Drehspiegelungen liefern keine neuen Operationen!) Dabei ist $\bar{2}$ identisch mit einer Spiegelebene, die mit dem Symbol m (französisch „miroir") gekennzeichnet wird. Das internationale Symbol für die zweizählige Inversionsdrehachse oder Spiegelebene ist demnach m. Weitere Punktgruppen erhalten wir durch Kombination von Drehungen und Spiegelung, wobei die Achsen senkrecht auf der Spiegelebene stehen: $2/m$ $(3/m = \bar{6})$, $4/m$ und $6/m$ (zu lesen z. B.: „sechs über m"). Oder die Drehachsen liegen in der Spiegelebene: $mm2$, $3m$, $4mm$ und $6mm$. Unter Verwendung der Inversionsdrehachsen ergeben sich folgende Gruppen: $\bar{3}m$, $42m$, und $\bar{6}m2$. Weiterhin sind Gruppen mit Drehachsen, senkrecht dazu stehenden zweizähligen Achsen und Spiegelebenen zu berücksichtigen: mmm, $4/mmm$ und $6/mmm$. Schließlich existieren Kombinationen einer zweizähligen oder vierzähligen Drehachse mit einer dreizähligen Achse, die sich unter einem Winkel von 54° 44′ schneiden (= Winkel zwischen Würfelkante und Raumdiagonale des Würfels). Dabei resultieren bei Beachtung aller Kombinationsmöglichkeiten noch folgende Gruppen: 23, $m3$, 432, $43m$ und $m3m$.

Wie man leicht zeigen kann, lassen sich zweckmäßigerweise mehrere Kristallklassen auf das gleiche Koordinatensystem (vgl. weiter unten) beziehen. Entsprechend können die 32 Klassen zu 7 Kristallsystemen zusammengefaßt werden:

Triklines System: $1, \bar{1}$

Monoklines System: $2, m, 2/m$

Rhombisches System: $222, mm2, mmm$

Trigonales System: $3, 3, 32, 3m, 3m$

Hexagonales System: $6, \bar{6}, 6/m, 622, 6mm, \bar{6}m2, 6/mmm$

Tetragonales System: $4, 4, 4/m, 422, 4mm, \bar{4}2m, 4/mmm$

Kubisches System: $23, m3, 342, \bar{4}3m, m3m$

Es sei bemerkt, daß die Symmetriekombination unseres Beispiels (Abb. 6) das Symbol $\bar{3}m$ erhält. Die Kombination besteht aus einer dreizähligen Inversionsdrehachse, drei zweizähligen Achsen, die senkrecht auf der Hauptachse stehen, drei Spiegelebenen, die die Winkel zwischen zwei gleichwertigen zweizähligen Achsen halbieren.

Wir können zusammenfassend feststellen, daß die Kristalle ihrer makroskopischen Symmetrie entsprechend in 32 Symmetrieklassen eingeordnet werden können. Tatsächlich ist auch nie eine Kristallart gefunden worden, deren Symmetriekombination nicht zu einer der 32 Klassen gehörte.

Kehren wir nun wieder zur Betrachtung des Gitteraufbaus der Kristalle zurück! Selbstverständlich muß die makroskopisch wahrnehmbare Symmetrie auch in diesem Gitteraufbau zum Ausdruck kommen. Für die diskontinuierlich struierte Materie hatten wir als grundlegende Deckoperation die Translation kennengelernt. Wir können nun die Translationen mit den Makro-Symmetrieelementen kombinieren und erhalten auf diese Weise alle möglichen Symmetriefälle eines dreidimensionalen Diskontinuums. Bei der Ausführung derartiger Kombinationen müssen wir zwei Fälle unterscheiden:

1. Ein Symmetrieelement oder eine Kombination von Symmetrieelementen wird der Translation unterworfen. Dabei entsteht eine Gesamtheit von unendlich vielen, in bestimmten Abständen parallel liegenden Symmetrieelementen. An Stelle der einzelnen Symmetrieelemente (Punktsymmetrie) treten jetzt Scharen von Symmetrieelementen.

2. Translation und Drehung können gleichzeitig auf einen Punkt einwirken, wobei eine neue Symmetrieoperation, die Schraubung,

entsteht. Oder es kann ein Punkt gleichzeitig translatiert und gespiegelt werden. Wir sprechen dann von *Gleitspiegelung*. Abbildung 7 zeigt eine zweizählige Schraubenachse, Abbildung 8 die Wirkung einer Gleitspiegelebene. Makroskopisch lassen sich Schraubenachse bzw. Gleitspiegelebene von einer gewöhnlichen Drehungsachse bzw. Spiegelebene nicht ohne weiteres unterscheiden, da ja die Translationsbeträge weit unterhalb der mikroskopischen Sichtbarkeitsgrenze liegen. Genau so wie bei den Makrosymmetrieelementen kann man nun die Kombinationen der Symmetrie-

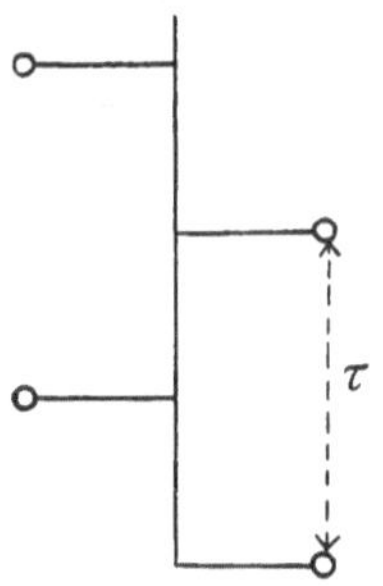

Abb. 7. Zweizählige Schraubenachse

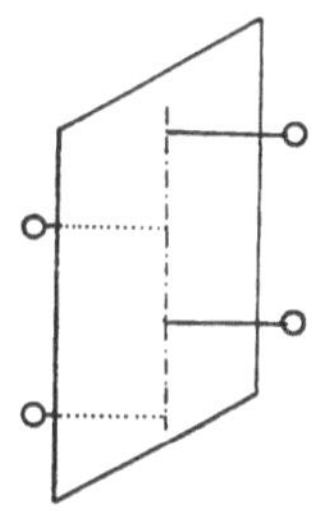

Abb. 8. Gleitspiegelebene

operationen unter Berücksichtigung der Translation, Schraubung und Gleitspiegelung systematisch ableiten. Es ergeben sich dabei *230 Raumgruppen*, die naturgemäß in engem Zusammenhang mit den Punktgruppen stehen. Jede Raumgruppe kann entsprechend ihren Punktsymmetrieelementen einer Punktgruppe zugeordnet werden. Selbstverständlich gibt es dann Punktgruppen, denen mehrere Raumgruppen zugehören.

Wir haben bereits oben festgestellt, daß ein Punktgitter jeweils durch eine unendliche Mannigfaltigkeit von Translationen erzeugt werden kann. Für das Punktnetz wurde diese Tatsache am Beispiel erläutert (Abb. 2). Es ergibt sich daraus die Frage, welche Translationsgruppe am zweckmäßigsten der Betrachtung eines Gitters zugrunde gelegt wird. Man hat sich daran gewöhnt, die Translationsrichtungen (Koordinatensachsen des Gitters) so zu legen, daß sie parallel zu Symmetrieachsen oder senkrecht zu Symmetrieebenen verlaufen. Das werden in der Regel aber gerade die

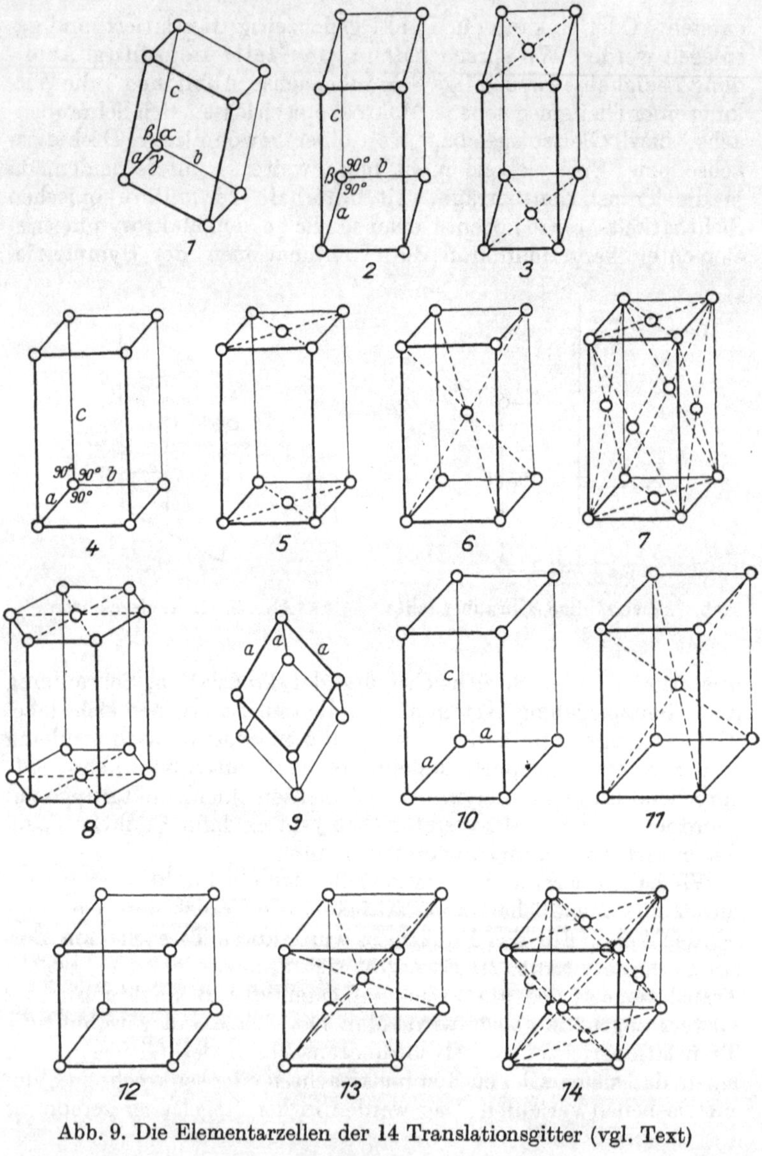

Abb. 9. Die Elementarzellen der 14 Translationsgitter (vgl. Text)

Richtungen sein, die in der Formenlehre als kristallographische Achsen gewählt werden. Denn in der Kristallmorphologie (Formenlehre) ist es üblich, diese Hauptachsen parallel oder senkrecht zu wichtigen Symmetrielementen zu legen. Wir konstruieren also Parallelepipede mit den kürzesten Identitätsabständen in den Richtungen der kristallographischen Achsen. Auf diese Weise werden wir Gittereinteilungen erhalten, die nicht immer die in dem betreffenden Gitter vorhandenen kürzesten Translationen als Koordinatenachsen besitzen. Es läßt sich vielmehr zeigen, daß in den gewählten Parallelepipeden noch in den Mitten der Seitenflächen oder der Diagonalebene identische Gitterpunkte liegen können.

Man spricht dann von *flächen*- bzw. *innenzentrierten* Gittern. Solche Fälle werden also immer dann vorkommen, wenn kürzeste Translationsvektoren schief zu den Koordinatenachsen verlaufen. Wenn in einer Elementarzelle neben den Eckpunkten noch Punkte im Zentrum oder in den Flächenmitten liegen, so bezeichnet man sie als mehrfach primitiv. Es erhebt sich nunmehr das Problem, wieviel hinsichtlich der Winkel und der Art der Punktverteilung unterscheidbare Parallelepipede existieren. Man kann zeigen, daß sich 14 solcher Parallelepipede, die *Translationsgitter* (auch Bravais-Gitter) benannt werden, unterscheiden lassen. Da als Koordinatenachsen die kristallographischen Achsen gewählt wurden, lassen sich die Translationsgitter den einzelnen Kristallsystemen zuordnen. Die Translationsgitter spielen in der Kristallstrukturlehre eine recht wichtige Rolle. In Abbildung 9 [1–14] sind diese 14 Elementarparallelepipede dargestellt; sie werden wie folgt bezeichnet:

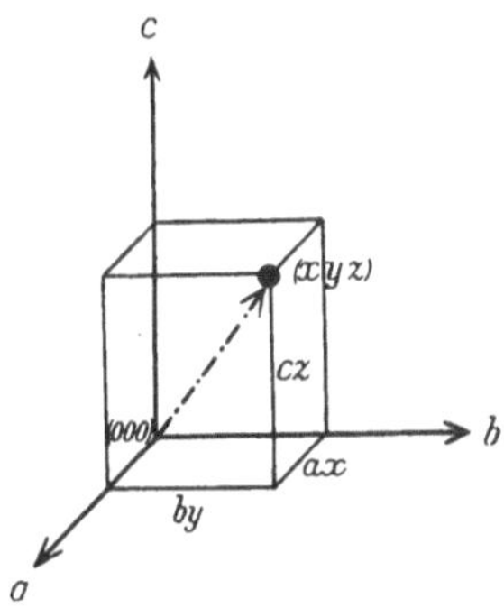

Abb. 10. Koordinaten eines Gitterpunktes

Triklin

1. Triklines Elementarparallelepiped (EP).

Monoklin

2. Einfach monoklines EP.
3. Flächenzentriertes monoklines EP.

Rhombisch
4. Einfach rhombisches EP.
5. Basisflächenzentriertes rhombisches EP.
6. Innenzentriertes rhombisches EP.
7. Allseitig flächenzentriertes rhombisches EP.

Hexagonal
8. Hexagonales EP.

Rhomboedrisch
9. Rhomboedrisches EP.

Tetragonal
10. Einfach tetragonales EP.
11. Innenzentriertes tetragonales EP.

Kubisch
12. Einfacher Elementarwürfel.
13. Innenzentrierter Elementarwürfel.
14. Flächenzentrierter Elementarwürfel.

Bezeichnen wir die Achsenlänge der Translationsgitter allgemein mit a, b, c, die entsprechenden Winkel zwischen diesen mit α, β, γ (Abb. 9[1]), so spezialisieren sich diese Werte für die einzelnen Systeme wie folgt:

Triklin:	$a \neq b \neq c,$	$\alpha \neq \beta \neq \gamma \neq 90°.$
Monoklin:	$a \neq b \neq c,$	$\alpha = \gamma = 90°, \quad \beta \neq 90°.$
Rhombisch:	$a \neq b \neq c,$	$\alpha = \beta = \gamma = 90°.$
Hexagonal (trigonal):	$a = b \neq c,$	$\alpha = \beta = 90°, \quad \gamma = 60°.$
Rhomboedrisch:	$a = b = c,$	$\alpha = \beta = \gamma \neq 90°.$
Tetragonal:	$a = b \neq c,$	$\alpha = \beta = \gamma = 90°.$
Kubisch:	$a = b = c,$	$\alpha = \beta = \gamma = 90°.$

Mit Hilfe dieser Achsensysteme ist es sehr leicht möglich, Punkte, Geraden und Ebenen in einem Punktgitter darzustellen und analytisch auszudrücken. Ein **Punkt** im Raum ist bekanntlich durch drei Koordinaten gegeben. Dieses Koordinatentripel sei für einen beliebigen Punkt $P: a\,x, b\,y, c\,z$, dann bezeichnen wir diesen Punkt mit dem Symbol $x\,y\,z$ (Abb. 10). Das Symbol bedeutet also, daß wir zu dem Punkt P gelangen, wenn wir um die Strecke $a\,x$ längs der a-Achse, um die Strecke $b\,y$ längs der b-Achse und um die Strecke $c\,z$ längs der c-Achse fortschreiten. Der Nullpunkt hat das Symbol 000, der Punkt im Zentrum der Elementarzelle (vgl.

z. B. Abb. 9[13]) das Symbol $\frac{1}{2}\frac{1}{2}\frac{1}{2}$, der Punkt in der Mitte der oberen Fläche (Basis) der Elementarzelle das Symbol $\frac{1}{2}\frac{1}{2}1$ (Abb. 9[14]) usw. Das Symbol $\frac{1}{8}\frac{3}{4}\frac{1}{2}$ bedeutet einen Punkt, der durch Verschiebung des Nullpunktes um $\frac{1}{8}a$ in der Richtung der a-Achse, um $\frac{3}{4}b$ in Richtung der b-Achse und um $\frac{1}{2}$ in Richtung der c-Achse erhalten wird. Wie in der analytischen Geometrie des Raumes lassen sich auch entsprechend Geraden und Ebenen darstellen. Eine Ebene pflegt man durch die Achsenabschnitte (Parameter), die sie auf den drei Koordinatenachsen abschneidet, festzulegen. In der Kristallographie hat es sich als zweckmäßig gezeigt, nicht die Achsenabschnitte selbst, sondern die reziproken Werte derselben zur Kennzeichnung der Ebenen zu benutzen. Danach bedeutet das Symbol (hkl) – MILLERsche Indizes – eine Ebene (Netzebene), die auf den Koordinatenachsen a, b, c die Strecken $\frac{a}{h}$ bzw. $\frac{b}{k}$ bzw. $\frac{c}{l}$ abschneidet. Nimmt einer der Indizes h, k, l den Wert Null an, so bedeutet dies, daß die Ebene der entsprechenden Achse parallel läuft. Demnach erhalten die sechs Würfelflächen im kubischen System die Indizes: (100), (010), (001), ($\bar{1}$00), (0$\bar{1}$0), (00$\bar{1}$), worin für -1 die symbolische Schreibweise $\bar{1}$ gewählt wurde.

Neben den einzelnen Gitterpunkten spielen die Netzebenen bei der Beschreibung der Kristallgitter eine wichtige Rolle. Parallel einer äußeren Kristallfläche liegt immer eine ganze Schar von Netzebenen (Netzebenenschar), wobei sich eine Netzebene immer nach einem bestimmten Abstand d in paralleler Lage wiederholt. Man betrachte beispielsweise das einfache kubische Gitter (Abb. 9[12]). In diesem haben wir parallel (100) eine Netzebenenschar, bestehend aus einfachen quadratischen Netzen, die sich im Abstand der Kantenlänge a des Elementarwürfels wiederholen. Beim kubisch innenzentrierten Gitter ist der Netzebenenabstand parallel $(100): d = \frac{a}{2}$. In einem einfachen kubischen Gitter ist der Netzebenenabstand einer Ebene (hkl) gegeben durch den Ausdruck

$$d_{(hkl)} = \frac{a}{\sqrt{h^2+k^2+l^2}},$$

z. B. ist $d_{(110)} = \frac{a}{\sqrt{2}}$ und $d_{(111)} = \frac{a}{\sqrt{3}}$.

Im allgemeinen wird eine Kristallstruktur nicht nur aus einem einfachen Punktgitter aufgebaut sein, wie dies z. B. beim Gold der Fall ist, das in einem kubisch flächenzentrierten Gitter (Abb. 9[14]) kristallisiert. Meistens ist eine Struktur aus mehreren Gittern zusammengesetzt. Als Beispiel hierfür sei die NaCl-Struktur genannt, die sich aus zwei flächenzentrierten Gittern, einem Na-Ionengitter und einem Cl-Ionengitter, zusammensetzt. Ein allgemeines Kristallgitter, das also aus mehreren Atomsorten aufgebaut ist, entsteht durch Ineinanderstellen von geometrisch gleichen Translationsgittern, deren Gitterpunkte von jeweils einer Atomart besetzt sind. Greifen wir aus einem zusammengesetzten Gitter irgendeine Elementarzelle heraus, so werden in dieser naturgemäß mehrere Atomarten vorliegen. Man bezeichnet eine derartige Elementarzelle auch als Basis der betreffenden Struktur oder als deren Basisgruppe. Die Lagen der verschiedenen Atome in der Basis lassen sich wiederum durch Koordinaten in bezug auf das kristallographische Achsensystem angeben (Basiskoordinaten).

Bei der Zahl der Basisatome, das ist also die Zahl der Atome in der Elementarzelle, ist zu beachten, daß die Atome, die an den Begrenzungen des Elementarkörpers liegen, zu mehreren Nachbarzellen gehören können. Beispielsweise gehören die Atome in den Ecken des Elementarwürfels (Abb. 9[12]) zu acht aneinanderstoßenden Würfeln. Jedes dieser Atome ist also für den einen Würfel mit $\frac{1}{8}$ in Rechnung zu stellen, so daß auf einen Würfel nur $8 \cdot \frac{1}{8} = 1$ Atom kommt. Die Zahl der Atome im Elementarwürfel eines innenzentrierten Gitters ist 2 (Abb. 9[13]). Man sagt auch, dieses Elementarepiped sei zweifach primitiv. Ein Atom, das in der Mitte einer Würfelfläche sitzt, gehört zu zwei Elementarwürfeln, die mit der betreffenden Fläche zusammenstoßen. Jedes dieser Atome ist mit $\frac{1}{2}$ zu zählen. Beim flächenzentrierten Würfel (Abb. 9[14]) sind es insgesamt 6 dieser Atome, das sind $6 \cdot \frac{1}{2} = 3$ für einen Würfel. Der Elementarwürfel des flächenzentrierten kubischen Gitters enthält demnach insgesamt 4 Atome; es ist vierfach primitiv.

2. Die wichtigsten Methoden der Kristallstrukturbestimmung

a) LAUE-Methode

Lange Zeit war die eben besprochene Vorstellung vom Aufbau der kristallisierten Materie nur als Hypothese zu werten, da ein unmittelbarer experimenteller Beweis für sie fehlte. Es gelang im Jahre 1912 MAX VON LAUE auf Grund einer genialen Ideenverbindung, diesen Beweis zu erbringen. Schon rein theoretisch war man gezwungen, die Atomabstände in den Kristallgittern von der Größenordnung 10^{-8} cm = 1 Å anzunehmen. Es konnte daher nicht erwartet werden, daß mit gewöhnlichem Licht, dessen Wellenlängen bei 1000 Å liegen, unmittelbar über den Gitteraufbau Aufschluß zu erlangen war. Dagegen schienen die Wellenlängen der Röntgenstrahlen, die ebenfalls größenordnungsmäßig bei 1 Å liegen, hinreichend klein, um von den Atomen im Gitter beeinflußt werden zu können. Allerdings war vor 1912 auch die Wellennatur der

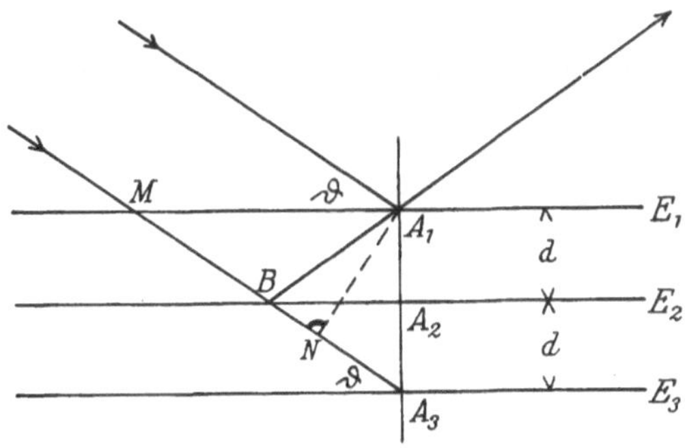

Abb. 11. Reflexion eines Röntgenstrahlbündels an einer Netzebenenschar

Röntgenstrahlung nur eine experimentell unbewiesene, hypothetische Annahme. VON LAUE kam auf den Gedanken, die Kristallgitter als Beugungsgitter für die Röntgenwellen zu benutzen. Seine Versuche führten zu dem erwarteten Erfolg!

Die Beugung der Röntgenstrahlen am Kristallgitter können wir uns als eine Art Reflexion der Strahlen an den Netzebenen dieses Gitters vorstellen. Es seien E_1, E_2, E_3 drei gleichartige Netzebenen, die in gleichem Abstand d in paralleler Lage aufeinander folgen (Abb. 11). Auf diese Netzebenen trifft ein Bündel paralleler Röntgenstrahlen auf unter dem Winkel ϑ (ϑ wird als „Glanzwinkel" bezeichnet). Der Strahl MB, der in B an E_2 reflektiert wird, läuft in der gleichen Richtung weiter wie der Strahl, der in A_1 an E_1 reflektiert wird. Allerdings hat der Strahl, der an E_2 reflektiert wird, einen längeren Weg zurückgelegt, so daß, wenn beide Wellen sich in A_1 treffen, ein bestimmter Gangunterschied vorhanden ist, d. h., die eine Welle wird sich in einem anderen Schwingungszustand befinden als die andere. Beim Zusammentreffen überlagern sich die Wellen, sie interferieren. Bei dieser Interferenz werden sich für einen bestimmten Gangunterschied – er muß die halbe Wellenlänge $\left(\frac{\lambda}{2}\right)$ oder ein ungerades Vielfaches davon betragen – die beiden Wellen völlig vernichten. Oder aber sie können sich so überlagern, daß die Intensität der interferierenden Wellen einen maximalen Wert erreicht (Interferenzmaximum). Dies ist immer dann der Fall, wenn der Gangunterschied ein ganzzahliges Vielfaches der Wellenlänge ($n\,\lambda$ mit $n = 1, 2, 3$ usw.) beträgt. Der Gangunterschied zwischen den beiden betrachteten Strahlen ist im Punkt A_1 gegeben durch die Wegdifferenz $BA_1 - BN$, wobei $A_1N \perp BA_3$. Das ist die Strecke, die der an E_2 reflektierte Strahl gegenüber dem an E_1 reflektierten Strahl zusätzlich zurücklegen muß. Nun ist wegen $BA_1 = BA_3$ die Wegdifferenz gleich $BA_3 - BN = NA_3$. Andererseits gilt

$$NA_3 = A_1A_3 \cdot \cos(90° - \vartheta) = A_1A_3 \cdot \sin\vartheta = 2d \cdot \sin\vartheta.$$

Demnach wird immer dann ein Interferenzmaximum zu beobachten sein, wenn folgende Bedingung erfüllt ist:

$$n\lambda = 2d \cdot \sin\vartheta.$$

Diese Gleichung, die für die Strukturbestimmung von großer Wichtigkeit ist, ist als Braggsche Reflexionsbedingung bekannt. Sie besagt, daß ein Röntgenstrahl einer bestimmten Wellenlänge λ nur dann an einer Netzebene zur Reflexion gelangt, wenn er unter einem ganz bestimmten Winkel auf diese Ebene auftrifft, oder exakter: Bei gegebener Wellenlänge erscheinen nur bei ganz bestimmten Glanzwinkeln Interferenzmaxima der gebeugten Strahlen.

Wir lassen auf einen feststehenden Kristall „weißes" Röntgenlicht, das ist Röntgenlicht mit verschiedenen Wellenlängen, auftreffen (Abb. 12). Man kann dann im allgemeinen annehmen, daß für jede Netzebene eine Wellenlänge vorhanden ist, für die die Braggsche Reflexionsbedingung erfüllt ist. Ein Strahlenbündel dieser Wellenlänge wird an der betreffenden Netzebene „reflektiert", und dort, wo diese Strahlung auf die photographische Platte

(Abb. 12) auftrifft, wird diese belichtet, und ein Schwärzungsfleck wird sichtbar. Durch die Stellung des Kristalls ist jeweils der Winkel zwischen einfallendem Strahl (= Primärstrahl) und Netzebene, also der Glanzwinkel ϑ, festgelegt. Ein Diagramm, das mit Hilfe des geschilderten Verfahrens (LAUE-Verfahren) am kubisch kristallisierenden Magnesiumoxyd hergestellt wurde, zeigt Abbildung 13. Jedem Schwärzungsfleck – im Abzug natürlich als heller Fleck erkennbar – in diesem Diagramm entspricht eine bestimmte Netzebene des Kristallgitters. Die Lage der Netzebene läßt sich ganz einfach aus der Lage des Interferenzfleckes mit Hilfe des Reflexionsgesetzes bestimmen. Die Aufnahme erfolgte so, daß der Primärstrahl senkrecht auf eine (001)-Fläche des parallel dieser Fläche geschnittenen MgO-Kristalls auftraf. Je weniger eine Netzebenenschar gegen den Primärstrahl geneigt ist, desto näher liegt der Interferenzfleck diesem Primärfleck. Wir können deutlich die symmetrische Anordnung der Interferenzpunkte erkennen. Die Symmetrie des Diagramms entspricht der Symmetrie des Kristalls in der Durchstrahlungsrichtung. Insbesondere ist in diesem Diagramm ohne Schwierigkeit eine horizontale und eine vertikale Symmetrielinie festzustellen. So ist das LAUE-Diagramm ein wichtiges Hilfsmittel zur Bestimmung der Symmetrie einer Kristallart. Das ist auch heute noch die wesentliche Aufgabe, die die LAUE-

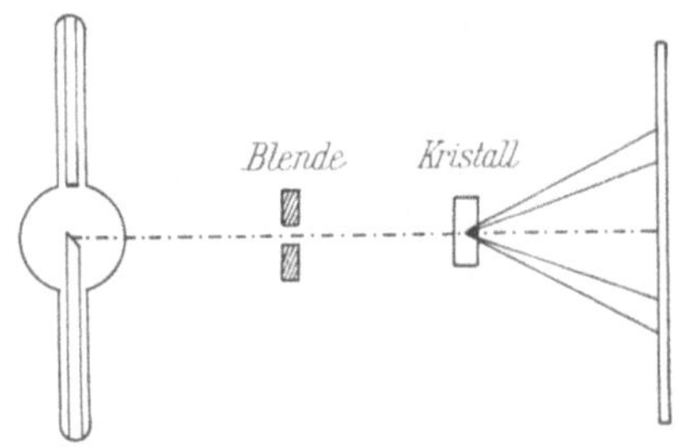

Abb. 12. Anordnung beim LAUE-Versuch

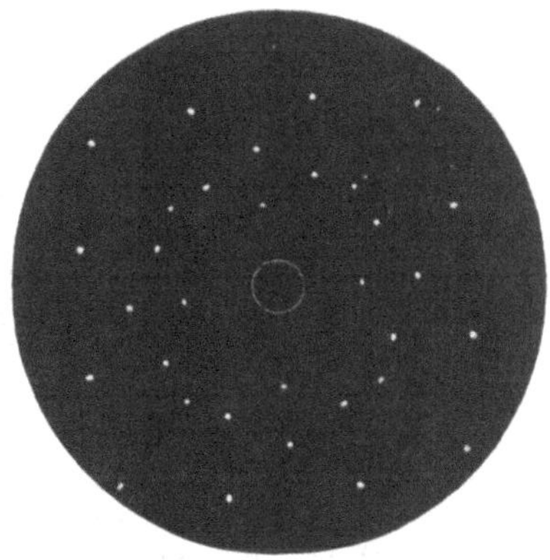

Abb. 13. LAUE-Aufnahme von Magnesiumoxyd $\perp$ (001), Kupferstrahlung

Methode bei der Ermittlung von Kristallstrukturen zu erfüllen hat. Es könnte nun noch daran gedacht werden, auf Grund der BRAGGschen Beziehung die Netzebenenabstände d und damit schließlich auch den Gitteraufbau im einzelnen zu bestimmen. Dabei muß beachtet werden, daß zwar der Glanzwinkel ϑ, nicht aber die Wellenlänge λ ohne weiteres bekannt ist. Die LAUE-Methode muß ja, wie wir gesehen haben, weißes Röntgenlicht verwenden, von dem die einzelnen Wellenlängen durch die entsprechenden Netzebenenscharen ausgewählt werden. Die Bestimmung der Wellenlängen der einzelnen Interferenzstrahlen erfordert zusätzliche experimentelle Hilfsmittel.

b) BRAGG- und Drehkristallverfahren

Um die Schwierigkeiten, die sich durch die Unbestimmtheit der Wellenlängen bei der LAUE-Methode ergeben, zu umgehen, wurden verschiedene Methoden eingeführt, die mit einer vorgegebenen, konstanten Wellenlänge (monochromatisches oder homogenes Röntgenlicht) arbeiten. Damit ist ein Bestimmungsstück in der BRAGGschen Reflexionsgleichung von vornherein bekannt. Die Reflexionsbedingung wird in diesem Falle durch die Stellung des Kristalls in bezug auf den Primärstrahl erfüllt. Bei der sogenannten BRAGGschen Methode werden jeweils immer nur die Reflexionen an einer Netzebene, die parallel zu einer bekannten Kristallfläche liegt (Spaltfläche oder angeschliffene Fläche), registriert. Der Kristall wird um eine Achse gedreht, die in der zu untersuchenden Fläche und senkrecht zum Primärstrahl liegt. Die Intensitätsmaxima werden bei diesem Verfahren entweder von einer photographischen Platte oder von einer Ionisationskammer aufgenommen. Mit Hilfe der Ionisationskammer läßt sich verhältnismäßig leicht die Intensität der Reflexe mit großer Genauigkeit messen. Da bei der BRAGGschen Methode die Wellenlänge bekannt ist und der Glanzwinkel ϑ jeweils durch die Kristalldrehung bestimmt werden kann, so können unmittelbar die Netzebenenabstände d berechnet werden.

Später ist die BRAGGsche Methode der Reflexion von Röntgenstrahlen an einzelnen Netzebenen weitgehend ausgebaut worden. Die Intensität der Reflexionen hängt wesentlich ab vom Streuvermögen der einzelnen Kristallbausteine und damit schließlich von der Elektronenverteilung im Gitter. So können auf Grund der Röntgenintensitäten Rückschlüsse auf die Elektronenverteilung im Gitter gewonnen werden. Mit Hilfe der sogenannten FOURIER-Analyse wird die Elektronendichte im Kristall in Abhängigkeit vom Ort bestimmt, und damit sind auch die Lagen der Atome bekannt.

Während sich die ursprüngliche BRAGGsche Methode darauf beschränkte, nur die Reflexionen einer einzigen Kristallfläche auszuwerten, ging man später dazu über, die Reflexionen sämtlicher Netzebenen zu berücksichtigen, die parallel zur Drehachse liegen. Bei einem derartigen Verfahren erfolgt die photographische Aufnahme der Reflexe während einer kontinuierlichen und vollständigen Umdrehung des Kristalls. In der Regel erfolgt dabei die Drehung um eine wichtige kristallographische Richtung. Schließlich können auch noch diejenigen Netzebenen Berücksichtigung finden, die schief zur Drehachse liegen. Es läßt sich zeigen, daß alle monochromatischen Reflexionen eines um eine beliebige Achse gedrehten Kristalls auf Kreiskegeln liegen, welche die Drehachse als Achse besitzen (Abb. 14). Der Öffnungswinkel dieser Kegel ist durch die Wellenlänge der einfallenden Röntgenstrahlung und durch den Identitätsabstand in Richtung der Drehachse gegeben. Quantitativ ergeben sich diese Zusammenhänge, wenn man die Beugung von Röntgenstrahlen an einer Punktreihe betrachtet. Auf eine Punktreihe $P_0 P_1 \ldots$ treffe ein Bündel paralleler Röntgenstrahlen unter dem Winkel φ zur Achse der Punktreihe auf (Abb. 15). Der Identitätsabstand der Gitterpunkte $P_0 P_1$ sei gleich a. Nun nehmen wir an, daß die Strahlen an den einzelnen

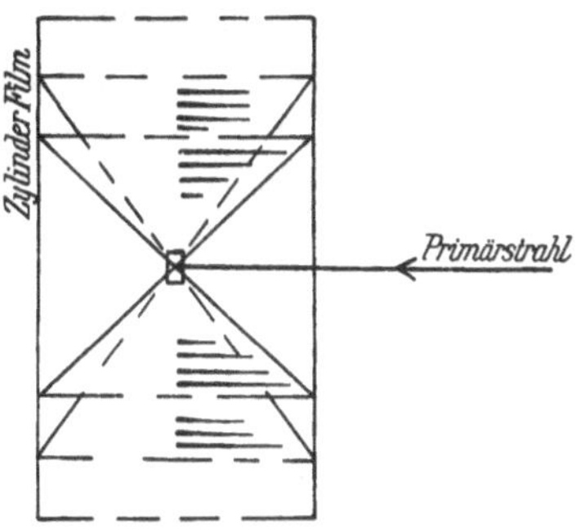

Abb. 14. Interferenzkegel beim Drehkristallverfahren

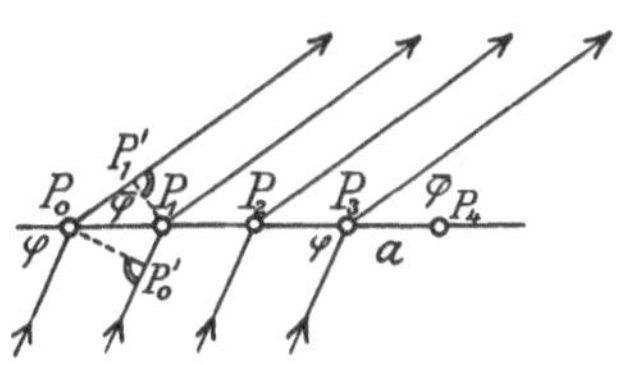

Abb. 15. Beugung von Röntgenstrahlen an einer Punktreihe

Punkten des linearen Gitters gestreut werden, und zwar nach allen möglichen Richtungen. Wir greifen eine bestimmte Richtung heraus, wobei der Winkel, den die Sekundärstrahlen mit der Richtung der Punktreihe einschließen, $\bar{\varphi}$ betrage. Wir zeichnen P_0P_0' senkrecht auf die Richtung des Primärstrahls, $P_1'P_1$ senkrecht auf die Richtung des abgebeugten Strahls. Der Gangunterschied zweier nebeneinanderliegender Strahlen ist dann $P_0P_1' - P_0'P_1$. Es ist $P_0P_1' = a \cdot \cos\bar{\varphi}$ und $P_0'P_1 = a \cdot \cos\varphi$. Demnach also $P_0P_1' - P_0'P_1 = a\,(\cos\bar{\varphi} - \cos\varphi)$. Ist dieser Gangunterschied gleich einem ganzzahligen Vielfachen der Wellenlänge, so erreicht in der betreffenden Richtung die Intensität der abgebeugten Strahlung ein Maximum. Die Beugungsbedingung lautet demnach:

$$h \cdot \lambda = a \cdot (\cos\bar{\varphi} - \cos\varphi).$$

Hierbei ist h eine ganze Zahl. Wollen wir nun zu den Beugungsbedingungen des Raumgitters gelangen, so brauchen wir nur zu berücksichtigen, daß ein Raumgitter durch drei Gitterrichtungen gegeben ist. Wir erhalten dann drei Gleichungen der Form:

$$\begin{aligned} a\,(\cos\bar{\varphi}_1 - \cos\varphi_1) &= h\,\lambda \\ b\,(\cos\bar{\varphi}_2 - \cos\varphi_2) &= k\,\lambda \\ c\,(\cos\bar{\varphi}_3 - \cos\varphi_3) &= l\,\lambda. \end{aligned}$$

Diese Gleichungen bezeichnet man als LAUE-Gleichungen. Hierin sind dann $\varphi_1, \varphi_2, \varphi_3$ die Winkel, die das einfallende Strahlenbündel mit den drei Gitterrichtungen a, b, c bildet. $\bar{\varphi}_1, \bar{\varphi}_2, \bar{\varphi}_3$ sind die entsprechenden Winkel für den abgebeugten Strahl. h, k, l sind ganze Zahlen. Das abgebeugte Strahlenbündel hat demnach in allen den Richtungen $\bar{\varphi}_1, \bar{\varphi}_2, \bar{\varphi}_3$ ein Maximum an Intensität, für die die LAUEschen Beugungsbedingungen erfüllt sind. Denken wir uns einen Kristall um eine Gittergerade als Achse gedreht, z. B. die Richtung mit a als Identitätsabstand! Man erkennt sofort, daß die Interferenzstrahlen jeweils auf dem Mantel eines Kegels liegen müssen, dessen halber Öffnungswinkel $\bar{\varphi}_1$ ist und sich aus der Beziehung

$$a \cdot (\cos\bar{\varphi}_1 - \cos\varphi_1) = h \cdot \lambda$$

ergibt. Für verschiedene h-Werte ($h = 0, 1, 2, 3, \ldots$) ergeben sich koaxiale Kegel, wobei die Achse mit der betreffenden Gitterrichtung zusammenfällt (Abb. 14). h bezeichnet man dabei als Ordnung der Interferenz.

Legen wir nun um den Kristall parallel zur Drehachse einen zylindrischen Photofilm, so werden diese Kegel auf dem Film parallele Geraden aufzeichnen. Die Interferenzpunkte reihen sich dann auf dem Film längs parallelen, geraden Linien, den sogenannten Schichtlinien, auf (Schichtliniendiagramm, Abb. 16). Aus einem solchen Schichtliniendiagramm kann man ohne viel Arbeit den Identitätsabstand in der Richtung der Drehachse berechnen. Der Primärstrahl treffe senkrecht zur Gittergeraden c auf. Demnach ist also $\varphi_3 = 90°$, also $c \cdot \cos \bar{\varphi}_3 = l \cdot \lambda$. Es sei ferner der Abstand zwischen zwei zusammengehörenden Schichtlinien (d. h. Schichtlinien, die zu dem gleichen Interferenzkegel gehören) gleich e, der Abstand Film-Kristall r, so ist $\operatorname{tg}(90° - \bar{\varphi}_3) = \frac{e/2}{r}$. Daraus kann also $\bar{\varphi}_3$ bestimmt werden, und mit Hilfe der Beziehung $c = \frac{l \cdot \lambda}{\cos \bar{\varphi}_3}$ berechnet man c.

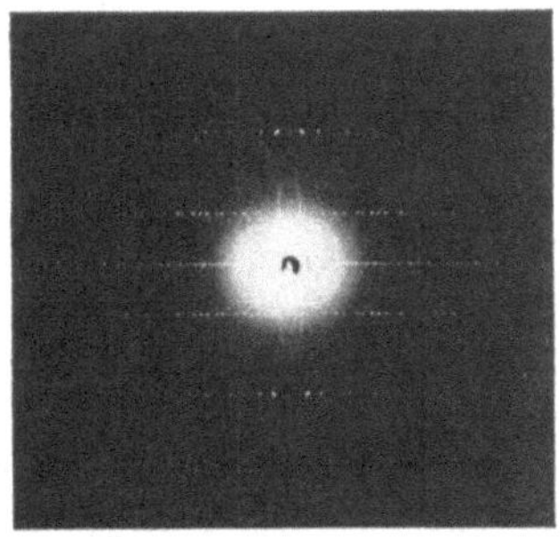

Abb. 16. Schichtliniendiagramm von einem Hambergitkristall, $Be_2[OH \mid BO_3]$ (rhombisch), Drehachse || c-Achse des Kristalls, Kupferstrahlung

Oft empfiehlt es sich, nicht um ganze 360° zu drehen, sondern den Kristall nur um kleinere Winkelbereiche hin und her zu schwenken („Schwenkaufnahmen"). Eine Schwenkaufnahme ist dann insbesondere erforderlich, wenn die Symmetrie des Kristalls genauer in Rechnung gestellt werden soll.

Bei einer Reihe von weiteren Verfahren wird außer dem Kristall auch der aufnehmende Film bewegt. Diese Methoden haben den Vorzug, daß zu einem bestimmten Reflex gleichzeitig auch die entsprechende Kristallstellung angegeben werden kann (SEEMANNsche Drehdiagramme, SCHIEBOLD-SAUTER-Diagramme, WEISSENBERGsche Diagramme).

Ein Variieren des Glanzwinkels kann bei monochromatischem Röntgenlicht auch durch divergierendes oder konvergierendes Primärstrahlbündel bei feststehendem Kristall erzeugt werden. Diese Möglichkeit wird bei den SEEMANNschen Festkristallmethoden („Vollständiges Spektraldiagramm", Weitwinkeldiagramm usw.)

verwertet, wobei die Primärstrahlen räumlich konvergent auf den Kristall auftreffen. Der gleiche Effekt wird auch erzielt, wenn die Röntgenstrahlen im Einkristall selbst erregt werden (KOSSEL-Effekt). Die Diagramme solcher Interferenzen aus Gitterquellen stellen Zentralprojektionen des vollständigen Reflexsystems des emittierenden Kristalls auf die photographische Platte dar.

c) DEBYE-SCHERRER-Verfahren

Praktisch von großer Bedeutung ist ein Verfahren geworden, das nicht wie die bisher beschriebenen Methoden einen Einkristall, sondern ein feines Kristallpulver mit möglichst vielen und möglichst kleinen Kristalliten untersucht. Das Prinzip des Pulver- oder DEBYE-SCHERRER-Verfahrens beruht darauf, daß in einem Pulverpräparat die einzelnen Kristallite in allen möglichen Orientierungen vorhanden sind. Insbesondere werden diese Kristallite die verschiedensten Lagen in bezug auf einen einfallenden Primärstrahl aufweisen. Verwendet man dabei monochromatisches Röntgenlicht, so ist bereits die Wellenlänge λ in der BRAGGschen Reflexionsgleichung festgelegt. Eine Netzebenenschar mit einem bestimmten Netzebenenabstand d wird dann zu einer Reflexion Veranlassung geben, wenn ihre Neigung zum Primärstrahl ϑ der Bedingung $\sin\vartheta = \frac{n\cdot\lambda}{2d}$ genügt. In einem feineren Kristallpulver werden eine große Zahl verschiedener ϑ-Werte vorkommen, so daß mit großer Wahrscheinlichkeit zu erwarten ist, daß auch der Wert vorhanden ist, der für ein bestimmtes d die BRAGGsche Gleichung erfüllt. Die Interferenzstrahlen liegen demnach auf einem Kegel, dessen Achse die Richtung des Primärstrahls und dessen halber Öffnungswinkel gleich 2ϑ ist. Bringt man diesen Kegel mit einer ebenen Platte, die senkrecht zum Primärstrahl steht, zum Schnitt, so entsteht als Schnittkurve ein Kreis. Nimmt man daher ein DEBYE-SCHERRER-Diagramm auf einer ebenen Photoplatte auf, so bilden dort die Interferenzlinien konzentrische Kreise. Auf einem Zylinderfilm liegen die Interferenzmaxima auf komplizierteren Kurven (Abb. 17). Dabei ist die Anordnung so, daß das Pulverpräparat (meist in Stabform) senkrecht zum einfallenden Strahl orientiert ist und der Film koaxial um das Präparat liegt. Die Herstellung eines Pulverpräparates geschieht am einfachsten durch Einfüllen der gepulverten Substanz in ein dünnwandiges, feinausgezogenes Glasröhrchen (MARK-Röhrchen). Die Pulverstäbchen lassen sich aber auch mit

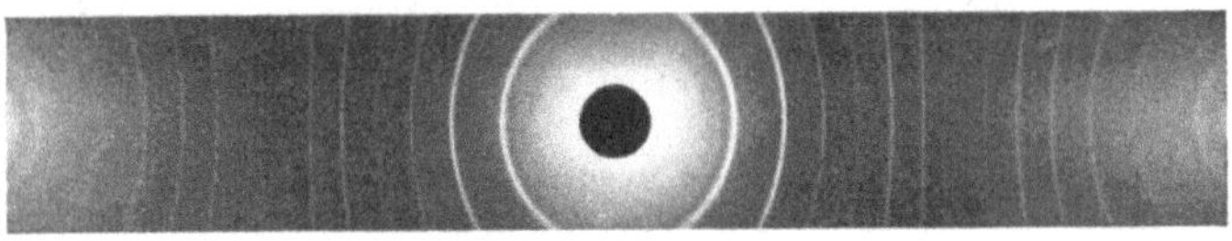

Abb. 17. Pulverdiagramm von Steinsalz. Aufnahmestrahlung: Kupfer

Hilfe einer Kittmasse (z. B. Zaponlack) formen. Oder man reibt das Pulver in einen Seidenfaden ein, wobei schon geringe Substanzmengen genügen. Die Kammern für DEBYE-SCHERRER-Aufnahmen sind im Prinzip sehr einfach gebaut. Sie bestehen im wesentlichen aus einem zylindrischen Mantel, an dessen Innenseite der Film angedrückt wird. Auf der Achse des Zylindergehäuses wird das Präparat angebracht, das vorher sorgfältig in die Achsenrichtung zentriert wird. Am Zylindermantel sind zwei diametral gegenüberliegende Öffnungen angebracht. Vor die eine wird eine Bleiblende montiert, durch die der Primärstrahl tritt, die andere dient zur Beobachtung des einfallenden Röntgenlichts. Um zu vermeiden, daß der Primärstrahl auf den Film auftrifft, wird der Blendenöffnung gegenüber (bei P in Abb. 18) in den Film ein Loch eingestanzt. Die Anordnung für die DEBYE-SCHERRER-Aufnahme ist in Abbildung 18 schematisch dargestellt (von oben gesehen!): Das Primärstrahlbündel trifft auf das Kristallpulverpräparat K auf. Dort werden an den Netzebenen der einzelnen Kriställchen die Strahlen reflektiert und auf den zylindrischen Film F geworfen. Der Abstand zwischen zwei zusammengehörenden Linien (rechts und links vom Durchstoßpunkt des Primärstrahls, vgl. auch Abb. 17) sei s. Dann ergibt sich aus Abb. 18 $s = 4 \cdot \vartheta \cdot R$, wenn ϑ im Bogenmaß so angegeben wird. Wird, wie üblich, ϑ in Winkelgraden gemessen, muß diese Beziehung lauten: $s = 4 \cdot \frac{\vartheta}{360} 2 \cdot \pi \cdot R$ oder $\vartheta = \frac{360}{8R \cdot \pi} s$.

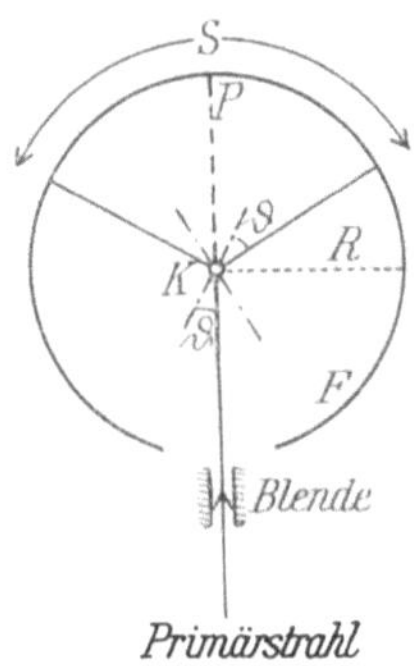

Abb. 18. Aufnahmeverfahren nach DEBYE-SCHERRER

Damit haben wir unmittelbar aus dem Linienabstand den Glanzwinkel gewonnen. Nun können wir mit Hilfe der BRAGGschen Gleichung d berechnen, da ja λ (monochromatische Strahlung!) gegeben ist. Es ist demnach:

$$d = \frac{n\lambda}{2 \cdot \sin\vartheta}.$$

Bei kubischen Kristallen ist $d = \frac{a}{\sqrt{h^2+k^2+l^2}}$ (S. 15). Somit können wir für kubische Gitter schreiben:

$$\frac{4\sin^2\vartheta}{\lambda^2} = \frac{1}{a^2}\left\{(nh)^2 + (nk)^2 + (nl)^2\right\}.$$

Diese Beziehung bezeichnet man als „quadratische Form". Mit ihrer Hilfe lassen sich für alle Linien die entsprechenden Indizes für die Netzebenen (hkl) bzw. (nh, nk, nl) finden und läßt sich schließlich die Kantenlänge des Elementarwürfels bestimmen. Hat man auf diese Weise die Dimensionen des Elementarkörpers ermittelt, so kann man die Zahl der in ihm enthaltenen Molekeln z berechnen. Es ist nämlich:

$$z = \frac{\varrho \cdot V \cdot L}{M}.$$

Hierin ist V das Volumen des Elementarkörpers in cm^3 (im Falle des kubischen Gitters $= a^3$), ϱ die Dichte des untersuchten Kristalls, M das Molekulargewicht der Substanz und L die LOSCHMIDTsche Zahl $(0{,}602 \cdot 10^{24})$.

Ist die Zahl der Atome im Elementarkörper gleich 1, so handelt es sich dabei um eine einfache, primitive Zelle. Ist die Atomzahl größer als 1, so muß zunächst die Translationsgruppe des Gitters bestimmt werden, d. h., es muß entschieden werden, zu welchem der 14 Translationsgitter (Abb. 9) das untersuchte Gitter gehört. Die Translationsgruppe macht sich darin bemerkbar, daß verschiedene Reflexe, die sich aus der quadratischen Form ergeben würden, nicht vorhanden sind. Man bestimmt demnach systematisch die vorliegenden „Auslöschungen". Beim einfachen Gitter sind sämtliche Reflexe (hkl) aller Ordnungen vorhanden, beim raumzentrierten Gitter treten nur die Reflexionen auf, für die $h + k + l$ gerade Zahlen sind, oder beim allseitig flächenzentrierten Gitter (z. B. Abb. 9[14]) finden sich nur die Interferenzlinien, für die alle drei

Indizes h, k, l (bzw. nh, nk, nl) gerade oder ungerade sind. Mit Hilfe derartiger einfacher Regeln läßt es sich meist ohne Schwierigkeit entscheiden, welche Translationsgruppe vorliegt.

Weitere (spezielle) Auslöschungen können über die Raumgruppe Auskunft geben. Wesentlich komplizierter gestaltet sich die Bestimmung der Basiskoordinaten. Hierzu müssen die Intensitäten der Interferenzlinien herangezogen werden.

Es sei betont, daß die Strukturbestimmung für Kristalle, die nicht dem kubischen System angehören, nach dem Debye-Scherrer-Verfahren allein nicht mehr ohne weiteres durchzuführen ist. In einem solchen Falle wird man die Untersuchung zweckmäßigerweise mit Schichtlinienaufnahmen ergänzen, mit deren Hilfe die Translationsgrößen bestimmt werden können.

Trotz dieser Einschränkung hat das Debye-Scherrer-Verfahren für viele Zwecke eine große Bedeutung erlangt. In der Pulvermethode liegt schon darin ein wesentlicher Vorzug, daß bereits ganz geringe Mengen für eine Untersuchung ausreichen, während für die anderen Verfahren größere und verhältnismäßig gut ausgebildete Kristalle erforderlich sind. Man wird das Pulververfahren insbesondere dann immer anwenden, wenn man rasch feststellen will, ob eine zu untersuchende Substanz überhaupt kristallisiert ist. Ferner ist die Methode sehr gut dafür geeignet, eine unbekannte Substanz oder Mineralart zu identifizieren. Dabei ist es meist gar nicht notwendig, eine solche Aufnahme quantitativ auszuwerten. Es wird in vielen Fällen genügen, das Diagramm mit dem Pulverdiagramm einer bekannten Substanz zu vergleichen. Häufig sind die Interferenzlinien nach Lage und Intensität für eine bestimmte Kristallart so charakteristisch, daß eine Identifizierung ohne weiteres erfolgen kann. Die Anwendung dieses Verfahrens spielt beispielsweise bei der Untersuchung von Umwandlungsvorgängen eine wesentliche Rolle. Schließlich findet das Debye-Scherrer-Verfahren auch zur Bestimmung der Kristallitgröße von festen Substanzen Verwendung. Es zeigt sich nämlich, daß die Interferenzlinien im Pulverdiagramm um so breiter sind, je kleiner die einzelnen Kristallite des Pulvers sind.

Die Bestimmung der Gitterkonstanten kann für kubische Kristalle mit Hilfe der Pulvermethode mit recht großer Genauigkeit durchgeführt werden. Die wesentlichsten Fehlerquellen, die in diesem Verfahren liegen, z. B. ungenügende Zentrierung des

Präparats, Filmverzerrung u. a., können dadurch umgangen werden, daß man dem Pulver der zu untersuchenden Substanz das Pulver einer Eichsubstanz beimischt und deren Interferenzlinien gleichzeitig aufnimmt. In vielen Fällen wird als Eichsubstanz chemisch reines NaCl verwendet.

Besonders günstig gestaltet sich die Auswertung einer „asymmetrischen" Aufnahme (STRAUMANIS), wenn der zylindrisch gekrümmte Film so in die DEBYE-SCHERRER-Kammer eingelegt wird, daß die Enden des Films mit dem Primärstrahl einen Winkel von 90° einschließen.

3. Einfache Strukturtypen

a) Allgemeine Bauprinzipien

Zur Beschreibung eines Kristallgitters gehört, wie wir gesehen haben, die Angabe der Translationsgruppe und der Raumgruppe. Die Beschreibung ist vollständig, wenn schließlich die Lagen der einzelnen Atome in der Elementarzelle quantitativ angegeben werden können. Man zählt dabei einfach die Koordinaten der Atomschwerpunkte auf. Vielfach läßt sich aber auch schon durch eine einfachere Darstellung ein Bild vom Aufbau, insbesondere komplizierterer Gitter, gewinnen. Dies wird dadurch möglich, daß bei den Kristallstrukturen gewisse Bauprinzipien vorherrschen, die vor allem die Beziehungen einzelner Strukturen zueinander recht anschaulich zum Ausdruck bringen. Im weiteren Verlauf unserer Betrachtungen wird sich zeigen, daß die kürzesten Bindungsrichtungen zwischen benachbarten Atomen eines Gitters in mancher Hinsicht eine große Rolle spielen. Von diesen kürzesten Bindungsrichtungen geht die Betrachtung der Bauprinzipien aus. Die Atome, die sich durch kürzeste Abstände miteinander verbinden lassen, ordnen sich zu bestimmten Gruppen, deren Dimensionen und Anordnung für den Gitteraufbau von Bedeutung sind. Denken wir uns in einem Gitter die Atome in den kürzesten Bindungsrichtungen miteinander verbunden, so gelangen wir zu übergeordneten Einheiten, die man als Bauverbände bezeichnet (LAVES). Gelangt man mit diesem Verfahren zu Bauverbänden, die auch im unendlich ausgedehnten Kristallgitter aus einer endlichen Zahl von Atomen bestehen, so spricht man von Inseln. In

Abbildung 19 sind einige Inseln schematisch dargestellt. Man versteht darunter also begrenzte Gruppen von meist wenigen Atomen in bestimmten geometrischen Anordnungen (z. B. Tetraeder). Wir müssen uns vorstellen, daß sich derartige Inseln im Gitter unendlich oft wiederholen, wobei die Abstände zwischen den Inseln größer sind als die kürzesten Abstände zwischen den Atomen innerhalb einer Insel. Die Insel *a* der Abbildung 19 wird man als eindimensional und homogen bezeichnen, homogen deshalb, weil sie aus nur e i n e r Atomart aufgebaut ist. Entsprechend stellt Abbildung 19b eine zweidimensionale, homogene Insel dar. Schließlich haben wir in der Abbildung 19c eine dreidimensionale, heterogene Insel. Die Atome bilden in diesem Falle eine Gruppe von 5 Bausteinen, von denen vier gleichartige die Ecken eines Tetra-

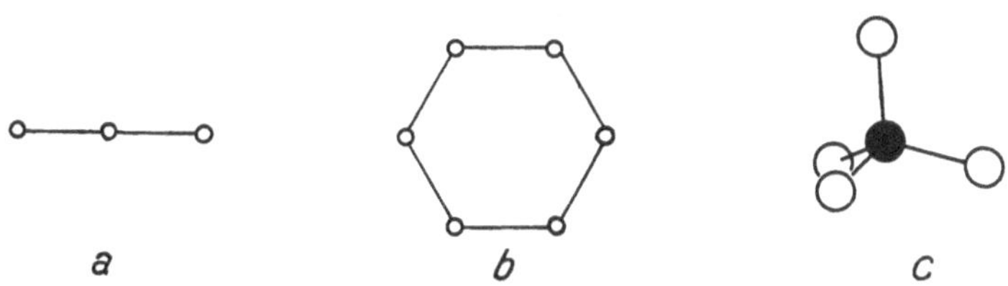

Abb. 19. Einfache Bauinseln. a) Eindimensionale, homogene Insel; b) zweidimensionale, homogene Insel; c) dreidimensionale, heterogene Insel (z. B. SiO_4)

eders besetzen, während ein Atom anderer Art im Mittelpunkt des Tetraeders sitzt. Eine derartige Gruppe spielt beim Aufbau der Silikate eine grundsätzliche Rolle. In den Silikatstrukturen treten als Baueinheiten Gruppen auf, bei denen die Siliciumionen von vier Sauerstoffionen tetraedrisch umgeben sind.

Weiterhin können sich die Atome zu unendlichen Bauverbänden zusammenschließen. Das einfachste Beispiel für einen unendlichen Bauverband stellt die Punktreihe, Abbildung 1, dar, die man sich nach rechts und links ins Unendliche verlängert zu denken hat. Diese einfachsten unendlichen Bauverbände, die man allgemein als K e t t e n bezeichnet, können Zick-Zack-Formen, Doppelreihen u. dgl. mehr bilden.

Bauverbände, bei denen alle Atome, die durch kürzeste Abstände miteinander verbunden werden können, sich zwischen zwei parallele Ebenen mit endlichem Abstand einschließen lassen, bezeichnet man allgemein als Netze. Abbildung 2 ergibt einen derartigen Bauverband, wenn die beiden Translationen einander gleich sind und ihre Richtungen einen Winkel von 60° einschließen. (In diesem Falle besetzen die Atome die Eckpunkte gleichseitiger Dreiecke, die die Ebene lückenlos ausfüllen.) Selbstverständlich können Netze auch erheblich komplizierter aufgebaut sein. Beispielsweise bilden in den Glimmerkristallen die (SiO_4)-Tetraeder einen derartigen Aufbau.

Schließlich gibt es Verknüpfungen von Baueinheiten in einem Gitter, die den ganzen Gitterraum ausfüllen. Man kann dann von jeder einzelnen dieser Baueinheiten längs kürzester Bindungsrichtungen zu jeder anderen Baueinheit des Gitters gelangen. In diesem Falle haben wir es also mit einem gitterartigen Bauverband oder kurz mit einem Gitter zu tun. Den einfachsten Fall dieser Art stellt das einfache kubische Gitter dar. Hier bilden die kürzesten Atomabstände, die durch die Würfelkanten dargestellt werden, ein dreidimensionales Gerüst.

Eine inselartige Struktur können wir uns durch eine gesetzmäßige Anordnung von sich nicht berührenden Kugeln versinnbildlichen, eine kettenartige Struktur durch eine Anordnung paralleler Stäbe, eine netzartige Struktur durch eine Anordnung von parallelen Platten und schließlich das Gitter durch ein dreidimensionales Gerüst.

b) Beschreibung einiger wichtiger anorganischer Strukturen

Mit Hilfe der oben angegebenen röntgenographischen Methoden sind heute bereits eine große Zahl von Strukturen anorganischer Substanzen, insbesondere von Mineralien, untersucht und bestimmt worden. Wir wollen im folgenden einige der wichtigsten Strukturtypen kurz beschreiben. In der Kristallographie ist es üblich geworden, die einzelnen Typen mit besonderen Bezeichnungen zu belegen. Nach den Strukturberichten der Zeitschrift für Kristallographie werden bezeichnet:

1. Elemente als A-Typen.
2. Verbindungen AB als B-Typen (z. B. NaCl).
3. „ AB_2 als C-Typen (z. B. CaF_2).

4. Verbindungen $A_m B_n$ als D-Typen (z. B. Al_2O_3).
5. „ mit mehr als zwei Atomarten ohne Radikalbildung als E-Typen (z. B. $CuFeS_2$).
6. „ mit zwei und dreiatomigen Radikalen als F-Typen (z. B. CoAsS).
7. „ mit Radikal BX_3 als G-Typen (z. B. $CaCO_3$).
8. „ $A_m BX_4$ als H-Typen (z. B. $CaSO_4$).
9. „ mit Radikal BX_6 als J-Typen (z. B. K_2SiF_6).
10. „ mit komplizierteren Radikalen als K-Typen (z. B. $Cl_2Mg_6B_{14}O_{26}$).
11. Silikate als S-Typen (z. B. $CaSiO_3$).

A-Typen (Elemente)

1. Kupfer, Cu. Kubisch-flächenzentriertes Gitter (A 1-Typ), vgl. Abbildung 9[14]. Koordinaten der Atomlagen: 000, $0\frac{1}{2}\frac{1}{2}$, $\frac{1}{2}0\frac{1}{2}$, $\frac{1}{2}\frac{1}{2}0$. In diesem Gitter ist jedes Atom von 12 Nachbarn im gleichen Abstand umgeben. Dem kubisch-flächenzentrierten Gitter kommt eine besondere Bedeutung zu insofern, als es die kubisch dichteste Kugelpackung darstellt. Denkt man sich das Gitter aus starren Kugeln aufgebaut, so versteht man unter der Packungsdichte das Verhältnis des von den Atomkugeln eingenommenen Raumes zu dem Gesamtvolumen (etwa der Elementarzelle). Dieses Verhältnis ist für das flächenzentrierte kubische Gitter am größten. In folgender Tabelle sind die wichtigsten Elemente, nach wachsender Atomnummer geordnet, zusammengestellt, die im A 1-Gitter kristallisieren (a = Kantenlänge des Elementarwürfels in Å):

Element	Al	Ca	γ-Fe	α-Co	Ni	Cu	Pd	Ag	Pt	Au	Pb
a	4,04	5,56	3,63	3,55	3,52	3,61	3,87	4,08	3,91	4,07	4,94

2. Wolfram, W. Kubisch raum- oder innenzentriertes Gitter (A 2-Typ), vgl. Abbildung 9[13]. Koordinaten der Atomlagen: 000, $\frac{1}{2}\frac{1}{2}\frac{1}{2}$. Jedes Atom ist von 8 Nachbarn im gleichen Abstand umgeben. Hierhin gehören vor allem folgende Elemente.

Element	Li	Na	K	V	α-Cr	α-Fe	Mo	W
a	3,50	4,30	5,20	3,04	2,87	2,86	3,41	3,16

3. Magnesium, Mg. Hexagonal (A 3-Typ), Abbildung 20. Dieses Gitter stellt die hexagonal dichteste Kugelpackung dar, dessen Packungsdichte die gleiche ist wie die der kubisch dichtesten Packung. Wie in diesem Typus ist auch im hexagonalen Gitter

jedes Atom von 12 Nachbarn im gleichen Abstand umgeben. Im *A* 3-Typ kristallisieren: Be, Mg, Ti, β-Co, Zn, Zr, Cd, Ce u. a.

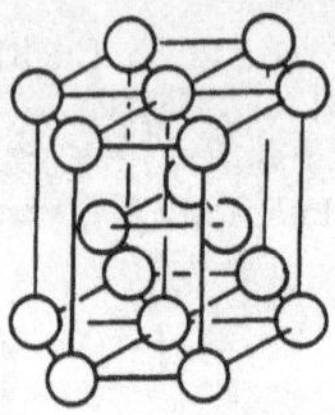

Abb. 20. Magnesiumgitter (hexagonal dichteste Kugelpackung)

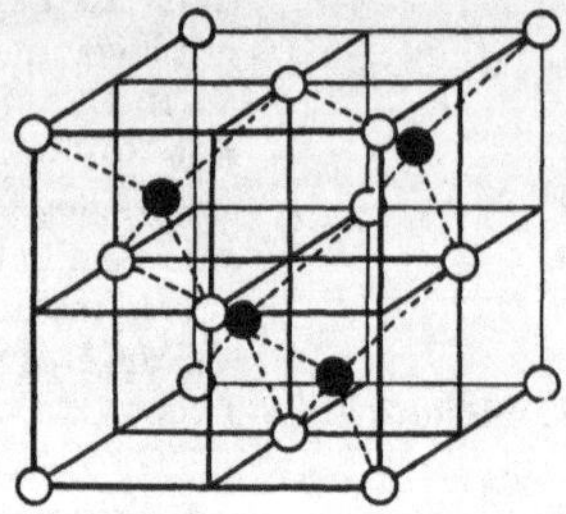

Abb. 21. Zinkblendestruktur (Diamantstruktur, wenn die beiden Atomsorten als gleichwertig betrachtet werden)

4. Diamant, C (*A* 4-Typ), vgl. Abbildung 21. Translationsgruppe: Flächenzentriertes kubisches Gitter, 8 Atome sind in der Elementarzelle. Basiskoordinaten:

$$000,\quad 0\tfrac{1}{2}\tfrac{1}{2},\quad \tfrac{1}{2}0\tfrac{1}{2},\quad \tfrac{1}{2}\tfrac{1}{2}0,$$
$$\tfrac{1}{4}\tfrac{1}{4}\tfrac{1}{4},\quad \tfrac{1}{4}\tfrac{3}{4}\tfrac{3}{4},\quad \tfrac{3}{4}\tfrac{1}{4}\tfrac{3}{4},\quad \tfrac{3}{4}\tfrac{3}{4}\tfrac{1}{4}.$$

Die Kohlenstoffatome besetzen im Elementarwürfel die Ecken und Flächenmitten, außerdem das Zentrum jedes zweiten Achtelwürfels. Die letzteren Gitterplätze sind in Abbildung 21 durch ausgefüllte Kreise angegeben. In dieser Weise ist jedes Kohlenstoffatom von 4 Nachbaratomen tetraedrisch umgeben. Im *A* 4 Typ kristallisieren Diamant mit $a = 3{,}56$ Å, Si mit $a = 5{,}42$ Å, Ge mit $a = 5{,}62$ Å und α-Sn (grau) mit $a = 6{,}46$ Å.

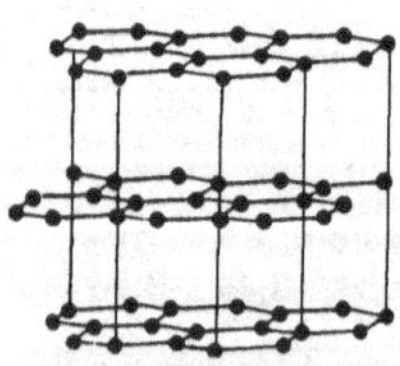

Abb. 22. Graphitgitter

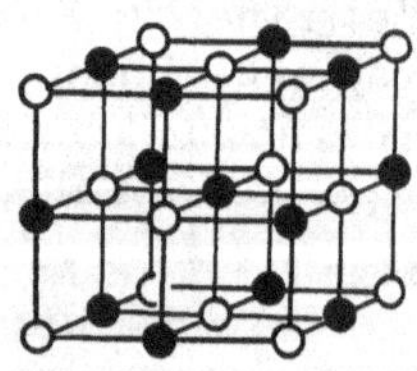

Abb. 23. Steinsalzgitter

5. Graphit, C (*A* 9-Typ), Abbildung 22. Im Graphitgitter bilden die Kohlenstoffatome Sechserringe, die sich zu parallelen Netzen

ordnen. Die Abstände zwischen zwei C-Atomen innerhalb eines Netzes betragen 1,45 Å, die Abstände zwischen den Netzen 3,41 Å. Ein Gitter der Art des Graphits wird vielfach als „Schichtengitter" bezeichnet.

B-Typen (Verbindungen *AB*)

1. Steinsalz, NaCl (*B* 1-Typ), Abbildung 23. Die Na-Ionen und die Cl-Ionen bilden jeweils für sich kubisch flächenzentrierte Translationsgitter, die um den halben Betrag der Kantenlängen gegeneinander verschoben sind. Die Na-Ionen besetzen die Punkte:

$$000,\quad 0\tfrac{1}{2}\tfrac{1}{2},\quad \tfrac{1}{2}0\tfrac{1}{2},\quad \tfrac{1}{2}\tfrac{1}{2}0,$$

die Cl-Ionen:

$$\tfrac{1}{2}\tfrac{1}{2}\tfrac{1}{2},\quad \tfrac{1}{2}00,\quad 0\tfrac{1}{2}0,\quad 00\tfrac{1}{2}.$$

Insgesamt sind je vier Ionen einer Art im Elementarwürfel enthalten. Jedes Atom der einen Art ist von sechs Atomen der anderen Art in gleichem Abstand umgeben, so daß sie die Ecken eines Oktaeders besetzen. Man spricht daher in diesem Falle von der Koordinationszahl 6.

Eine große Zahl von binären Verbindungen kristallisiert im Steinsalz-Typ. Die wichtigsten sind mit ihren Gitterkonstanten *a* in Å in den folgenden Tabellen aufgezählt:

Alkalihalogenide

Anion → Kation ↓	F	Cl	Br	J
Li	4,02	5,14	5,49	6,00
Na	4,62	5,628	5,96	6,46
K	5,33	6,28	6,59	7,05
Rb	5,63	6,54	6,85	7,33

Binäre Verbindungen mit B = O, S, Se, Te

Anion → Kation ↓	O	S	Se	Te
Mg	4,21	5,19	5,45	—
Ca	4,80	5,68	5,91	6,34
Sr	5,15	6,01	6,23	6,65
Ba	5,53	6,37	6,59	6,99

2. Caesiumchlorid, CsCl (B2-Typ). Die Elementarzelle des CsCl-Gitters stellt einen Würfel dar, dessen Ecken von Cs-Ionen und dessen Mittelpunkt von einem Cl-Ion besetzt sind. Wir haben also eine Elementarzelle vor uns, ähnlich dem raumzentrierten Würfel (Abb. 9[13]), nur daß jetzt eben eine Partikel anderer Art in der Mitte sitzt. Jedes Cs-Ion ist von 8 Cl-Ionen im gleichen Abstand umgeben, ebenso wie jedes Cl-Ion von 8 Cs-Ionen. Daher beträgt für das CsCl-Gitter die Koordinationszahl 8. Folgende Verbindungen vom CsCl-Typ mit ihren Gitterkonstanten a seien genannt: CsCl $a = 4{,}11$, CsBr $a = 4{,}29$, CsJ $a = 4{,}56$, NH_4Cl $a = 3{,}86$ Å.

3. Zinkblende, ZnS (B3-Typ). Zinkblende kristallisiert in einem Diamantgitter (Abb. 21), dessen Atomschwerpunkte zur Hälfte durch Zn, zur Hälfte durch S besetzt sind. Die Zn-Atome liegen in den Punktlagen: 000, $0\frac{1}{2}\frac{1}{2}$, $\frac{1}{2}0\frac{1}{2}$ und $\frac{1}{2}\frac{1}{2}0$ (Leerkreise in Abb. 21), die S-Atome in den Punktlagen $\frac{1}{4}\frac{1}{4}\frac{1}{4}$, $\frac{1}{4}\frac{3}{4}\frac{3}{4}$, $\frac{3}{4}\frac{1}{4}\frac{3}{4}$, $\frac{3}{4}\frac{3}{4}\frac{1}{4}$ (ausgefüllte Kreise in Abb. 21). Jedes Zn-Atom ist von 4 S-Atomen tetraedrisch umgeben und umgekehrt. Die Koordinationszahl ist demnach gleich 4. Zahlreiche binäre Verbindungen kristallisieren im Zinkblende-Gitter, z. B. BeS $a = 4{,}86$, ZnS $a = 5{,}42$, CdS $a = 5{,}82$, ZnSe $a = 5{,}66$, CdSe $a = 6{,}04$, CSi $a = 4{,}37$ Å.

4. Wurtzit, ZnS (*B*4-Typ). Die Zn-Atome sowie die S-Atome bilden jeweils Gitter der hexagonal dichtesten Kugelpackung (Abb. 20). Wie im Zinkblende-Gitter sind auch hier die Atome der einen Art tetraedrisch von 4 Atomen der anderen Art umgeben. Koordinationszahl: 4. Es ist für ZnS (Wurtzit) $a = 3{,}84$, $c = 6{,}28$, $c/a = 1{,}63(5)$; für CdS (Greenockit) $a = 4{,}14$, $c = 6{,}72$, $c/a = 1{,}62(3)$; für ZnO (Zinkit) $a = 3{,}24$, $c = 5{,}18$, $c/a = 1{,}59(9)$.

C-Typen (Verbindungen AB_2)

1. Fluorit, CaF_2 (*C*1-Typ). Die Ca-Ionen bilden einen flächenzentrierten Elementarwürfel, die F-Ionen besetzen die Mitten der Achtelwürfel (Abb. 24). Es sind demnach 4 CaF_2 in der Zelle enthalten. Die 4 Ca-Ionen besetzen die Punkte: 000, $0\frac{1}{2}\frac{1}{2}$, $\frac{1}{2}0\frac{1}{2}$, $\frac{1}{2}\frac{1}{2}0$, die 8 F-Ionen die Punkte $\frac{1}{4}\frac{1}{4}\frac{1}{4}$, $\frac{1}{4}\frac{1}{4}\frac{3}{4}$, $\frac{1}{4}\frac{3}{4}\frac{1}{4}$, $\frac{3}{4}\frac{1}{4}\frac{1}{4}$, $\frac{3}{4}\frac{3}{4}\frac{1}{4}$, $\frac{3}{4}\frac{1}{4}\frac{3}{4}$, $\frac{1}{4}\frac{3}{4}\frac{3}{4}$, $\frac{3}{4}\frac{3}{4}\frac{3}{4}$. Um jedes Ca-Ion sind 8 F-Ionen in der Anordnung der Würfelecken gelagert; jedes F-Ion ist von 4 Ca-Ionen tetraedrisch umgeben. Koordinationszahlen: 8:4. Es ist für CaF_2 $a = 5{,}45$, SrF_2

$a = 5{,}78$. BaF_2 $a = 6{,}19$, ZrO_2 $a = 5{,}08$, Li_2O $a = 4{,}61$, Mg_2Si $a = 6{,}39$ Å u. a.

2. Pyrit, FeS_2 ($C2$-Typ). Die Translationsgruppe ist kubisch-einfach-primitiv. Das Pyrit-Gitter ist nahe verwandt mit dem Steinsalz-Gitter (Abb. 23). Fe tritt an Stelle von Na, an Stelle von Cl jeweils eine Gruppe von 2 S-Atomen, die hantelartig angeordnet sind. Für die Substanz FeS_2 ist $a = 5{,}40$ Å. Im $C2$-Gitter kristallisiert auch Kohlendioxyd CO_2 mit $a = 5{,}63$ Å.

3. Cuprit, Cu_2O ($C3$-Typ). Die Cu-Atome bilden ein flächenzentriertes kubisches Gitter, besetzen also die Punktlagen 000, $\frac{1}{2}\frac{1}{2}0$, $\frac{1}{2}0\frac{1}{2}$, $0\frac{1}{2}\frac{1}{2}$. Die Sauerstoffatome liegen in den Punkten $\frac{1}{4}\frac{1}{4}\frac{1}{4}$ und $\frac{3}{4}\frac{3}{4}\frac{3}{4}$. So ist jedes O-Atom von 4 Cu-Atomen tetraedrisch umgeben, jedes Cu-Atom hat dagegen nur zwei diametral einander gegenüberliegende Nachbarn. Koordinationszahlen: 4 : 2. Im Cuprittypus kristallisieren: Cu_2O mit $a = 4{,}26$ und Ag_2O mit $a = 4{,}74$ Å.

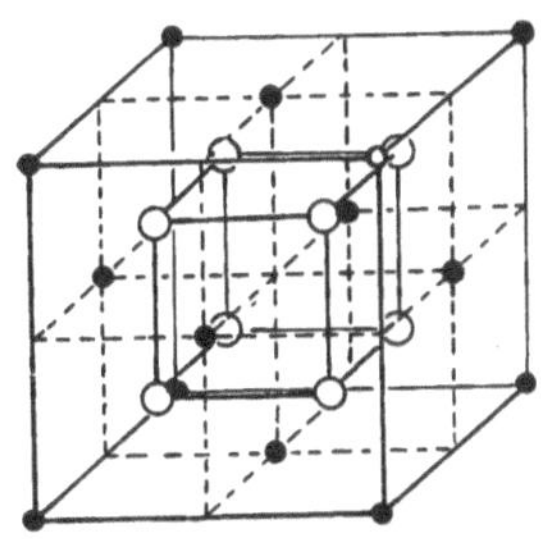

Abb. 24. Fluoritgitter

4. Rutil, TiO_2 ($C4$-Typ). Rutil kristallisiert tetragonal innenzentriert (Abb. 9[11]). Die tetragonale Elementarzelle enthält 2 Ti-Atome, die die Punkte 000 und $\frac{1}{2}\frac{1}{2}\frac{1}{2}$ besetzen. 6 Sauerstoffatome umgeben nahezu oktaedrisch jeweils ein Ti-Atom. Zahlreiche Substanzen gehören dem $C4$-Typ an, z. B. MgF_2, ZnF_2, FeF_2, NiF_2, TiO_2, SnO_2, PbO_2, MnO_2. Die Gitterkonstanten sind für TiO_2 $a = 4{,}58$ Å, $c = 2{,}95$ Å, $c/a = 0{,}64(4)$; für SnO_2 (Zinnstein) $a = 4{,}72$, $c = 3{,}17$ Å, $c/a = 0{,}67(2)$.

5. Anatas, TiO_2 ($C5$-Typ). Das Anatasgitter stellt ein innenzentriertes tetragonales Gitter dar, bei dem sich 4 TiO_2-Molekeln in der Elementarzelle befinden. Dieses Gitter läßt sich als tetragonal deformiertes Diamantgitter ($A4$-Typ) auffassen. An Stelle der C-Atome sind TiO_2-Molekeln zu setzen, die alle einander und der kristallographischen Hauptachse parallel gerichtet sind. Als Beispiel für den $C5$-Typus ist allein Anatas bekannt mit $a = 3{,}73$, $c = 9{,}37$ Å, $c/a = 2{,}51$.

G-Typen (Verbindungen mit dem Radikal BX_3)

1. Calcit, $CaCO_3$ (*G*1-Typ), vgl. Abbildung 25. Der Elementarkörper des Calcitgitters ist eine rhomboedrische Zelle (Abb. 9[2]), dessen Ecken von Ca-Atomen besetzt sind. Im Zentrum der Zelle befindet sich ebenfalls ein Ca-Atom, während die CO_3-Gruppen auf der Vertikalachse zwischen den Ca-Atomen liegen. Die Sauerstoffatome bilden jeweils um ein Kohlenstoffatom als Mittelpunkt ein gleichseitiges Dreieck, das senkrecht zur Vertikalachse liegt (Abb. 25a).

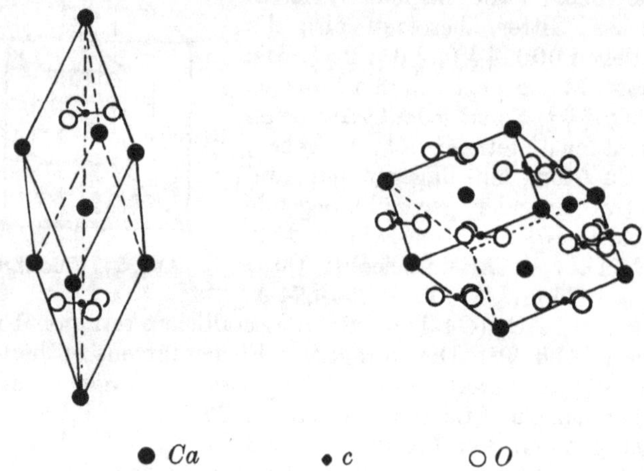

Abb. 25. Calcitgitter. a) Elementarzelle, b) Grundrhomboeder

Das Calcitgitter zeigt eine nahe Verwandtschaft mit dem NaCl-Gitter (*B*1-Typ). Diese Verwandtschaft kommt besonders deutlich in einer etwas anders gewählten (mehrfach primitiven) Zelle zum Ausdruck, die in Abbildung 25b dargestellt ist. Fassen wir das Rhomboeder als deformierten Würfel auf, so gelangen wir unmittelbar zu einer anscheinlichen Beziehung zwischen den beiden Gittern. Die Ca-Ionen bilden ein flächenzentriertes Rhomboeder, ebenso wie die Na-Ionen im Steinsalzgitter einen flächenzentrierten Würfel bilden. Die Schwerpunkte der CO_3-Gruppen besetzen die Kantenmitten und zentrieren das ganze Rhomboeder (entsprechend den Cl-Ionen im Elementarwürfel des Steinsalzes, Abb. 23). Es ist einleuchtend, daß derartige Strukturzusammenhänge sich auch in den Beziehungen entsprechender physikalischer Eigenschaften äußern müssen.

S-Typen (Silikate)

Der Aufbau der Silikate ist dadurch charakterisiert, daß jedes Siliciumion immer tetraedrisch von 4 Sauerstoffionen umgeben wird (Abb. 19c). Diese SiO_4-Tetraeder bilden in den Silikatgittern Baueinheiten, die durch die Möglichkeit einer verschiedenartigen Verknüpfung die Mannigfaltigkeit der Silikatstrukturen bedingen. Es ist dabei bemerkenswert, daß die Siliciumionen zum Teil durch Aluminiumionen ersetzt werden können. Auf diese Vertretbarkeit zwischen Si und Al wird noch später (Kap. Isomorphie) einzugehen sein. Die SiO_4-Tetraeder der Silikatgitter können Inseln, Ketten, Netze und Raumgitter bilden. Auf diese Weise ergibt sich ein sehr einfaches und anschauliches Einteilungsprinzip für die Silikate. Wir wollen im folgenden die Hauptbautypen der Silikate kurz beschreiben, wobei wir den Darstellungen von MACHATSCHKI und STRUNZ folgen:

A. Inselsilikate

In den einfachsten Fällen sind die sog. Inselsilikate dadurch gekennzeichnet, daß die SiO_4-Tetraeder selbständige Inseln bilden, zwei benachbarte Tetraeder also keine gemeinsamen Sauerstoffionen haben (Nesosilikate nach STRUNZ). In der chemischen Formel kommt diese Tatsache in der Schreibung $[SiO_4]^{4-}$ zum Ausdruck. Als Beispiel seien der Olivin $(Mg, Fe, Mn, Zn)_2[SiO_4]$ und Granat (Almandin) $Fe_3Al_2[SiO_4]_3$ genannt.

Weiter können mehrere SiO_4-Tetraeder zu abgeschlossenen Gruppen zusammentreten, also ebenfalls wieder Inseln bilden (Sorosilikate nach STRUNZ). Zwei Tetraeder sind dabei so miteinander verbunden, daß sie ein Sauerstoffion gemeinsam haben. Die Formel eines derartigen Doppeltetraeders ist durch die Schreibung $[Si_2O_7]^{6-}$ gekennzeichnet. Hierher gehören Thortveitit $Sc_2[Si_2O_7]$, Hemimorphit $Zn_4[(OH)_2 \mid Si_2O_7] \cdot H_2O$, Barylith $BaBe_2[Si_2O_7]$ u. a.

Mehr als zwei Tetraeder können sich zu Ringen zusammenschließen (Cyclosilikate). Beim Benitoit $BaTi[Si_3O_9]$ bilden jeweils 3 SiO_4-Tetraeder einen dreizähligen Ring, der als Bauinsel erscheint. Benitoit kristallisiert dementsprechend trigonal. Ein Ring von

6 Tetraedern liegt beim Beryll $Al_2Be_3[Si_6O_{18}]$ vor. Schematisch kann eine derartige Insel in folgender Weise geschrieben werden:

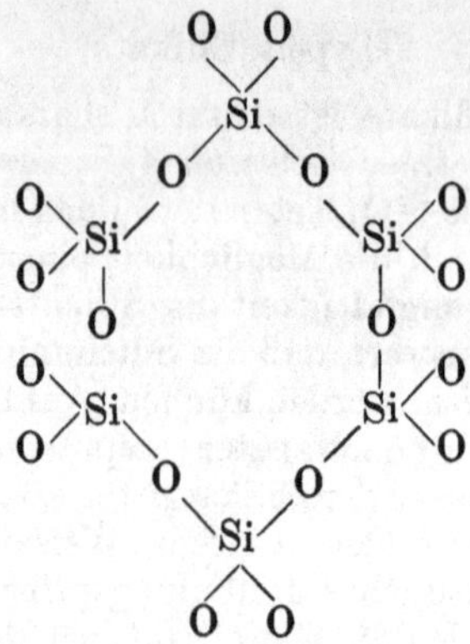

Auch hier entspricht die Ringsymmetrie der Symmetrie des ganzen Kristalls: Beryll kristallisiert hexagonal.

B. Kettensilikate

Die SiO_4-Tetraeder können weiterhin zu einfachen Ketten zusammentreten, wie es sich folgendermaßen formelmäßig darstellen läßt:

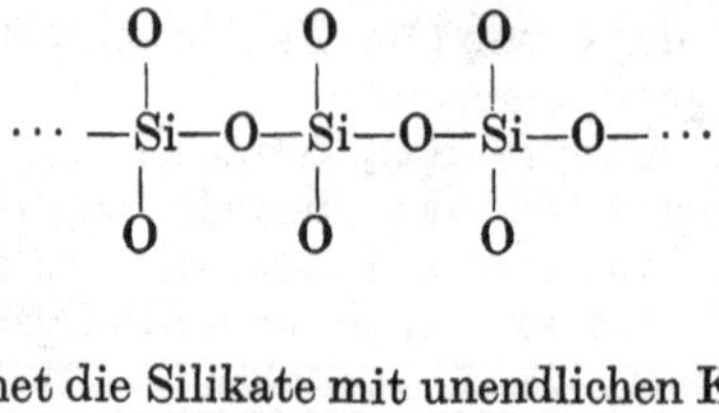

STRUNZ bezeichnet die Silikate mit unendlichen Ketten von Tetraedern als Inosilikate. Man erkennt, daß von jeder SiO_4-Gruppe 2 Sauerstoffionen gleichzeitig zwei Nachbargruppen angehören. Demnach ergibt sich für die Kette die Formel $[Si_2O_6]^{-4}$. Auch im Falle der Kettenbildung können die Si-Ionen weitgehend durch Aluminium ersetzt sein. Gitter mit derartigen Ketten bilden die Pyroxene (Augite), z. B. Enstatit $Mg_2[Si_2O_6]$, Diopsid $CaMg[Si_2O_6]$, Spodumen $LiAl[Si_2O_6]$ u. a.

Treten zwei parallel laufende Ketten zu einer Doppelkette zusammen derart, daß jedes zweite Tetraeder einer Kette noch ein drittes Sauerstoffion mit dem benachbarten Tetraeder der anderen Kette gemeinsam hat, so gelangt man zu der Formel $[Si_4O_{11}]^{-6}$. In der folgende Weise läßt sich eine solche Doppelkette schematisch anschreiben:

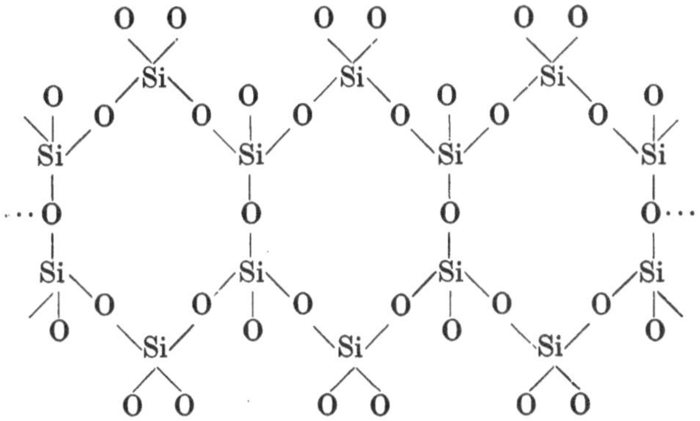

Doppelkettenbildung haben wir in den Gittern der Amphibole (Hornblenden), z. B.

Anthophyllit $(Mg, Fe)_7[OH \mid Si_4O_{11}]_2$
Tremolit $Ca_2(Mg, Fe)_5[OH \mid Si_4O_{11}]_2$
Alkalihaltiger Aktinolith $Na_2Ca_4(Mg, Fe)_{10}[(OH)_2O_2 \mid Si_{16}O_{44}]$ usw.

Die hier benutzte Schreibweise der chemischen Formeln schließt sich dem Vorschlag von STRUNZ an, wonach innerhalb einer eckigen Klammer die komplexfremden Anionen (z. B. OH) durch einen Vertikalstrich getrennt *vor* den Komplex-Ionen (z. B. SiO_4) angeführt werden.

Es sind Silikatstrukturen mit komplizierterem Kettenbau bekannt geworden.

C. Netzsilikate

Bei den Mineralien Glimmer, Chlorit, Talk u. a. bilden die SiO_4-Tetraeder Netze derart, daß jeweils 3 Sauerstoffionen eines Tetraeders gleichzeitig auch noch den drei benachbarten Tetraedern angehören (Phyllosilikate nach STRUNZ). Die freien Ecken der Tetraeder weisen alle in die gleiche Richtung senkrecht zur Ebene des Netzwerkes. Als Formel für die Netze ergibt sich $[(Si, Al)_4O_{10}]$. Je zwei dieser Netze treten so zusammen, daß sich die freien Tetraederecken einander gegenüberstehen. In die Räume zwischen den Tetraederspitzen treten noch OH-Ionen und F-Ionen ein, während die Absättigung der negativen Komplexe durch Kationen wie Al, Mg, Mn, Fe oder Li, K, Na, Ca, Ba erfolgt. Betrachten wir nur die Schwerpunkte der SiO_4-Tetraeder, so erhalten wir ein Gitter, das dem Graphitgitter sehr ähnlich ist. Wie sich im Graphit die Kohlenstoffatome zu Sechserringen und diese zu parallelen Schichten zusammenschließen (Abb. 22), so bilden im Glimmer die SiO_4-Gruppen Sechserringe und diese parallele Schichten.

Formelbeispiele:

Glimmer { Biotit $K(Mg, Fe, Mn)_3[(OH, F)_2 \mid AlSi_3O_{10}]$
{ Muskovit $KAl_2[(OH, F)_2 \mid AlSi_3O_{10}]$

Talk $Mg_3[(OH)_2 \mid Si_4O_{10}]$.

Glimmerartige Schichtengitter liegen auch bei den sogenannten Tonmineralien, wie z. B. Kaolinit, Montmorillonit, Nontronit u. a.. vor.

D. Gerüstsilikate

Der vierte Bautypus der Silikate (Tektosilikate nach Strunz) ist dadurch charakterisiert, daß jedes Sauerstoffion gleichzeitig zwei benachbarten SiO_4-Tetraedern angehört. Benachbarte Tetraeder stoßen also jeweils immer mit ihren Ecken aneinander. Von den 4 Sauerstoffionen, die jedes Si-Ion umgeben, gehören demnach in Wirklichkeit nur $^4/_2$ einem zentralen Siliciumion an, so daß sich für eine derartige Anordnung die Formel $[SiO_2]$ ergibt. Im einfachsten Falle liegen daher solche Strukturen bei den verschiedenen Modifikationen des Siliciumdioxyds vor, z. B. α-, β-Quarz, Cristobalit usw. Bei diesen SiO_2-Modifikationen sind die SiO_4-Tetraeder in verschiedener Weise angeordnet, wodurch eben verschiedene Strukturarten zustande kommen. Immer aber bilden die Tetraeder ein dreidimensionales Gerüst (Gitter), in dem alle diese Baueinheiten miteinander in Verbindung stehen. Solche Strukturen haben einen bemerkenswert sperrigen Charakter mit Hohlräumen und Kanälen. Wird in einem derartigen Gerüst ein Teil der Si-Ionen durch Al-Ionen ersetzt, so erhält es, da ja Al im Gegensatz zum vierwertigen Si nur dreiwertig ist, eine bestimmte negative Aufladung, die durch den Einbau von Kationen in die Hohlräume des Gerüstes kompensiert wird. Vielfach können auch in das Gerüst Wassermolekeln eingebaut werden, wie z. B. bei den Zeolithen. Kennzeichnend für die Vertreter des Gerüsttypus ist immer das Verhältnis (Si + Al) : O, das gleich 1 : 2 sein muß.

Beispiele:

Quarz, Cristobalit, Tridymit $[SiO_2]$

Feldspat
- Orthoklas $K[AlSi_3O_8]$
- Albit $Na[AlSi_3O_8]$
- Anorthit $Ca[Al_2Si_2O_8]$

Feldspatvertreter:
- Nephelin $KNa_3[AlSiO_4]_4$
- Leuzit $K[AlSi_2O_6]$
- Analzim $Na[AlSi_2O_6] \cdot H_2O$

Zeolithe:
- Natrolith $Na_2[Al_2Si_3O_{10}] \cdot 2H_2O$
- Chabasit $Ca[Al_2Si_4O_{12}] \cdot 6H_2O$.

In die Hohlräume des $(Si, Al)O_2$-Gerüstes können auch noch Anionen wie Cl, S, SO_4, CO_3 eintreten. Dabei entstehen Verbindungen folgender Art:

Sodalith $Na_4[Cl \mid (AlSiO_4)_3]$
Cancrinit $CaNa_3[CO_3 \mid (AlSiO_4)_3]$
Skapolith $(Na, Ca)_8[Cl_2, SO_4, CO_3 \mid (AlSi_3O_8)_6]$.

II. Die Physik der idealen Kristallgitter

A. Die physikalisch-chemischen Eigenschaften der Kristalle

1. Die Bausteine der Kristallgitter und deren Bindung

a) Die kristallchemischen Bindungskräfte

Um die Eigenschaften der Kristalle aus den strukturellen Verhältnissen ableiten zu können, genügt es nicht allein, die Geometrie des Gitters zu betrachten, eine wichtige Rolle spielen hierbei vielmehr auch die Art der Bauteilchen und die Art der Bindungen zwischen ihnen. Es wird eine wesentliche Aufgabe unserer Betrachtungen sein, die Natur der kristallchemischen Bindungskräfte, die die Baueinheiten eines Kristallgitters zusammenhalten, zu untersuchen. Die Anziehungskräfte, um die es sich hierbei handelt, sind in erster Linie elektrischer Natur. Im einfachsten Falle bilden die Bausteine im Kristall positiv und negativ geladene Partikeln, die sich gegenseitig anziehen, d.h., das Gitter ist aus Ionen, Anionen und Kationen, aufgebaut. Man spricht dann von polarer oder heteropolarer Bindung bzw. von einem heteropolaren Gitter oder Ionengitter. Das bekannteste Beispiel ist das NaCl-Gitter (Abb. 23), bei dem sich die positiven Natriumionen (Na^+) und die negativen Chlorionen (Cl^-) gegenseitig nach dem Coulombschen Gesetz anziehen und dadurch das Gitter zusammenhalten. Es hat in diesem Falle keinen Sinn mehr, von einer NaCl-Molekel zu sprechen, da jedes Na^+-Ion von 6 Cl^--Ionen im gleichen Abstand umgeben ist und umgekehrt. Im Idealfall der heteropolaren Bindung, wie er gerade bei den Alkalihalogeniden verwirklicht wird, können Kationen und Anionen in guter Näherung als kugelförmige Gebilde aufgefaßt werden, die sich gegenseitig berühren. Bezeichnet man mit r_1 und r_2 die Radien der beiden Ionenkugeln und mit e_1 und e_2 die entsprechenden elektrostatischen Ladungen, so ergibt sich für die

Arbeit, die aufgewandt werden muß, um zwei Ionen bis ins Unendliche zu trennen, $A = \frac{1}{D} \cdot \frac{e_1 \cdot e_2}{r_1 + r_2}$, wobei D die Dielektrizitätskonstante der Umgebung bedeutet. Diese Trennungsarbeit ist demnach um so größer, je größer die Ionenladungen und je kleiner die Ionenradien sind. Von der Größe A müssen verschiedene chemische Eigenschaften heteropolarer Molekeln abhängen. So zeigt sich z. B. eine sehr schöne Abhängigkeit des Dissoziationsgrades der einfachen Wasserstoffverbindungen vom Volumen des Anions (vgl. die Reihe H_2O, H_2S, H_2Se, H_2Te). Ebenso bemerkenswert ist die Abhängigkeit des Dissoziationsgrades bzw. der Säurestärke von der Größe der elektrostatischen Ladung, z. B. HF, H_2O, H_3P.

Wie wir bereits bemerkt haben, bezeichnet man die Anzahl der Ionen der einen Art, die ein Ion der anderen Art in kürzestem Abstand umgeben, als Koordinationszahl. Infolge der elektrostatischen Anziehungskräfte sind die Ionen bestrebt, eine möglichst große Zahl von Ionen der anderen Art um sich zu gruppieren, d. h. die Koordinationszahl wird im allgemeinen möglichst groß sein.

Nun gibt es aber auch Kristalle, in denen die Baueinheiten keine elektrisch geladenen Teilchen, sondern neutrale Gebilde, z. B. Atome, darstellen. In diesem Falle spricht man von kovalenter, unpolarer oder homöopolarer Bindung bzw. von homöopolaren Gittern. Bei den hier vorliegenden Kräften handelt es sich um eine Wechselwirkung zwischen Atomkernen und Elektronen, also letzten Endes ebenfalls wiederum um Kräfte elektrischer Natur. Ein einfaches Beispiel eines homöopolaren Gitters haben wir im Diamantgitter (Abb. 21). Dieses Gitter setzt sich aus gleichartigen Kohlenstoffatomen als Baueinheiten zusammen. Dabei ist jedes Kohlenstoffatom von vier weiteren Kohlenstoffatomen tetraedrisch umgeben. (Ein C-Atom sitzt im Zentrum, 4 C-Atome in den Ecken des regulären Tetraeders.) Wir wissen, daß Kohlenstoff vierwertig ist, d. h. das Kohlenstoffatom vermag 4 Valenzelektronen abzuspalten. Wir gelangen zu einem einfachen Modell der C—C-Bindung, wenn wir annehmen, daß die beiden Valenzelektronen in der Ebene kreisen, die im Mittelpunkt der kürzesten Verbindungslinie zwischen den C-Atomen senkrecht auf dieser Linie steht. Allgemein kann man sagen, daß jeder homöopolaren Bindung ein Elektronenpaar mit gemeinsamer Bahn entspricht. Diese Vereinigung von Elektronen auf ein und derselben Bahn kann mit hoher Energieabgabe vor sich gehen, so daß im allgemeinen die kovalente Bindung eine sehr feste Verknüpfung von Atomen darstellt.

Selbstverständlich ist das nur ein ganz grobes Modell für eine homöopolare Bindung. Um diese Art der Bindung tiefer zu verstehen, müssen wir auf wellenmechanische Erörterungen eingehen. Hiernach ist für den Mechanismus der homöopolaren Bindung die sogenannte Wechselwirkungsenergie zwischen zwei benachbarten Atomen verantwortlich zu machen. Nach den Vorstellungen der Wellenmechanik sind an Stelle einzelner Elektronen bekanntlich die Elektronenwolken zu setzen. Je mehr sich die Ladungswolken zweier Valenzelektronen durchdringen, desto größer wird die Wechselwirkung zwischen den Elektronen sein. Beispielsweise konnte mit Hilfe der wellenmechanischen Methode die Wechselwirkungsenergie zweier neutraler Wasserstoffatome in Abhängigkeit vom Abstand der Atomkerne berechnet werden. Für mittlere Abstände ergibt eine Lösung für die Wechselwirkungsenergie negative Werte, das bedeutet Anziehung. Derjenige Abstand, für den die Wechselwirkungsenergie ein Minimum erreicht, wird als Kernabstand der benachbarten Atome in der Molekel betrachtet. Ganz entsprechend muß man sich auch die Entstehung der Bindung zwischen benachbarten Kohlenstoffatomen im Diamantgitter vorstellen.

Die Elektronenzustände eines Atoms werden durch vier Quantenzahlen festgelegt, die die Energieniveaus der Elektronen oder – anschaulich gesprochen – die „Elektronenschalen" um den Atomkern bestimmen. Die den Hauptquantenzahlen 1, 2, 3, 4, 5, 6 entsprechenden Schalen bezeichnet man nacheinander als *K*-, *L*-, *M*-, *N*,- *O*-, *P*-Schale. Die Niveaus K, L, M, N können maximal mit 2, 8, 18 bzw. 32 – oder allgemein mit $2n^2$ (n = Hauptquantenzahl) – Elektronen besetzt sein. Abgesehen von der *K*-Schale besteht jede Schale, die durch eine bestimmte Hauptquantenzahl ($n > 1$) charakterisiert wird, wiederum aus verschiedenen Teilschalen, die sich ebenfalls durch verschiedene Energiewerte unterscheiden. Entsprechend der Nebenquantenzahl 0, 1, 2, 3 bezeichnet man diese Teilschalen mit den Buchstaben s, p, d bzw. f. Zur Kennzeichnung der Elektronenzustände eines Atoms schreibt man zunächst als arabische Zahl die Hauptquantenzahl, sodann den der Nebenquantenzahl entsprechenden Buchstaben, während ein hochgesetzter Zahlenindex die Zahl der Elektronen im angegebenen Zu-

Elektronenanordnungen der Elemente

Z		K	L		M			N				O			P			Q
		1s	2s	2p	3s	3p	3d	4s	4p	4d	4f	5s	5p	5d	6s	6p	6d	7s
1	H	1																
2	He	2																
3	Li	2	1															
4	Be	2	2															
5	B	2	2	1														
6	C	2	2	2														
7	N	2	2	3														
8	O	2	2	4														
9	F	2	2	5														
10	Ne	2	2	6														
11	Na	2	2	6	1													
12	Mg	2	2	6	2													
13	Al	2	2	6	2	1												
14	Si	2	2	6	2	2												
15	P	2	2	6	2	3												
16	S	2	2	6	2	4												
17	Cl	2	2	6	2	5												
18	Ar	2	2	6	2	6												
19	K	2	2	6	2	6		1										
20	Ca	2	2	6	2	6		2										
21	Sc	2	2	6	2	6	1	2										
22	Ti	2	2	6	2	6	2	2										
23	V	2	2	6	2	6	3	2										
24	Cr	2	2	6	2	6	5	1										
25	Mn	2	2	6	2	6	5	2										
26	Fe	2	2	6	2	6	6	2										
27	Co	2	2	6	2	6	7	2										
28	Ni	2	2	6	2	6	8	2										
29	Cu	2	2	6	2	6	10	1										
30	Zn	2	2	6	2	6	10	2										
31	Ga	2	2	6	2	6	10	2	1									
32	Ge	2	2	6	2	6	10	2	2									
33	As	2	2	6	2	6	10	2	3									
34	Se	2	2	6	2	6	10	2	4									
35	Br	2	2	6	2	6	10	2	5									
36	Kr	2	2	6	2	6	10	2	6									

Z		K	L		M			N				O			P			Q
		1s	2s	2p	3s	3p	3d	4s	4p	4d	4f	5s	5p	5d	6s	6p	6d	7s
37	Rb	2	2	6	2	6	10	2	6			1						
38	Sr	2	2	6	2	6	10	2	6			2						
39	Y	2	2	6	2	6	10	2	6	1		2						
40	Zr	2	2	6	2	6	10	2	6	2		2						
41	Nb	2	2	6	2	6	10	2	6	4		1						
42	Mo	2	2	6	2	6	10	2	6	5		1						
43	Tc	2	2	6	2	6	10	2	6	5		2						
44	Ru	2	2	6	2	6	10	2	6	7		1						
45	Rh	2	2	6	2	6	10	2	6	8		1						
46	Pd	2	2	6	2	6	10	2	6	10								
47	Ag	2	2	6	2	6	10	2	6	10		1						
48	Cd	2	2	6	2	6	10	2	6	10		2						
49	In	2	2	6	2	6	10	2	6	10		2	1					
50	Sn	2	2	6	2	6	10	2	6	10		2	2					
51	Sb	2	2	6	2	6	10	2	6	10		2	3					
52	Te	2	2	6	2	6	10	2	6	10		2	4					
53	J	2	2	6	2	6	10	2	6	10		2	5					
54	Xe	2	2	6	2	6	10	2	6	10		2	6					
55	Cs	2	2	6	2	6	10	2	6	10		2	6		1			
56	Ba	2	2	6	2	6	10	2	6	10		2	6		2			
57	La	2	2	6	2	6	10	2	6	10		2	6	1	2			
58	Ce	2	2	6	2	6	10	2	6	10	1	2	6	1	2 ?			
59	Pr	2	2	6	2	6	10	2	6	10	2	2	6	1	2 ?			
60	Nd	2	2	6	2	6	10	2	6	10	4	2	6		2			
61	Pm	2	2	6	2	6	10	2	6	10	5	2	6		2 ?			
62	Sm	2	2	6	2	6	10	2	6	10	6	2	6		2			
63	Eu	2	2	6	2	6	10	2	6	10	7	2	6		2			
64	Gd	2	2	6	2	6	10	2	6	10	7	2	6	1	2			
65	Tb	2	2	6	2	6	10	2	6	10	8	2	6	1	2 ?			
66	Dy	2	2	6	2	6	10	2	6	10	9	2	6	1	2 ?			
67	Ho	2	2	6	2	6	10	2	6	10	10	2	6	1	2 ?			
68	Er	2	2	6	2	6	10	2	6	10	11	2	6	1	2 ?			
69	Tm	2	2	6	2	6	10	2	6	10	13	2	6		2			
70	Yb	2	2	6	2	6	10	2	6	10	14	2	6		2			
71	Lu	2	2	6	2	6	10	2	6	10	14	2	6	1	2			
72	Hf	2	2	6	2	6	10	2	6	10	14	2	6	2	2			
73	Ta	2	2	6	2	6	10	2	6	14	14	2	6	3	2			
74	W	2	2	6	2	6	10	2	6	10	14	2	6	4	2			

Z		K	L	M	N	O	P	Q
		$1s$	$2s\ 2p$	$3s\ 3p\ 3d$	$4s\ 4p\ 4d\ 4f$	$5s\ 5p\ 5d$	$6s\ 6p\ 6d$	$7s$
75	Re	2	2 6	2 6 10	2 6 10 14	2 6 5	2	
76	Os	2	2 6	2 6 10	2 6 10 14	2 6 6	2	
77	Ir	2	2 6	2 6 10	2 6 10 14	2 6 7	2	
78	Pt	2	2 6	2 6 10	2 6 10 14	2 6 9	1 ?	
79	Au	2	2 6	2 6 10	2 6 10 14	2 6 10	1	
80	Hg	2	2 6	2 6 10	2 6 10 14	2 6 10	2	
81	Tl	2	2 6	2 6 10	2 6 10 14	2 6 10	2 1	
82	Pb	2	2 6	2 6 10	2 6 10 14	2 6 10	2 2	
83	Bi	2	2 6	2 6 10	2 6 10 14	2 6 10	2 3	
84	Po	2	2 6	2 6 10	2 6 10 14	2 6 10	2 4	
85	At	2	2 6	2 6 10	2 6 10 14	2 6 10	2 5	
86	Rn	2	2 6	2 6 10	2 6 10 14	2 6 10	2 6	
87	Fr	2	2 6	2 6 10	2 6 10 14	2 6 10	2 6	1
88	Ra	2	2 6	2 6 10	2 6 10 14	2 6 10	2 6	2
89	Ac	2	2 6	2 6 10	2 6 10 14	2 6 10	2 6 1	2 ?
90	Th	2	2 6	2 6 10	2 6 10 14	2 6 10	2 6 2	2 ?
91	Pa	2	2 6	2 6 10	2 6 10 14	2 6 10 2	2 6 1	2 ?
92	U	2	2 6	2 6 10	2 6 10 14	2 6 10 3	2 6 1	2
93	Np	2	2 6	2 6 10	2 6 10 14	2 6 10 4	2 6 1	2 ?
94	Pu	2	2 6	2 6 10	2 6 10 14	2 6 10 5	2 6 1	2 ?
95	Am	2	2 6	2 6 10	2 6 10 14	2 6 10 7	2 6	2
96	Cm	2	2 6	2 6 10	2 6 10 14	2 6 10 7	2 6 1	2 ?
97	Bk	2	2 6	2 6 10	2 6 10 14	2 6 10 8	2 6 1	2 ?
98	Cf	2	2 6	2 6 10	2 6 10 14	2 6 10 9	2 6 1	2 ?
99	E	2	2 6	2 6 10	2 6 10 14	2 6 10 10	2 6 1	2 ?
100	Fm	2	2 6	2 6 10	2 6 10 14	2 6 10 11	2 6 1	2 ?
101	Mv	2	2 6	2 6 10	2 6 10 14	2 6 10 12	2 6 1	2 ?

stand angibt. So wird z. B. die Elektronenkonfiguration des Sauerstoffatoms durch das Symbol $1s^2 2s^2 2p^4$ oder des Chloratoms durch das Symbol $1s^2 2s^2 2p^2 3s^6 3p^5$ gekennzeichnet. In der Tabelle auf S. 45 bis 47 sind die Elektronenkonfigurationen für die verschiedenen Elemente angegeben.

Experimentelle Resultate haben zu der Annahme geführt, daß ein Elektron um seine eigene Achse rotiert und durch diese Rotation („Spin") ein magnetisches Moment erhält. Die Quantentheorie läßt nur zwei Möglichkeiten der räumlichen Spin-Einstellung zu einem äußeren Magnetfeld zu: parallel oder antiparallel. Die sogenannte Spin-Quantenzahl legt die positive beziehungsweise negative Spin-Einstellung fest.

Von größter Bedeutung für den Elektronen-Aufbau der Atome ist das sogenannte PAULI-Prinzip geworden: Danach können in einem Elektronensystem niemals zwei Elektronen auftreten, die in sämtlichen Quantenzahlen übereinstimmen. In einem 1 s-Niveau

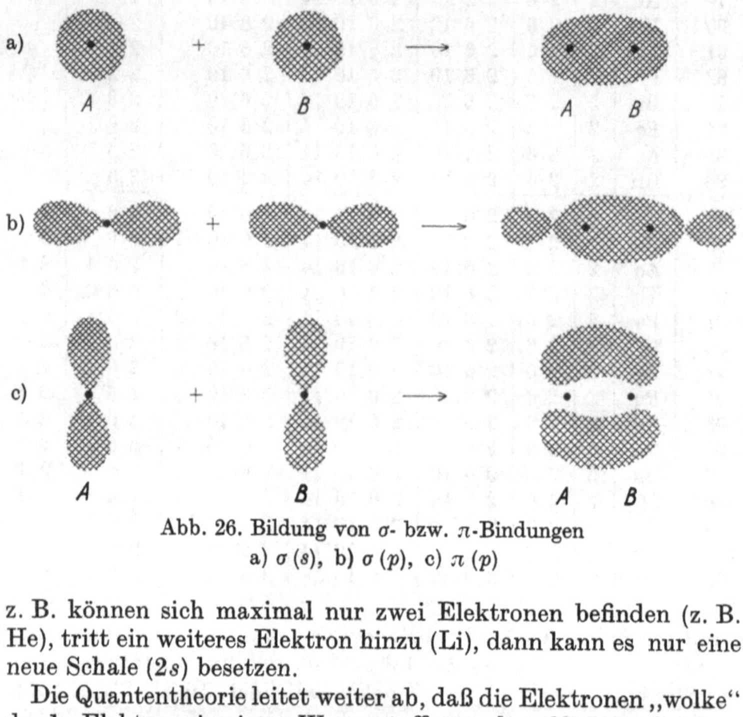

Abb. 26. Bildung von σ- bzw. π-Bindungen
a) σ (s), b) σ (p), c) π (p)

z. B. können sich maximal nur zwei Elektronen befinden (z. B. He), tritt ein weiteres Elektron hinzu (Li), dann kann es nur eine neue Schale (2s) besetzen.

Die Quantentheorie leitet weiter ab, daß die Elektronen „wolke" des 1s-Elektrons in einem Wasserstoffatom kugelförmige Symmetrie aufweist. Treten nun zwei H-Atome zu einer H_2-Molekel zusammen, so ergibt sich für die beiden Elektronen eine gemeinsame Elektronenwolke mit axialer Symmetrie in bezug auf die Verbindungslinie der beiden Kerne („σ-Bindung"). Die Elektronenwolken der drei 2p-Zustände (2p_x, 2p_y, 2p_z) sind gleichartig aufgebaut und zeigen lediglich verschiedene Orientierungen (Abb. 26).

Bilden zwei p-Elektronen, deren Achsen in der Verbindungslinie der beiden Kerne liegen und die entgegengesetzte Spins aufweisen, eine Bindung, so ist die Elektronenwolke wiederum axial-symmetrisch um die Verbindungslinie der Kerne (σ-Bindung). Stehen aber die Achsen der p-Elektronenwolken senkrecht auf der Verbindungslinie der Kerne, so ergibt sich eine Verteilung der Elektronendichte, die nicht mehr axial-symmetrisch ist und längs der Verbindungslinie der Kerne ein Minimum besitzt („π-Bindung"). Ähnlich liegen auch die Verhältnisse für d-Elektronen.

Besondere Erscheinungen ergeben sich beim Kohlenstoffatom, dessen Elektronenkonfiguration im Grundzustand dem Symbol $1s^2 2s^2 2p^2$ entspricht. In diesem Zustand hat das Atom nur zwei ungepaarte Elektronen, so daß es demnach auch nur zwei kovalente Bindungen eingehen könnte. Um vier kovalente Bindungen bilden zu können, muß das Atom unter Umbesetzung des Elektronenniveaus in einen angeregten Zustand übergehen: Eines der $2s$-Elektronen besetzt ein $2p$-Niveau, so daß die Elektronenkonfiguration $1s^2 2s^2\, 2p_x\, 2p_y\, 2p_z$ $(1s^2 2s 2p^3)$ entsteht. Damit sind 4 Valenzen möglich. Aber dieser sp^3-Zustand müßte 2 verschiedene Bindungen – mit einem $2s$-Elektron und mit drei $2p$-Elektronen – eingehen. Damit die vier möglichen Bindungen, wie z. B. in der CH_4-Molekel oder im Diamantgitter, völlig gleichwertige Elektronenwolken bilden, muß eine sogenannte „Hybridisierung" („sp^3-Hybridbildung") eintreten. Diese vier Bindungen sind nach den vier Ecken eines Tetraeders gerichtet.

Von der homöopolaren Bindung unterscheidet sich die metallische Bindung dadurch, daß die Valenzelektronen nicht mehr als zu bestimmten Ionen gehörend betrachtet werden dürfen. Vielmehr besteht der Metallkristall aus einem Gerüst von positiven Atom„rümpfen", die in ein Elektronengas eingebettet sind. Demnach sind im Metallgitter die Elementatome mehr oder weniger vollständig ionisiert, wobei die Leitungselektronen das Gerüst aus den positiven Partikeln zusammenhalten. Dadurch ist eine charakteristische freie Beweglichkeit der Elektronen bedingt, womit sich die Eigentümlichkeiten des metallischen Zustandes weitgehend erklären lassen. Daß die positiven Baueinheiten der Metalle nicht einfach als Kationen betrachtet werden können, liegt darin begründet, daß im Durchschnitt auf ein Metallatom eine ganze Anzahl von „freien" Elektronen kommt. Bemerkenswert sind die öfters von einer stöchiometrischen Formel abweichenden Zusammensetzungen metallischer Verbindungen. Das beweist, daß die Art des Aufbaus der metallischen Phasen es gestattet, daß die Atomrümpfe eines bestimmten Metalls durch die eines anderen ohne Zerstörung des Gitters weitgehend ersetzt werden können. Eine Zusammensetzung nach konstanten Proportionen wird bei den Metallen demnach ein idealer Ausnahmefall sein. Beispielsweise kommen bei den sogenannten γ-Phasen der Systeme Ag-Cd, Cu-Zn, Cu-Al und Cu-Sn auf 13 Atome 21 Valenzelektronen. Diesen Phasen entsprechen folgende Formeln: Ag_5Cd_5, Cu_4Zn_8, Cu_9Al_4 und $Cu_{31}Sn_8$. Die genannten intermetallischen Verbindungen kristallisieren sämtlich im gleichen Gittertyp. Es ist zu bemerken, daß diese Regel, wonach einer bestimmten Valenzelektronenzahl pro Atom ein bestimmter Strukturtypus zukommen soll (Regel von HUME-ROTHERY), keine allgemeine Gültigkeit besitzt (LAVES).

Beim Magnesium konnte nachgewiesen werden, daß sein Gitter im wesentlichen aus Mg^{2+}-Ionen aufgebaut ist, die im „Gas" der durch die Ionisation abgegebenen, nahezu völlig gleichmäßig verteilten Leitungselektronen eingebettet liegen. Dabei nehmen die Magnesiumionen etwa nur 13% des Kristallvolumens ein, während der übrige Raum, also 87% des Kristallvolumens, von dem materiell dünnen Elektronengas erfüllt ist.

Schließlich haben wir noch auf eine weitere Art nichtpolarer Bindungskräfte einzugehen, die mit zunehmendem Abstand der neutralen Atome oder Molekeln weniger rasch abklingen als die homöopolaren Anziehungskräfte. Bekanntlich folgen die realen Gase nicht völlig den Gesetzen des idealen Gases. Die Abweichungen sind mit der Annahme von anziehenden Kräften zwischen den Gasmolekeln erklärt worden. Diese VAN DER WAALSschen Kräfte sind zwischen Atomen und Molekeln beliebiger Art vorhanden und wirken auch in jedem Aggregatzustand, insbesondere auch in Kristallgittern. Man kann die VAN DER WAALSsche Anziehung als Folge der elektrischen Polarisation der Molekeln verstehen. Es genügt, wie es DEBYE getan hat, anzunehmen, daß die Molekeln elektrische Systeme darstellen, in denen die Ladungen nicht völlig starr an ihre Ruhelagen gebunden sind. Dann werden in einer Molekel, die unter dem Einfluß des elektrischen Feldes einer anderen Molekel steht, positive und negative Ladungen voneinander gesondert, es bildet sich ein elektrisches Moment, wodurch eine anziehende Kraftwirkung („Dispersionskräfte") entsteht. Ausschließlich VAN DER WAALSsche Bindung liegt in den festen Edelgasen vor. Ihrer Natur nach ist die VAN DER WAALSsche Bindung schwach. Erst bei geringeren Partikelabständen wird sie beträchtlich. Kristalle, in denen diese Bindung vorherrscht oder allein vorhanden ist, sind daher weich und zeigen einen hohen Flüchtigkeitsgrad. Als zwischenmolekulare Kräfte sekundärer Art sind neben den VAN DER WAALSschen die Dipolkräfte zu erwähnen. Sie kommen beispielsweise zur Wirkung, wenn durch Ionen in an und für sich neutralen Molekeln ein Dipol induziert wird (Induktionskräfte). Das stark geladene Ion kann die positiven und negativen Ladungen einer in seiner Nähe befindlichen Molekel trennen, sofern die Ladungen einige Beweglichkeit aufweisen. Es gibt aber auch Molekeln, bei denen von vornherein die Schwerpunkte der positiven und negativen Ladungen nicht zusammenfallen (z. B. Wasser). Auch zwischen zwei Dipolen ist selbstverständlich eine Bindung möglich (Dipol-Dipol- oder DEBYE-KEESOM-Kräfte).

Die vier Haupt-Bindungstypen lassen sich in anschaulicher Weise auch durch die Verteilung der Elektronendichte im dreidimensionalen Gitterraum charakterisieren, wie dies von GRIMM und Mitarbeitern durchgeführt worden ist. Nach diesen Untersuchungen hat es sich gezeigt, daß sowohl bei der Ionenbindung als auch bei der VAN DER WAALSschen Bindung die Elektronendichten zwischen zwei benachbarten Partikeln auf Null absinken. Der Unterschied besteht darin, daß bei den heteropolaren Gittern (z. B. Steinsalz) als Bausteine Ionen mit Überschußladungen vorliegen, während es sich bei der VAN DER WAALSschen Bindung um neutrale Gebilde (z. B. Ar-Atome) handelt. Demgegenüber behalten bei den homöopolaren Gittern (z. B. Diamant) und bei den Metallen (z. B. Mg) die Elektronendichten zwischen den Bausteinen von Null verschiedene Werte bei. Bei den Metallen allerdings sind die Elektronen, wie wir schon gehört haben, gleichmäßig über den gesamten Zwischenraum verteilt, d. h. die Elektronendichte ist in diesem Raum konstant. In einem Atomgitter liegt nur zwischen zwei unmittelbar benachbarten Atomen eine Elektronenbrücke vor, so z. B. zwischen zwei benachbarten Kohlenstoffatomen im Diamantgitter. Hier sind im Gegensatz zum Ionenkristall die Elektronenhüllen der Atome miteinander verwachsen.

Wie bereits früher (S. 21) kurz erläutert worden ist, kann man auf Grund der Intensitäten der Röntgeninterferenzen auf die Elektronendichte im Kristallgitter schließen. Damit ist eine allgemein anwendbare Methode zur Bestimmung der Bindungsarten in einem Kristallgitter gegeben.

Selbstverständlich braucht in ein und demselben Gitter nicht immer nur eine der vier Haupt-Bindungsarten zu wirken, es können mehrere gleichzeitig auftreten. Beispielsweise kann die homöopolare Bindung mit jeder der drei anderen Bindungsarten zusammen vorkommen. Anschauliche Beispiele geben uns wiederum die Silikate: Bei den Inosilikaten (Kettenbildung) haben wir zwischen Si und O innerhalb der Ketten einen Bindungscharakter, der zwischen homöopolarem und heteropolarem Typus steht und den man als „semipolar" bezeichnet hat. Der gesamte $[(Si, Al)O_4]$-Verband weist eine negative Aufladung auf. Zur Neutralisierung dieser Ladungen sind in die Lücken der $[(Si, Al)O_4]$-Verbände Kationen (z. B. Na, Ca, Fe usw.) eingelagert. Bei den Silikaten vom Glimmertypus (Netzbildung) liegen innerhalb der Netze semipolare Bindungen vor, während zwischen den Netzen Ionenbindung auftritt. Auch bei den Feldspäten sind in den Lücken des $[(Si, Al)O_2]$-Gerüstes Alkali- oder Erdalkaliionen eingelagert, während das Gerüst selbst durch semipolare Bindung zusammengehalten wird. Beim Quarz (SiO_2) allerdings fehlen die Al-Ionen im $[SiO_2]$-Gerüst, so daß hier keine weiteren Kationen eingelagert sind. Beim Graphit (Abb. 22) sind die Kohlenstoffatome innerhalb der Schichten durch unpolare Valenzkräfte gebunden. Da im Graphitgitter jedes Kohlenstoffatom nur drei nächste Nachbarn hat, muß eine der Bindungen eine Doppelbindung sein. Dabei ist aber ein Teil der Elektronen innerhalb einer Schicht quasi frei beweglich, so daß noch ein metallischer Bindungsanteil vorliegt. Dagegen binden sich die Schichten gegenseitig durch VAN DER WAALSsche Kräfte. Daraus folgt, daß die Bindung innerhalb der Schichten wesentlich stärker ist als senkrecht dazu. Auf dieser Tatsache beruhen eine Reihe physikalischer und chemischer Eigenschaften des Graphits.

Danach wäre der metallische Charakter (Glanz, Farbe, Leitfähigkeit) des Graphits zwanglos auf den metallischen Bindungsanteil zurückzuführen. Durch chemischen Angriff wird die VAN DER WAALSsche Bindung leicht gelöst, wobei eigenartige Verbindungen entstehen, bei denen die C—C-Schichten des Graphits erhalten bleiben (vgl. die Verbindungen Graphitbisulfat, Graphitnitrat,

Graphitperchlorat u. a.). Über die typischen mechanischen Eigenschaften des Graphits wird noch weiter unten zu sprechen sein.

Graphit stellt ein charakteristisches Beispiel für einen Kristall dar, in dem verschiedene Bindungsarten zur Wirkung kommen. Solche Kristallgitter nennen wir heterodesmische Gitter. Sind dagegen die Bausteine eines Kristalls generell nur durch eine im Gitter einheitliche Bindungsart verknüpft (z. B. NaCl oder Metalle), so sei von einem homodesmischen Gitter die Rede („heterodesmic" bzw. „homodesmic structures" nach EVANS).

Nun können aber in einem Kristallgitter nicht nur mehrere Bindungsarten gleichzeitig auftreten, in vielen Fällen existieren auch Übergänge zwischen verschiedenen Bindungstypen. Wir haben bereits festgestellt, daß die heteropolare und auch die homöopolare Bindung Grenzfälle oder Idealfälle darstellen, die rein nur in wenigen Kristallgittern verwirklicht sein dürften (so z.B. die heteropolare Bindung bei den Alkalihalogeniden). Nicht immer werden bei der heteropolaren Bindung die Elektronenwolken von Kation und Anion so unbeeinflußt bleiben, daß man diese Ionen mit einiger Näherung als kugelförmig betrachten dürfte. Insbesondere bei großen Anionen und Kationen hoher Ladung wird die Elektronenwolke des Anions zum Kation hin angezogen, sein positiver Kern abgestoßen, d. h. das Anion wird deformiert oder polarisiert (vgl. auch S. 67). Die Deformation des Anions kann schließlich so weit gehen, daß sich die Elektronenhüllen benachbarter Ionen weitgehend „überlappen". Damit ist aber der Grenzfall der homöopolaren Bindung erreicht. Zu den Übergängen gehört auch die semipolare Bindung bei den Silikaten.

Eine solche Annäherung an den homöopolaren Bindungstyp haben wir sehr wahrscheinlich bei verschiedenen Kristallarten, die im Zinkblendegitter kristallisieren (ZnS, HgS, CuCl, CuBr u. a.). Das Zinkblendegitter ist geometrisch mit dem Diamantgitter verwandt (Abb. 21, S. 32; dort sind die Leerkreise als Zn-Atome, die Vollkreise als S-Atome zu deuten). Insofern sind die erwähnten Verbindungen als Ionenverbindungen anzusehen, als sie in geringem Umfange zu gelösten Ionen dissoziieren. Es ist aber anzunehmen, daß in diesen Gittern eine intensive Deformation der Ionenbindung zur homöopolaren Bindung eingetreten ist.

Quantenmechanisch können die Übergänge zwischen den verschiedenen Bindungstypen als Erscheinungen der *Resonanz* oder

Mesomerie aufgefaßt werden. Man kann eine vorgegebene Bindung durch verschiedene chemische „Strukturen“ darstellen. Dabei wird sich im allgemeinen keiner dieser Zustände in Wirklichkeit einstellen. Als stabile Bindung wird sich vielmehr ein mittlerer Zustand („Resonanzbindung“) zwischen den möglichen Bindungs„strukturen“ ergeben. Beispielsweise kann nach PAULING die Wassermolekel als Resonanzzustand zwischen folgenden Elektronen„strukturen“ aufgefaßt werden:

H	H^+	H	H^+
$:\ddot{\underset{\cdot\cdot}{O}}:H$	$:\ddot{\underset{\cdot\cdot}{O}}:^{-}H$	$:\ddot{\underset{\cdot\cdot}{O}}:^{-}\ H^+$	$:\ddot{\underset{\cdot\cdot}{O}}:^{2-}\ H^+$
kovalent	„halb und halb“		polar
40%	25%	25%	10%

Der eine dieser Bindungszustände ist rein kovalent, ein weiterer rein heteropolar, zwei Zustände dagegen besitzen je eine kovalente und eine polare O—H-Bindung („halb und halb“). Die Anteile an der stabilen Resonanz„struktur“ sind entsprechend etwa 40%, 10% und für die „Halb-und-Halb-Strukturen“ jeweils etwa 25%. Dabei ist das Phänomen der Resonanz nicht etwa so aufzufassen, daß eine „Mischung“ aus den vier Elektronen„strukturen“ vorliegt, vielmehr bildet die H_2O-Molekel einen einheitlichen Zwischenzustand („Bindungscharakter“). Man kann sagen, daß den einzelnen Elektronen„strukturen“ keine Realität zukommt. Entscheidend ist dagegen jeweils nur die Energie, die der Wellenfunktion ψ des stationären Systems entspricht.

Wir denken uns eine beliebige binäre Verbindung AB, wobei die beiden Möglichkeiten einer kovalenten Bindung A—B und einer rein polaren Bindung A^+B^- gegeben sind. Bezeichnen wir mit ψ_{kov} und ψ_{ion} die normalisierten Wellenfunktionen für die kovalente und ionare Elektronen„struktur“, so ergibt sich als vollständige Wellenfunktion für den Resonanzzustand der Molekel:

$$\psi = \psi_{\text{kov}} + \lambda \cdot \psi_{\text{ion}}$$

Dabei ist λ eine Konstante, deren Wert die Asymmetrie der Ladungsverteilung zwischen den beiden Atomen festlegt. Der polare Anteil an einem Bindungscharakter wird durch den Ausdruck $100\ \lambda^2/(1 + \lambda^2)$ in % dargestellt.

In recht einfacher Weise kann der Anteil an Ionenbindung mit

Hilfe der sogenannten „Elektronegativitäten" abgeschätzt werden. In einer Molekel AB mit polarer Tendenz werden Ladungsverschiebungen z. B. von A zu B eintreten. Man kann diesen Vorgang so beschreiben, indem man feststellt, daß B einen „stärker elektronegativen" Charakter hat als A. Schreiben wir in solcher Weise dem Atom A bzw. B die Elektronegativität x_A bzw. x_B zu, so erhalten wir als Maß für den polaren Anteil für die A—B-Bindung die Größe $x_A - x_B$. Nach PAULING kann diese Differenz näherungsweise proportional der Quadratwurzel aus der Resonanzenergie gesetzt werden, da diese Energie bei rein kovalenter Bindung ($x_A = x_B$) verschwindet und mit wachsender Polarität der Bindung zuinmmt. In der folgender Tabelle sind die Elektronegativitäten für einige Elemente zusammengestellt:

H						
2,1						
Li	Be	B	C	N	O	F
1,0	1,5	2,0	2,5	3,0	3,5	4,0
Na	Mg	Al	Si	P	S	Cl
0,9	1,2	1,5	1,8	2,1	2,5	3,0
K			Ge	As	Se	Br
0,8			1,8	2,0	2,4	2,9
Rb						J
0,8						2,5
Cs						
0,7						

Der Zusammenhang zwischen polarem Anteil einer AB-Bindung und der Differenz der Elektronegativitäten $x_A - x_B$ ist in Abb. 27 graphisch dargestellt. Der analytische Ausdruck für den ionaren Anteil Q ergibt sich aus folgender Formel:

$$Q = 1 - \exp.\{-0{,}25\,(x_A - x_B)^2\}.$$

(Für 100% kovalente Bindung wird $Q = 0$, für 100% polare Bindung $Q = 1$.)

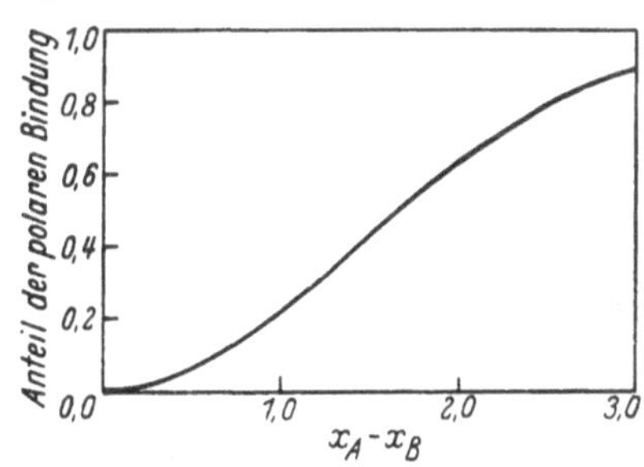

Abb. 27. Polarer Anteil Q einer Bindung als Funktion der Differenzen der Elektronegativitäten $x_A - x_B$

Aus der quantenmechanischen Betrachtung der Polarisation resultiert die Konsequenz, daß die Polarisierbarkeit in verschiedenen Richtungen des Kristallgitters verschieden sein wird. So kann angenommen werden, daß die Wahrscheinlichkeitsdichte der p-Elektronen vielfach zu einer oktaedrischen Koordination mit steinsalzähnlicher Struktur führen wird. Dagegen wird der Quantenzustand eines sp^3-Hybrids (z. B. III/V-Verbindungen) zu einer tetraedrischen Anordnung tendieren. Nach KREBS sind beispielsweise im Bleisulfid (NaCl-Typ) die Wellenfunktionen der p-Elektronen parallel [100] ausgerichtet. Jedes p-Elektron ist in einem solchen Falle imstande, entweder in [100] oder [$\bar{1}$00] eine Bindung zu betätigen. Auf diese Weise bildet sich ein Resonanzsystem – ähnlich wie bei aromatischen Verbindungen – aus, wodurch der Halbleitercharakter des Bleisulfids bedingt wird. Die Resonanz bzw. Mesomerie ist nach KREBS in der Kristallchemie bei der Mehrzahl der anorganischen Koordinationsgitter von beherrschender Bedeutung.

b) Gitterenergie

Die Art der Bindung spielt beim Aufbau eines Kristallgitters eine sehr wesentliche Rolle und ist daher auch ein entscheidender Faktor für die physikalischen Eigenschaften des betreffenden Kristalls. Die Intensität der Bindung insbesondere liefert uns ein Maß für die Kohäsion. Sind uns die Gesetze, die für die Bindungskräfte zwischen den Bausteinen des Gitters gelten, bekannt, so sind wir in der Lage, die Energie zu bestimmen, die notwendig ist, um ein Gitter in seine Bausteine zu zerlegen. Dieser Energiebetrag, der tatsächlich die Kohäsionseigenschaften mitbestimmen muß, wird als Gitterenergie bezeichnet. Leider sind uns nun die Gesetze, nach denen sich die Anziehungs- und Abstoßungskräfte zwischen zwei Bausteinen eines Gitters mit deren Abstand ändern, nicht allgemein bekannt. Dies trifft insbesondere für die homöopolaren Bindungskräfte zu. Dagegen können wir für die Ionenkristalle einen einfachen Ansatz aufstellen, indem wir die Ionen als kugelförmige Gebilde auffassen, für deren wechselseitige Anziehung bzw. Abstoßung das COULOMBsche Gesetz gilt.

Betrachten wir einmal ein Ion, das die Ladung $+e$ besitze! Im Abstand r vom Mittelpunkt der Ionenkugel aus gerechnet nimmt dann das elektrostatische Potential nach dem COULOMBschen Gesetz den Wert $+\frac{e}{r}$ an. Das bedeutet nach der Definition des Potentials: Um die Ladung $+1$ aus dem Unendlichen zu einem Punkt im Abstand r des Ions zu bringen, muß der Arbeitsbetrag $\frac{e}{r}$ aufgewandt werden. Bringe ich ein Ion mit der Ladung $-e$ an die gleiche Stelle, so wird dabei der Energiebetrag $\frac{e^2}{r}$ frei. Oder: die Arbeit, die aufgewandt werden muß, um zwei Ionen mit den Ladungen $+e$ bzw. $-e$, die sich im Abstande r voneinander befinden, zu trennen, beträgt $\frac{e^2}{r}$. Das ist also die Bindungsenergie für eine Molekel, die aus zwei entgegengesetzt geladenen Ionen aufgebaut ist. Nun können wir diesen Prozeß weiter fortsetzen, indem wir weitere Ionen in konstantem Abstand aneinanderreihen (Abb. 28). Wir gelangen auf diese Weise zu einer unendlichen Kette, auf der alternierend Kationen und Anionen aufgereiht sind. Nehmen wir einmal an, es fehle irgendwo in der Kette ein positives Ion! Wir wollen nun das Potential aller übrigen Ionen der Kette auf diesen ladungsfreien Punkt berechnen, wobei wir zunächst einmal nur die Ionen berücksichtigen wollen, die rechts von unserem beliebig gewählten Nullpunkt (= ladungsfreier Punkt) liegen. Der Potentialbeitrag des ersten Ions, das ja vom Nullpunkt den Abstand r hat, ist $-\frac{e}{r}$.

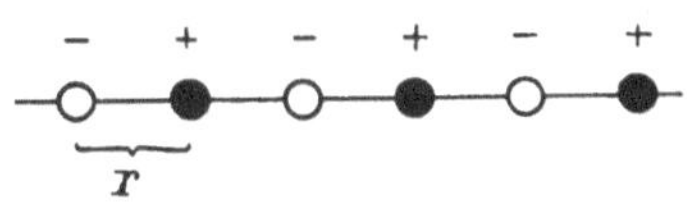

Abb. 28. Einfache Ionenkette

Das nächste Ion, das positiv geladen ist, liefert den Beitrag $+\frac{e}{2r}$, da es vom Nullpunkt die Entfernung $2r$ besitzt. Das dritte, wiederum negative Ion hat vom Bezugspunkt den Abstand $3r$, so daß dessen Potentialbeitrag gleich $-\frac{e}{3r}$ ist. Entsprechend sind die Beiträge der übrigen Ionen der Kette. Schließlich erhalten wir für das Potential aller Ionen der einen Kettenhälfte auf den ladungsfreien Punkt folgenden Ausdruck:

$$\frac{e}{r}\cdot\left(-\frac{1}{1}+\frac{1}{2}-\frac{1}{3}\pm\cdots\right).$$

Berücksichtigen wir nun noch die übrigen Ionen der Kette, so ergibt sich das Potential der ganzen Kette auf ein positives Ion mit der Ladung $+e$:

$$2 \cdot \frac{e^2}{r} \cdot \left(-\frac{1}{1} + \frac{1}{2} - \frac{1}{3} \pm \cdots\right) = -2 \cdot \ln 2 \cdot \frac{e^2}{r}.$$

Besteht die Kette aus N-Ionen, wobei N eine sehr große Zahl bedeute, so ist die „Gitterenergie" für dieses „eindimensionale" Gitter $-U = N \cdot \ln 2 \cdot \frac{e^2}{r}$, denn beim Abtragen der Punktreihe von einem Ende her ist immer nur eine Gitterhälfte zu berücksichtigen. Nun können wir weiterhin Ketten (Abb. 28) parallel so nebeneinanderlegen, daß zweidimensionale Netze entstehen, analog den Würfelnetzebenen beim NaCl-Gitter. Auch hier lassen sich in ähnlicher Weise wie für die Ketten die elektrostatischen Potentiale addieren, wobei schließlich die Gitterenergie für ein zweidimensionales Gitter gewonnen wird. Endlich können wir die Netze übereinanderschichten und gelangen auf diesem Wege zu der Gitterenergie eines dreidimensionalen Gitters. Es ist ohne weiteres einzusehen, daß in dem gewählten Beispiel ein Gitter vom Steinsalztypus (Abb. 23) entsteht. Für dieses Gitter berechnet sich die Gitterenergie U zu $\frac{N}{2} \cdot 3{,}495 \frac{e^2}{2r}$, worin wiederum r der kürzeste Abstand zweier unmittelbar benachbarter Ionen verschiedenen Vorzeichens ist. (Die Gitterkonstante a ist also in diesem Falle gleich $2r$.) N ist dabei die Zahl der Ionen im Gitter.

Allgemein ergibt sich für die Gitterenergie eines binären Salzkristalls:

$$-U = N \cdot \alpha \frac{z^2 \cdot e^2}{a}.$$

z bedeutet die Wertigkeit der Ionen (z. B. für NaCl ist $z = 1$, für CaO ist $z = 2$ usw.). α ist ein konstanter Faktor, der als MADELUNGsche Konstante bezeichnet wird. Ihre Größe ist abhängig vom Typus des betreffenden Kristallgitters. Sie ist für Steinsalz, Flußspat, Zinkblende usw. verschieden, aber z. B. für Steinsalz und Sylvin (KCl) gleich. N bedeute hier zweckmäßigerweise die Anzahl der Elementarzellen im Gitter.

Eine genauere Betrachtung lehrt nun allerdings, daß der einfache COULOMBsche Ansatz für die völlige Beschreibung der Bindungsverhältnisse in Ionengittern nicht ausreicht. Denn würden zwei benachbarte Ionen nur mit ihren anziehenden Kräften aufeinander einwirken, so müßten ja beide, falls keine weiteren Kräfte das System beeinflussen können, ineinanderfallen. Andererseits würde die Annahme starrer Kugeln die Erscheinung der Kompressibilität der Kristalle nicht erklären können. Man muß also dem Potential der anziehenden Kraft ein Potential der Abstoßung hinzufügen, das mit wachsender Entfernung schneller abnimmt als das Anziehungspotential. Der einfachste Ansatz, der so für das Potential der Abstoßungskraft in Frage kommt, ist der Ausdruck $\frac{b}{r^n}$, wenn b und n Konstanten und r den Abstand der Ionen bedeuten. Für das gesamte Elementarpotential gilt dann allgemein:

$$\varphi = \pm \frac{e^2}{r} + \frac{b}{r^n},$$

wobei das negative Vorzeichen beim Coulomb-Potential für die Anziehung zu setzen ist. Entsprechend erhalten wir dann auch für die Gitterenergie eines kubischen heteropolaren Kristalls mit der Gitterkonstanten a:

$$-U = N \cdot \left(\frac{\alpha \cdot z^2 \cdot e^2}{a} - \frac{b'}{a^n}\right). \quad N = \text{Anzahl der Elementarwürfel.}$$

Beachtet man, daß im Falle des Gleichgewichts die erste Ableitung des Potentials nach der Gitterkonstanten, also $\frac{dU}{da}$, verschwinden muß, so wird

$$-\frac{dU}{da} = N \cdot \left(-\frac{\alpha \cdot z^2 \cdot e^2}{a^2} + \frac{n\,b'}{a^{n+1}}\right) = 0,$$

und daraus ergibt sich

$$b' = \frac{\alpha\, z^2\, e^2}{n} \cdot a^{n-1}.$$

Somit wird

$$-U = N \cdot \frac{\alpha \cdot z^2 \cdot e^2}{a}\left(1 - \frac{1}{n}\right).$$

Wie wir bereits kurz erwähnt haben, hängt das Abstoßungsglied in dem Potentialausdruck mit der Kompressibilität zusammen. Es ist daher zu erwarten, daß sich der Abstoßungsexponent n durch die Kompressibilität ausdrücken läßt. Zur Gewinnung dieser Beziehung betrachten wir wieder ein kubisches heteropolares Gitter. Die Kantenlänge des Elementarwürfels sei a und die Zahl der Elementarzellen des gesamten Kristalls sei N, so ist das Volumen des Kristalls $V_0 = N \cdot a^3$. Unter der Einwirkung eines äußeren Druckes p wird die Gitterkonstante gleichmäßig im ganzen Gitter um den Betrag εa vermindert ($\varepsilon < 1$). Das Volumen beträgt jetzt:

$$V = N \cdot a^3 \cdot (1-\varepsilon)^3 = N \cdot a^3 \cdot (1 - 3\varepsilon + \cdots).$$

Die Kompressibitliät oder Zusammendrückbarkeit $\varkappa$ ist gegeben durch die relative Volumänderung pro Druckeinheit. Also gilt: $\varkappa = \frac{3\varepsilon}{p}$. Wenn das Kristallgitter unter der Einwirkung eines äußeren Druckes steht, wird bei Änderung der Größe ε um $\delta\varepsilon$ eine Arbeit geleistet, die gleich $-p \cdot \delta V$ ist. Da $V = N \cdot a^3 \cdot (1-3\varepsilon)$, so wird

$$-p \cdot \delta V = +3 N a^3 \cdot p\, \delta\varepsilon.$$

Die Energie des deformierten Gitters ($\overline{U}$) ist entsprechend

$$-\overline{U} = N \cdot \left\{\frac{\alpha \cdot z^2 \cdot e^2}{a(1-\varepsilon)} - \frac{b'}{a^n (1-\varepsilon)^n}\right\},$$

und wegen
$$b' = \frac{\alpha \cdot z^2 \cdot e^2}{n}\, a^{n-1}$$

ergibt sich
$$-U = N \cdot \frac{\alpha \cdot z^2 \cdot e^2}{a}\left\{\frac{1}{1-\varepsilon} - \frac{1}{n(1-\varepsilon)^n}\right\}.$$

Durch Reihenentwicklung (binomische Reihe!) nach ε geht diese Beziehung unter Vernachlässigung der Glieder von höherer als zweiter Ordnung über in

$$-U = N \cdot \frac{\alpha \cdot z^2 \cdot e^2}{a}\left(1 - \frac{1}{n}\right) - N \frac{\alpha \cdot z^2 \cdot e^2}{a} \frac{n-1}{2} \varepsilon^2.$$

Ändert sich nun ε um $\delta\varepsilon$, so muß sich auch die Energie U ändern.

Es ist dann:
$$\delta \overline{U} = N \cdot \frac{\alpha \cdot z^2 \cdot e^2}{a} (n-1)\, \varepsilon\, \delta\varepsilon.$$

Weiterhin muß gelten: $\delta \overline{U} = -p \cdot \delta V$. Daraus folgt

$$\varepsilon = \frac{3 a^4 p}{\alpha \cdot z^2 \cdot e^2 (n-1)}.$$

Wegen $\varkappa = \frac{3\varepsilon}{p}$, ist $\varkappa = \frac{9 a^4}{\alpha \cdot z^2 \cdot e^2 (n-1)}$.

Schließlich ergibt sich: $$n = 1 + \frac{9}{a z^2 \cdot e^2} \cdot \frac{a^4}{\varkappa}.$$

Ist nun die Kompressibilität $\varkappa$ für eine Kristallart bekannt, so können wir die Abstoßungsexponenten n berechnen. Beispielsweise ergibt sich für NaCl $n = 9{,}1$, für CaF_2 $n = 7$, für ZnS $n = 5$ usw. Für gröbere Betrachtungen genügt es, für die Alkalihalogenide z. B. $n = 9$ zu setzen. Mit hinreichender Genauigkeit gilt daher für die Alkalihalogenidkristalle vom B 1-Typus:

$$-U = N \cdot \frac{e^2 \alpha}{a} \cdot \frac{8}{9}.$$

Es erhebt sich nun die Frage, ob sich der Ausdruck für die Gitterenergie auch irgendwie experimentell nachprüfen läßt. Diese Nachprüfung ist in der Tat mit Hilfe eines Kreisprozesses möglich. Der Kreisprozeß (BORN-HABER) wird anschaulich durch folgendes Schema erläutert:

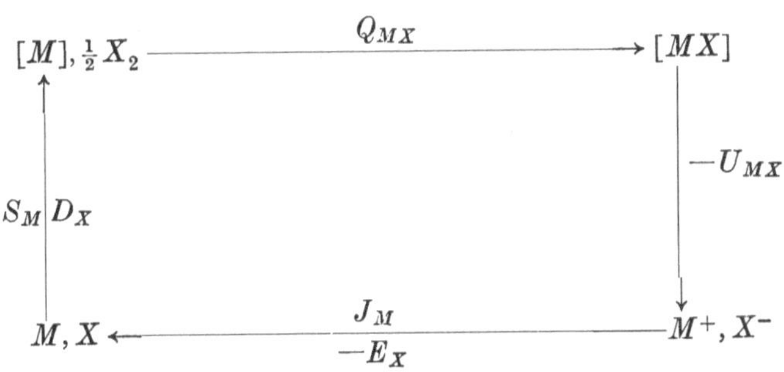

Hierbei bedeutet M ein einwertiges Metallatom (z. B. Na), X ein Halogenatom (z. B. Cl). Gehen wir vom kristallisierten Zustand aus, der durch die symbolische Schreibweise $[MX]$ angedeutet ist, so muß die Gitterenergie U_{MX} aufgewandt werden, um die Ionen des Gitters zu trennen. Wir haben dann völlig gesondert nebeneinander M^+- und X^--Ionen. Unter Gewinnung der Ionisierungsenergie J_M des Metalls M und durch Aufwendung der Arbeit, die nötig ist, um dem Halogenion X das überschüssige Elektron zu entreißen (= Elektronenaffinität E_X), entstehen neutrale M- und X-Atome. Schließen sich dann die X-Atome zu X_2-Molekeln zusammen, so wird die Dissoziationswärme D_X frei. Die Metallatome werden kondensiert, so daß festes $[M]$ entsteht, wobei sich die Sublimationswärme S_M bildet. Endlich bauen wir wieder den Salzkristall auf, und zwar jetzt aus festem Metall und gasförmigem Halogen. Dabei wird die Bildungswärme Q_{MX} frei.

Dieser Kreisprozeß liefert die Beziehung:

$$U_{MX} = Q_{MX} + J_M + S_M + D_X - E_X .$$

Alle Größen auf der rechten Seite der Gleichung sind bis auf die Elektronenaffinität E_x leicht bestimmbar. Die Elektronenaffinität ist im allgemeinen nicht bekannt. Um aus dieser Schwierigkeit herauszukommen, hat man versucht, die Differenz $D_x - E_x$ aus der Ionisierungsenergie der gasförmigen Halogenwasserstoffe HX zu bestimmen. Für diese Ionisierungsenergie A_{HX} läßt sich ein ganz ähnlicher Kreisprozeß aufstellen wie für die Gitterenergie. Man gelangt auf diesem Wege zu der analogen Formel

$$A_{HX} = Q_{HX} + D_H + J_H - E_X .$$

Darin ist D_H die Dissoziationswärme und J_H die Ionisierungsenergie des Wasserstoffs. Die Ionisierungsarbeit des gasförmigen Halogenwasserstoffs kann unmittelbar experimentell mit Hilfe der Methode des Elektronenstoßes bestimmt werden. Man läßt dabei auf die Atome oder Molekeln Elektronen aufprallen (z. B. Glühelektronen). Die Geschwindigkeit der Elektronen wird allmählich gesteigert, bis sie in der Lage sind, von den getroffenen Atomen oder Molekeln ein Elektron abzuspalten. Die Energie, bei der die ersten positiven Ionen durch Elektronenstoß erzeugt werden, entspricht der Ionisierungsarbeit.

In folgender Tabelle (nach Born) sind die auf Grund des Kreisprozesses bestimmten Werte als $U_{\text{beob.}}$ den mit Hilfe der Gittertheorie berechneten Gitterenergien $U_{\text{ber.}}$ für einige Alkalihalogenidkristalle gegenübergestellt.

	Cl		Br		J	
	$U_{\text{beob.}}$	$U_{\text{ber.}}$	$U_{\text{beob.}}$	$U_{\text{ber.}}$	$U_{\text{beob.}}$	$U_{\text{ber.}}$
Na	183	182	170	171	159	158
K	165	162	154	155	144	144
Rb	161	155	151	148	141	138

Die Energiebeträge sind in kcal pro Mol angegeben. Man sieht, daß die Übereinstimmung recht befriedigend ist. Dies dürfte ein Beweis dafür sein, daß die elektrostatische Kohäsionstheorie des heteropolaren Kristallgitters sehr wohl in der Lage ist, den chemischen Energieinhalt von Ionenkristallen einwandfrei zu deuten.

Es ist zu erwarten, daß die Zerstörung eines Kristallgitters um so schwieriger durchzuführen ist, je größer die Gitterenergie ist. Das zeigen beispielsweise instruktiv die Schmelztemperaturen: mit abnehmender Gitterenergie sinken die Schmelztemperaturen. So haben die Schmelztemperaturen von NaCl, NaBr, NaJ beziehentlich die Werte 801, 740, 660° C (vgl. auch S. 153).

c) Die Größenbeziehungen der Kristallbausteine

Wenn wir die im vorangehenden Abschnitt angeführten Gitterenergien verschiedener Alkalihalogenide mit den Gitterkonstanten der betreffenden Metalle vergleichen, so zeigt es sich, daß mit zunehmender Gitterkonstante die Gitterenergie abnimmt. Das ergibt sich ja auch unmittelbar aus dem mathematischen Ausdruck für die Gitterenergie (S. 59). Es lassen sich noch weitere Gesetzmäßigkeiten in bezug auf die Gitterkonstanten innerhalb der Reihe der Alkalihalogenidkristalle vom Steinsalztypus finden. Wir betrachten beispielsweise einmal die kürzesten Abstände zwischen Kation und Anion in den Kristallgittern einiger Alkalibromide und -jodide. In diesem Falle ($B1$-Typ) sind die Ionenabstände gleich der halben Gitterkonstanten (= Kantenlänge des Elementarwürfels). Dann bilden wir jeweils die Differenzen der Ionenabstände zwischen zwei Salzpaaren mit gleichem Kation. Man erkennt unmittelbar, daß diese Differenz ungefähr konstant bleibt (in der Tabelle sind die Abstände in Å angegeben):

	Li	Na	K	Rb
Br	2,75	2,98	3,29	3,43
J	3,00	3,23	3,53	3,66
△	0,25	0,25	0,24	0,23

Diese Gesetzmäßigkeit läßt sich anschaulich erklären, wenn man annimmt, daß die Ionen bzw. die Atome in einem Kristallgitter in erster Näherung konstante Radien („Ionen- bzw. Atomradien") besitzen, wobei dann die Summe der Ionenradien jeweils gleich dem Ionenabstand im Gitter ist. Danach gelangt man wiederum zu der Vorstellung, daß die Kristallstrukturen aus sich berührenden

Kugeln aufgebaut sind. Wenn auch, wie sich gezeigt hat, dieses Bild verhältnismäßig grob ist, so war doch diese Vorstellung von so außerordentlicher Fruchtbarkeit für die Kristallchemie, daß wir näher darauf eingehen müssen.

Auf Grund der Kristallstrukturbestimmung sind uns zunächst nur die Summen zweier Ionen- bzw. Atomradien gegeben, nämlich die Gitterabstände. Beispielsweise können wir mit Hilfe einer röntgenographischen Strukturanalyse feststellen, daß der Abstand zwischen einem Natrium- und einem Chlorion im Steinsalzkristall 2,81 Å beträgt. Auf Grund der Annahme starrer, kugelförmiger Ionen folgt dann, daß die Summe der Ionenradien des Na^+ und des Cl^- gleich 2,81 Å ist. Man kann nun rein empirisch auf folgendem Wege zu den Ionenradien kommen: Sind in einem Kristallgitter die Anionen sehr groß und die Kationen andererseits hinreichend klein, daß sie in den Zwischenräumen des Anionengitters völlig Platz finden können, so werden die röntgenographisch ermittelten Partikelabstände allein durch die Anionenradien bestimmt sein. Stellen wir nun zwei Reihen von Kristallen mit verschiedenen Kationen nebeneinander, wobei wir stufenweise das Anion durch ein größeres ersetzen, so werden die Gitterkonstanten von zwei Kristallgittern mit verschiedenem Kation so lange verschieden sein, solange sich die Anionen nicht berühren. In dem Augenblick, in dem nach unserer Vorstellung die Anionenkugeln aneinanderstoßen, werden die Gitterkonstanten für verschiedene Kationen bei gleichem Gitterbau gleich sein. Wir wollen dieses Verfahren an einem Beispiel erläutern (V. M. GOLDSCHMIDT). Wir vergleichen die Ionenabstände in folgenden Verbindungen, die alle im Steinsalzgitter kristallisieren:

MgO	2,10 Å	MnO	2,24 Å
MgS	2,60 Å	MnS	2,59 Å
MgSe	2,73 Å	MnSe	2,73 Å

Wir sehen, daß die Oxyde MgO und MnO noch verschiedene Ionenabstände aufweisen. Die Ionenabstände der Sulfide sind beinahe, die der Selenide einander völlig gleich. Wir müssen annehmen, daß sich die Anionen bei den Seleniden berühren, so daß also die ganze Struktur in diesem Falle eine dichteste Packung von Anionen darstellt, während die Kationen in den Zwischenräumen des Anionengitters liegen. Wie man sich eine solche Anordnung in einer Würfelnetzebene eines Gitters vom Steinsalztypus vorzustellen hat, veranschaulicht Abb. 29 (die großen Leerkreise sollen die großen Anionen, die kleinen Kreise die Kationen andeuten). Ist der Ionenabstand z. B. beim MgSe 2,73 Å, so ist, wie aus Abb. 29 ersichtlich, der doppelte Radius eines Se-Ions gleich $2{,}73 \cdot \sqrt{2}$ Å. Für den Radius des zweiwertig negativen Se-Ions ergibt sich demnach 1,93 Å. Jetzt können wir auch gleich den Radius des zweiwertig positiven Magnesiums bestimmen, wenn wir annehmen, daß die Anionen auch die benachbarten Kationen berühren. Der Radius des Mg^{2+} beträgt sonach $2{,}73 - 1{,}92 = 0{,}80$ Å. Wir können diesen Wert gleich zur Berechnung des O^{2-}-Radius aus dem MgO-Gitter verwenden. Wir erhalten auf diese Weise für den Radius des zweiwertig negativen Sauerstoffions 1,30 Å. Nach diesem einfachen Verfahren können wir dann nacheinander die einzelnen Ionen- und auch Atomradien bestimmen.

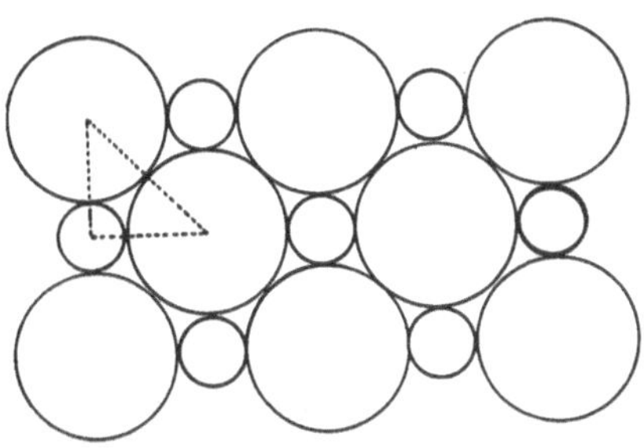

Abb. 29. (100)-Netzebene eines Gitters vom NaCl-Typus mit sich berührenden Anionen (große Kreise!)

Es ist allerdings noch ein anderer Weg eingeschlagen worden, der ebenfalls sehr einfach zur Ermittlung der Ionen- bzw. Atomradien aus den Gitterabständen führt. Als Grundlage für das zweite Berechnungsverfahren wurden die Ionenradien für das F^-- und das O^{2-}-Ion gewählt, die beide von J. A. Wasastjerna mit Hilfe optischer Untersuchungen bestimmt worden sind. Wasastjerna fand für den Radius des F^--Ions 1,33 Å und für den des O^{2-}-Ions 1,32 Å. Nun ist z. B. der Abstand $Na^+ - F^-$ im NaF-Gitter mit 2,31 Å auf röntgenographischem Wege ermittelt worden. Demnach ergibt sich dann für den Radius des Na^+-Ions der Wert $2{,}31 - 1{,}33 = 0{,}98$ Å. Folgendes Rechenschema soll diese Methode ganz klar werden lassen:

$Na^+ - F^-$	= 2,31 Å	(nach röntgenographischer Bestimmung)
F^-	= 1,33 Å	(nach optischen Bestimmungen)
Na^+	= 0,98 Å	

Auf diese Weise lassen sich zunächst die Radien der Alkalimetallionen und die der Halogenionen bestimmen. Ganz analog können für sämtliche Elemente des periodischen Systems die Atom- bzw. Ionenradien aus den Gitterabständen berechnet werden.

Einen anderen Weg zur Ermittlung von Ionenradien hat PAULING beschritten: Danach wird der Ionenradius durch den Bau der äußersten Elektronenschalen bestimmt. Er ist ferner umgekehrt proportional der effektiven Kernladung des betreffenden Ions. Die effektive Kernladung ist gleich der Differenz aus tatsächlicher Kernladung $Z \cdot e$ und einer Größe $S \cdot e$, die den Abschirmungseffekt der übrigen Elektronen des Ions in Rechnung stellt. Für eine Folge von isoelektronischen Ionen postuliert PAULING danach folgende Relation:

$$r_1 = \frac{C_n}{Z - S}\,.$$

Dabei ist C_n eine Konstante, die durch die Hauptquantenzahl n der äußersten Elektronen festgelegt ist.

Die Abschirmkonstanten sind zum Teil durch theoretische Rechnungen ermittelt worden. Beispielsweise ergibt sich für Ionen mit Neonkonfiguration ein S-Wert von 4,52. Für die effektiven Kernladungen von Na^+ und F^- erhält man danach 6,48 und 4,48. Wird schließlich der röntgenographisch bestimmte Na^+—F^--Abstand in der NaF-Struktur von 2,31 Å berücksichtigt, so berechnet sich einfach $C_2 = 6{,}13$ und hieraus schließlich der Ionenradius von Na^+ zu 0,95 Å und der Ionenradius von Cl^- zu 1,36 Å. Auf diesem Wege lassen sich zunächst die Radien sämtlicher Alkali- und Halogenionen ermitteln. Für andere Ionen mit Edelgaskonfiguration können unter Verwendung der C_n-Werte ebenfalls Radien ausgerechnet werden, doch sind dies nicht die wirklichen Ionenradien, sondern lediglich die sogenannten univalenten Radien (r_1). Um die wirklichen (multivalenten) Ionenradien (r_z) zu erhalten, benutzt PAULING folgende Formel:

$$r_z = (n \cdot b' / a' z^2 e^2)^{1/(n-1)} \text{ (vgl. S. 59).}$$

Für univalente Ionen ($z = 1$) wird hieraus:

$$r_1 = (nb' / a' e^2)^{1/(n-1)}\,.$$

Schließlich ergibt sich für die Beziehung zwischen multivalentem und univalentem Radius:

$$r_z = r_1 \cdot z^{-2/(n-1)} .$$

In der Tabelle auf S. 68 bis 71 sind die Ionen- und Atomradien der Elemente zusammengestellt (nach V. M. GOLDSCHMIDT und L. PAULING).

Man erkennt, daß die Atom- bzw. Ionenradien von der Ordnungszahl des betreffenden Elementes und von der Ladung abhängen. Mit wachsender Ordnungszahl (Kernladung) wachsen die Ionenradien innerhalb einer Spalte des periodischen Systems an, z. B. K^+ 1,33, Rb^+ 1,49, Cs^+ 1,65. Mit zunehmender negativer Ladung, also mit wachsender Zahl der peripheren Elektronen, steigt der Atom- oder Ionenradius an, z. B. O 0,60, O^{2-} 1,32. Dagegen nimmt mit steigender positiver Ladung der Ionenradius ab. Das kann man sehr schön beim Blei sehen: Pb^{4-} 2,15, Pb^0 1,74, Pb^{2+} 1,32, Pb^{4+} 0,84 oder auch beim Eisen: Fe^0 1,26, Fe^{2+} 0,83, Fe^{3+} 0,67.

Nähere Untersuchungen zeigen nun allerdings, daß die Radien der Ionen nicht absolut konstant sind. Vielmehr sind die Radien noch abhängig von der Art der umgebenden Partikeln und vor allem von der Koordinationszahl, d. h. der Zahl der unmittelbaren Nachbarionen. Wird beispielsweise die Koordinationszahl geringer, so werden die Ionenradien kleiner, während eine Vergrößerung der Koordinationszahl eine Vergrößerung der Ionenradien zur Folge hat. Beispielsweise kristallisiert NH_4Cl unterhalb 184° C im CsCl-Typ, also in [8]-Koordination, über 184° C im NaCl-Typ, also in [6]-Koordination. Der Abstand NH_4^+—Cl^- in [8]-Koordination beträgt 3,35 Å, bei [6]-Koordination 3,27 Å. Beim Übergang von der Achter- in die Sechserkoordination hat demnach der Partikelabstand und damit der Ionenradius um rund 3% abgenommen.

Diese Erscheinung steht im Zusammenhang mit der Polarisationswirkung der Ionen (S. 53). Kommen zwei Ionen verschiedener Ladung miteinander in Berührung, so ist selbstverständlich zu erwarten, daß das positive Ion die Elektronenwolke des Anions zu sich heranzieht und damit also das Anion deformiert (Ionendeformation). Die Ionen erhalten dadurch elektrische Momente, die vom Grad der Deformierbarkeit des Anions und vom Grad der polarisierenden oder deformierenden Wirkung des Kations abhän-

Atom- und Ionenradien

I		II		III		IV		V	
H^+	1,27								
H^-	1,54								
	(2,08)								
Li	1,56	Be	1,05			C	0,77	N	0,71
Li^+	0,78	Be^{2+}	0,34			C^{4+}	(0,15)	N^{5+}	(0,11)
	(0,60)		(0,31)						
Na	1,86	Mg	1,62	Al	1,43	Si^{4-}	1,98		
Na^+	0,98	Mg^{2+}	0,78	Al^{3+}	0,57	Si	1,13		
	(0,95)		(0,65)		(0,50)	Si^{4+}	0,39		
							(0,41)		
K	2,23	Ca	2,21	Sc	1,51	Ti	1,49	V	1,32
						Ti^{3+}	0,69	V^{3+}	0,65
K^+	1,33	Ca^{2+}	1,06	Sc^{3+}	0,83	Ti^{4+}	0,64	V^{4+}	0,61
	(1,33)		(0,99)				(0,68)		(0,59)
Cu	1,27	Zn	1,33	Ga	1,33	Ge	1,22	As	1,16
Cu^+	(0,96)	Zn^{2+}	0,83	Ga^{3+}	0,62	Ge^{4+}	0,44	As^{3+}	0,69
			(0,74)		(0,62)		(0,53)	As^{5+}	(0,49)
Rb^+	1,49	Sr^{2+}	1,27	Y^{3+}	1,06	Zr	1,62	Nb	1,43
	(1,48)		(1,13)		(0,93)	Zr^{4+}	0,87	Nb^{4+}	0,69
							(0,80)		(0,67)
								Nb^{5+}	0,69
									(0,70)
Ag	1,44	Cd	1,49	In	1,45	Sn^{4-}	2,15	Sb	1,34
Ag^+	1,13	Cd^{2+}	1,03	In^{3+}	0,92	Sn	1,40	Sb^{3+}	0,90
	(1,26)		(0,97)		(0,81)	Sn^{4+}	0,74	Sb^{5+}	(0,62)
							(0,71)		
Cs^+	1,65	Ba^{2+}	1,43			Hf	1,66	Ta	1,42
	(1,69)		(1,35)						
Au	1,44	Hg	1,49	Tl	1,99	Pb^{4-}	2,15	Bi	1,46
Au^+	(1,37)	Hg^{2+}	1,12	Tl^+	1,49	Pb	1,74	Bi^{5+}	(0,74)
			(1,10)		(1,44)				
				Tl^{3+}	1,05	Pb^{2+}	1,32		
					(0,95)		(1,21)		
						Pb^{4+}	0,84		
						Th	1,82		
						Th^{4+}	1,10		
							(1,02)		

nach V. M. Goldschmidt (in Klammern: Werte nach L. Pauling)

VI		VII							
O	0,60	F^-	1,33						
O^{2-}	1,32		(1,36)						
	(1,40)								
S^{2-}	1,74								
S	1,04	Cl^-	1,81						
			(1,81)						
S^{6+}	0,34	Cl	1,07						
	(0,29)								
Cr	1,25	Mn	1,29	Fe	1,26	Co	1,26	Ni	1,24
Cr^{3+}	0,65	Mn^{2+}	0,91	Fe^{2+}	0,83	Co^{2+}	0,82	Ni^{2+}	0,78
			(0,80)		(0,80)		(0,72)		(0,69)
		Mn^{3+}	0,70						
Cr^{6+}	0,35	Mn^{4+}	0,52	Fe^{3+}	0,67				
			(0,50)						
Se^{2-}	1,91	Br^-	1,96						
	(1,98)		(1,95)						
Se	1,13	Br	1,19						
Se^{6+}	0,35								
Mo	1,36			Ru	1,30	Rh	1,34	Pd	1,37
Mo^{4+}	0,68			Ru^{4+}	0,65	Rh^{3+}	0,69		
	(0,66)				(0,63)				
Te^{2-}	2,03	J^-	2,20						
	(2,21)		(2,16)						
Te	1,33	J	1,36						
Te^{4+}	0,89	J^{5+}	0,94						
	(0,81)								
W	1,37								
W^{4+}	0,68			Os	1,31	Ir	1,35	Pt	1,38
	(0,66)			Os^{4+}	0,67	Ir^{4+}	0,66		
					(0,65)		(0,64)		
U^{4+}	1,05								
	(0,97)								

Fortsetzung folgt S. 70

Atom- und Ionenradien (Fortsetzung)

I		II		III		IV		V	
La^{3+}	1,22	Ce	1,83						
	(1,15)	Ce^{3+}	1,18			Nd^{3+}	1,15		
		Ce^{4+}	1,02						
Gd^{3+}	1,11	Tb^{3+}	1,09						
		Tb^{4+}	0,89			Ho^{3+}	1,05	Er^{3+}	1,04

gen. Die deformierende Wirkung des Kations steigt mit wachsender Ladung und mit abnehmendem Ionenradius an. Andererseits nimmt die Polarisierbarkeit oder Deformierbarkeit der Anionen mit zunehmendem Ionenradius zu. Erfahrungsgemäß hängen die Polarisationserscheinungen auch ab vom Bau der betreffenden Ionenarten. So sind z. B. edelgasunähnliche Kationen stärker polarisierend als edelgasähnliche Kationen mit etwa gleich großem Radius: Beispielsweise wirkt Zn^{2+} stärker polarisierend als Mg^{2+}, Cd^{2+} stärker als Ca^{2+}, Ag^{+} und Cu^{+} stärker als die Alkalimetallionen, die Elektronenhüllen mit Edelgascharakter (Achterschalen) besitzen. Wir wollen uns die Wirkung der Polarisation an einem Beispiel klarmachen: Der Ionenabstand im KCl-Gitter beträgt 3,14 Å. Der Radius des K^{+}-Ions ist 1,33 Å, der des Cl^{-}-Ions 1,81 Å, so daß deren Summe gleich 3,14 Å ist. Betrachtet man dagegen die Verbindung AgCl, so beläuft sich die Summe der Ionenradien auf $1{,}13 + 1{,}81 = 2{,}94$ Å, der experimentell bestimmte Ionenabstand beträgt dagegen nur 2,77 Å. Beim AgJ ist die Differenz noch größer. Hier beträgt der röntgenographisch ermittelte Abstand nur 2,81 Å, der additiv berechnete Wert dagegen 3,33 Å (1,13 + 2,20 Å). Eine entscheidende Wirkung der Polarisation ist also die Verkürzung der Ionenabstände. Einen noch tiefergehenden Einfluß kann die Polarisationswirkung auf den Gitterbau nehmen, indem bei hinreichend intensiver Ionendeformation neue Gittertypen auftreten können. Als Folge zunehmender Polarisationswirkung eines Kations auf ein Anion muß der Übergang der NaCl-Gitter in Gitter vom Zinkblende- bzw. Wurtzit-Typus gewertet werden. Dabei tritt eine Verminderung der Koordinationszahl von 6 auf 4 ein. Außerdem erfolgt, wie bereits früher (S. 53) vermerkt wurde, auch eine Annäherung an den homöopolaren Bindungstyp. Es sei in diesem Zusammenhang darauf hingewiesen, daß CuJ, CuBr und CuCl im nach V. M. Goldschmidt (in Klammern: Werte nach L. Pauling)

VII	VI	
Sm^{3+} 1,13	Eu^{3+} 1,13	
Tm^{3+} 1,04	Yb^{3+} 1,00	Lu^{3+} 0,99

Zinkblendegitter, AgJ im Wurtzitgitter kristallisieren. Die beiden Typen Zinkblende-Wurtzit stellen demnach Übergangstypen zwischen Ionen- und Atomgittern („Resonanzgitter") dar.

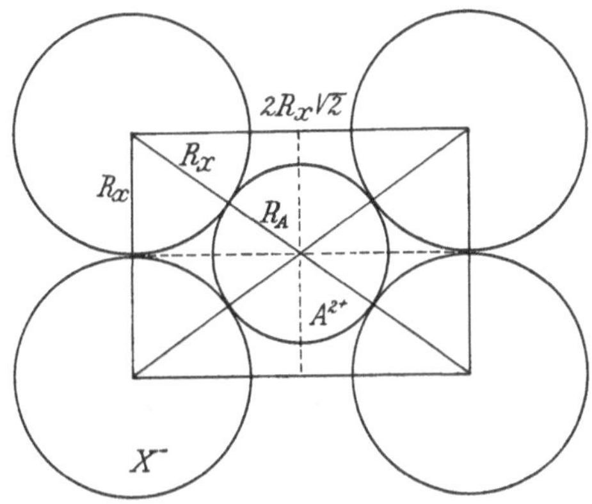

Abb. 30. Ionenanordnung in einer (110)-Ebene eines Gitters AX_2 vom Fluorittypus

Für das Auftreten eines bestimmten Gittertyps ist außer der Polarisation selbstverständlich auch die relative Ionengröße verantwortlich zu machen. Hierbei spielen die Radienquotienten $R_A : R_X$ (A = Kation, X = Anion) eine entscheidende Rolle. Man hat beispielsweise festgestellt, daß bei den Verbindungen AX_2 der Grenzquotient zwischen dem CaF_2-Gitter mit [8]-Koordination des Kations und dem Rutilgitter mit [6]-Koordination des Kations bei einem Verhältnis $R_A : R_X = 0{,}73$ liegt. Beispiele: Beim Rutil TiO_2 hat der Radienquotient den Wert 0,49, CeO_2 mit dem Radienquotienten 0,78 kristallisiert bereits im Fluoritgitter, ebenso ThO_2 mit dem Radienquotienten von 0,83. Diese Gesetzmäßigkeit kann auf sehr einfachem, geometrischem Wege abgeleitet werden: Betrachten wir einmal die Diametralebene (110) beim CaF_2-Gitter in der Umgebung eines Ca^{2+}-Ions! Abbildung 30 soll einen Schnitt parallel dieser Ebene durch die Ionenkugeln geben. Wenn R_A und R_X ungefähr gleich groß sind, werden sich die Anionen nicht berühren. Lassen wir nun die Anionen anwachsen, d. h. verkleinern wir den Radienquotienten $R_A : R_X$, so werden sich bei einem bestimmten Wert dieses Quotienten die Anionen berühren müssen. Das ist aber gerade der Grenzquotient. Denn bei einem kleineren Verhältnis $R_A : R_X$ wäre die in Abbildung 30 gezeichnete Anordnung nicht mehr möglich, wenn wir fordern, daß sich auch Kation und Anion berühren sollen. Der Grenzquotient läßt sich ganz einfach aus Abbildung 30 entnehmen. Es ist:

$$R^2_X + 2 \cdot R^2_X = (R_A + R_X)^2$$

oder

$$\sqrt{3} \cdot R_X = R_A + R_X ,$$

schließlich

$$\frac{R_A}{R_X} = \sqrt{3} - 1 = 0{,}732 .$$

Das ist aber genau der Zahlenwert für den beobachteten Radienquotienten.

Eine verblüffende Abhängigkeit der Gittertypen von den geometrischen Verhältnissen der Bausteine ergibt sich auch bei den intermetallischen Verbindungen (vgl. auch S. 82). Als besonders schönes Beispiel seien die LAVES-Phasen angeführt. Darunter versteht man eine zusammengehörige Gruppe intermetallischer Verbindungen, die in den drei Gittertypen $MgCu_2$, $MgZn_2$ und $MgNi_2$ kristallisieren. Die Strukturen dieser drei Verbindungen sind außerordentlich nahe miteinander verwandt. Betrachtet man im $MgCu_2$-Gitter zunächst nur die Mg-Atome, so zeigt sich eine Atomanordnung, die völlig der Diamantstruktur entspricht (Abb. 21, S. 32). Die Koordinationszahl für die Mg-Atome ist demnach 4. Auch die Cu-Atome bilden für sich einen gitterhaften Bauzusammenhang, jedoch mit der Koordinationszahl 6. Die Cu-Atome besetzen die Ecken von Tetraedern, deren Schwerpunkte die Zentren von vier alternierenden Achtelwürfeln der kubischen Elementarzelle darstellen. Beide Kugelpackungen ineinandergestellt bilden das $MgCu_2$-Gitter, wobei sich die Mg-„Kugeln" unter sich gegenseitig berühren, ebenso die Cu-„Kugeln". Es berühren aber einander nicht Mg- und Cu-„Kugeln". Die nächsten Nachbarn eines Atoms sind also nicht die Atome der anderen Sorte, sondern jeweils die der eigenen. Durch diesen Befund wird Heteropolarität im wesentlichen ausgeschlossen. Auf Grund der Geometrie des $MgCu_2$-Gitters kann ein ideales Verhältnis der Radien der beiden Atomsorten berechnet werden. Und zwar ergibt sich dabei, daß sich der Radius des großen Atoms zum Radius des kleinen Atoms verhalten muß wie Raumdiagonale zur Flächendiagonale des Elementarwürfels, d. h. wie $\sqrt{3} : \sqrt{2} = 1{,}225$.

Sehr ähnlich wie $MgCu_2$ kristallisieren auch $MgZn_2$ und $MgNi_2$. Koordinationszahlen, Raumerfüllung und Bauzusammenhänge sind bei den drei Typen identisch. Unterschiede bestehen lediglich hinsichtlich der Symmetrie und der Größe der Elementarzelle. $MgCu_2$ kristallisiert in der kubisch dichtesten Kugelpackung (Abb. 9[14], S. 12), $MgZn_2$ in der hexagonal dichtesten Kugelpackung (Abb. 20, S. 32), während die $MgNi_2$-Struktur als Mischung der $MgCu_2$- und $MgZn_2$-Struktur aufgefaßt werden kann.

Experimentelle Untersuchungen haben nun tatsächlich ergeben, daß zahlreiche intermetallische Verbindungen AB_2 in den Lavesschen Phasen auftreten, wobei die Komponenten A und B über das ganze periodische System verteilt sind. Die Werte für die Radienverhältnisse – und das ist für uns hier das Wichtige – kommen dem theoretischen Wert allgemein recht nahe. Laves-Phasen finden sich experimentell nur bei einem Atomradienverhältnis zwischen 1,135 und 1,38 (Mittelwert etwa 1,21). Besonders instruktiv zeigt sich der Einfluß solcher geometrischer Bauprinzipien am Beispiel des KNa_2, das im $MgZn_2$-Gitter kristallisiert (Laves und Wallbaum). Der Radius des Kaliumatoms ist 2,36 Å, der des Natriumatoms = 1,92 Å. Das Atomradienverhältnis ist demnach = 2,36/1,92 = 1,227, ist also praktisch gleich dem theoretisch geforderten Wert. Abschließend sei betont, daß die geometrische Bedingung für das Auftreten von Laves-Phasen wohl eine notwendige, nicht aber hinreichende Bedingung darstellt. Z. B. wurde im System Na-Li (Radienquotient = 1,22) bisher überhaupt keine Verbindung festgestellt.

Wir haben gesehen, daß für den Aufbau der Kristallgitter zwei Faktoren von maßgeblichem Einfluß sind: die geometrischen Beziehungen zwischen den verschiedenen Bausteinen und ihre atomphysikalischen Eigenschaften. Im folgenden werden wir im wesentlichen zu zeigen haben, in welcher Weise diese Faktoren — nach unseren heutigen Kenntnissen — die physikalischen und physikalisch-chemischen Eigenschaften der Kristalle bestimmen.

2. Polymorphie, Isotypie und Isomorphie

Im vorangehenden Abschnitt ist auf die bemerkenswerte Tatsache hingewiesen worden, daß die Ausbildung eines bestimmten Gittertyps im wesentlichen an die Größenverhältnisse und die Polarisationseigenschaften der Ionen und Atome gebunden ist. Wie wir am Beispiel des NH_4Cl gesehen haben, kann ein derartiger Übergang von einem Gitter in ein anderes sogar bei ein und derselben Substanz vorkommen. Dies ist mit großer Wahrscheinlichkeit immer dann zu erwarten, wenn der Radienquotient der betreffenden Verbindung in der Nähe eines Grenzquotienten liegt. Es kann dann z. B. durch Zuführung thermischer Energie bewirkt werden, daß dieser Grenzwert überschritten wird und sich das ursprüngliche Gitter in ein anderes umgewandelt (kristallographische Umwandlung). Man bezeichnet diese Erscheinung als Polymorphie. Beispielsweise sind Calcit und Aragonit zwei polymorphe Modifikationen mit der gleichen chemischen Zusammensetzung $CaCO_3$. Das Calcitgitter wurde bereits auf S. 36 eingehend besprochen. Aragonit kristallisiert im Gegensatz zum rhomboedrischen Calcit rhombisch (Klasse *mmm*). Das Aragonitgitter kommt in seiner Symmetrie der hexagonal dichtesten Kugelpackung nahe, während das Calcitgitter ein deformiertes kubisch flächenzentriertes Gitter darstellt. Die Beziehungen zwischen den verschiedenen Modifikationen ein und derselben chemischen Substanz werden uns besonders deutlich werden, wenn wir die Reihe der Karbonate vom Typus ACO_3 in ihren strukturellen Verhältnissen miteinander vergleichen. In der folgenden Tabelle sind verschiedene dieser Karbonate mit den Radien der Kationen und ihrem Strukturtypus aufgezählt:

Formel	Kationenradius	Gittertypus
$BaCO_3$	1,43	Aragonit
$SrCO_3$	1,27	
$CaCO_3$	1,06	
$CaCO_3$	1,06	Calcit
$MnCO_3$	0,91	
$ZnCO_3$	0,83	
$FeCO_3$	0,83	
$MgCO_3$	0,78	

Diese Zusammenstellung zeigt sehr anschaulich, daß bei kleinerem Kation der Kalkspattypus vorherrscht, während der Aragonittyp bei größerem Kationenradius wahrscheinlicher wird. Bei den Verbindungen mit mittlerem Radius treten bei gewöhnlichen Temperaturen beide Gitterarten auf, d. h., es liegt Polymorphie vor. Die Umwandlung Aragonit-Kalkspat verläuft nur in einer Richtung, sie ist, wie man sagt, monotrop. Man muß annehmen, daß Aragonit zwar schon bei gewöhnlicher Temperatur instabil, Calcit dagegen die stabile Modifikation ist. Allerdings ist die Umwandlungsgeschwindigkeit so gering, daß die Modifikationsänderung bei niederen Temperaturen praktisch nicht eintritt. Erst bei etwa 400° C beginnt die Umwandlungsgeschwindigkeit merkbar zu werden.

Die Umwandlung eines Kristallgitters vollzieht sich im allgemeinen nun nicht derart, daß sich das ganze Gitter schlagartig in die neue Form umbildet. Vielmehr entstehen an verschiedenen Stellen des ursprünglichen Gitters spontan Keime des neuen Gitters, die dann rasch zu wachsen beginnen. Auf diese Weise bildet sich im allgemeinen kein einheitliches Gitter mehr, sondern ein Kristallpulver. Da bevorzugte Bindungsrichtungen des ursprünglichen Gitters mit größerer Wahrscheinlichkeit erhalten bleiben, sind vielfach die einzelnen Kristallite des Pulvers statistisch orientiert; sie zeigen eine bestimmte „Textur". Beispielsweise ist bei der Umwandlung Aragonit → Calcit festzustellen, daß die neu entstandenen Calcitkriställchen mit ihren *c*-Achsen mehr oder weniger genau parallel der ursprünglichen *c*-Achse des Aragonitkristalls orientiert sind.

Auch bei den Nitraten $LiNO_3$, $NaNO_3$, KNO_3, die ebenfalls in den beiden Typen Aragonit und Calcit kristallisieren, läßt sich der Zusammenhang des Gitterbaus mit dem Kationenradius sehr schön feststellen. Hier ist es KNO_3, das polymorph ist, also in beiden Strukturtypen kristallisieren kann. Bei Zimmertemperatur ist die rhombische Modifikation (β-KNO_3) stabil, die bei 128° C in ein polykristallines Aggregat der rhomboedrischen Modifikation übergeht (α-KNO_3). Dieser Übergang α- $\rightleftarrows$ β-KNO_3 ist reversibel oder enantiotrop. Geht man von einem normalen α-Einkristall aus und kühlt ab, so zeigen die LAUE-Aufnahmen bei 123° C das deutliche Aussehen von Diagrammen deformierter Einkristalle. Bei 113° C erfolgt dann die Umwandlung in die β-Modifikation (BORCHERT-LEONHARDT). Bei der Kristallisation von KNO_3 kann noch eine andere, sehr wichtige Erscheinung beobachtet werden: Auch bei Temperaturen unterhalb des Umwandlungspunktes (128 °C) können sich Kristalle der (instabilen) α-Modifikation bilden. Diese α-KNO_3-Kristalle wandeln sich z. B. bei mechanischer Berührung sehr rasch in die stabile β-Modifikation um (KLEBER-VERWORNER). Diese Erscheinung (OSTWALDsche Stufenregel) ist auch noch bei einigen anderen Verbindungen festgestellt worden und wird ohne weiteres verständlich, wenn man überlegt, daß für die Auskristallisation nicht die Gitterenergie oder freie Energie, sondern die Keimbildungsarbeit (S. 102) entscheidend ist.

Die polymorphen Umwandlungen bei $CaCO_3$ und KNO_3, die bei Temperaturerhöhungen eintreten, wird man nicht auf eine Änderung der Größe des Kationenradius mit der Temperatur zurückführen können. Man versucht, diese Umwandlungen mit einer Temperaturabhängigkeit der Polarisationseigenschaften der Ionen in Zusammenhang zu bringen. Es ist anzunehmen, daß eine Erhöhung der Temperatur eine Vergrößerung der Polarisationswirkung bedingt. Wie wir gesehen haben, läuft die polarisierende Wirkung der Kationen umgekehrt wie der Ionenradius: Sie wächst mit abnehmendem Radius. Es ist somit durchaus verständlich, daß bei erhöhter Temperatur (= zunehmende Polarisationswirkung) und bei abnehmendem Kationenradius die Calcitstruktur als stabile Modifikation auftritt. Ferner ist plausibel, daß die bei tieferen Temperaturen stabile Modifikation einen größeren (absoluten) Betrag der Gitterenergie besitzt als die bei höheren Temperaturen stabile Modifikation. Aragonit hat demnach die höhere Gitterenergie. Man erkennt dies, wenn man verschiedene physikalische Eigenschaften von Calcit und Aragonit miteinander vergleicht. Z. B. sind Dichte und Härte von Aragonit größer als von Calcit.

Als besondere Art der Polymorphie kann die Erscheinung der Polytypie betrachtet werden, die von BAUMHAUER am Siliciumcarbid entdeckt wurde. BAUMHAUER stellte die Existenz von drei Modifikationen fest, die er als SiC I, SiC II und SiC III bezeichnete. Diese Modifikationen kristallisieren hexagonal bzw. rhomboedrisch und zeigen auch bezüglich des kristallographischen Achsenverhältnisses eine bemerkenswerte Verwandtschaft. Bei Verwendung eines hexagonalen Achsensystems ergeben sich für c/a folgende Werte: 3,268 (III), 4,902 (II) und 12,26 (I). Man kann – und dies erkannte bereits BAUMHAUER – diese drei Zahlen als ganzzahlige Vielfache einer Grundzahl darstellen: 4 · 0,817, 6 · 0,817 bzw. 15 · 0,817. Inzwischen sind die Strukturen dieser verschiedenen polytypen Modifikationen („Polytype“) ermittelt worden, und außerdem ist eine große Zahl weiterer SiC-Modifikationen entdeckt worden. Unter diesen ist eine einzige kubisch kristallisierende Polytype (β-SiC), die Zinkblendestruktur (Abb. 21, S. 32) aufweist, während alle übrigen hexagonal oder rhomboedrisch kristallisieren (α-SiC). Bei hexagonaler Aufstellung zeigen sämtliche α-SiC-Polytype dieselbe Gitterkonstante $a = 3{,}073$ Å, während sich c als ganzzahliges Vielfaches einer Grundgröße darstellen läßt. In folgender Tabelle sind einige wenige Beispiele ausgewählt.

Typ	Symbol	c in Å
III	4H	10,053 = 4 · 2,513
II	6H	15,079 = 6 · 2,513
I	15R	37,70 = 15 · 2,513
IV	21R	52,78 = 21 · 2,513
VI	33R	82,94 = 33 · 2,513
V	51R	128,178 = 51 · 2,513

Berücksichtigt man noch die kubische Modifikation mit dem Identitätsabstand in der Richtung [111] von $a \cdot \sqrt{3} = 4{,}349 \cdot \sqrt{3} = 7{,}539 = 3 \cdot 2{,}513$ Å, so wird diese offenbar in die Reihe einbezogen.

Die beobachteten metrischen Beziehungen finden eine einfache Erklärung im Grundaufbau der polytypen Strukturen, die alle aus gleichartigen Schichten zusammengesetzt sind. Lediglich die Aufeinanderfolge dieser gleichen Schichten, die gegeneinander verschoben sind, ist bei den einzelnen Polytypen verschieden. Die Anzahl der Schichten, die in Richtung der c-Achse aufeinanderfolgen und zur Kennzeichnung der Struktur ausreichen, bestimmen die Größe von c. Im Symbol von Ramsdell (vgl. Tabelle) ist zunächst diese Zahl angeführt, während die Buchstaben „H“ bzw. „R“ angeben, ob eine hexagonale oder rhomboedrische Elementarzelle vorliegt.

Man kann sich den grundsätzlichen Aufbau der SiC-Polytypen am einfachsten klarmachen, wenn man nur die Lagen der Si-Atome (oder der C-Atome) betrachtet. Die Anordnung der Atome entspricht jener einer dichtesten Kugelpackung (S. 32), bei der die

Zentren der sich berührenden „Kugeln“ (Atome) in einer Ebene gleichseitige Dreiecke bilden, wobei jedes der Atome sechs Nachbarn im gleichen Abstand hat. Wie Abbildung 31 zeigt, können solche Schichten in zwei geometrisch verschiedenen Sequenzen aufeinanderfolgen. Bezeichnen wir eine Schicht mit dem Symbol A, so kann die eine der Stapelfolgen mit AB, die andere mit AC charakterisiert werden. Die einfachste Anordnung entspricht der Folge ABAB..., die mit der Wurtzitstruktur (S. 34) identisch ist. Für die Stapelfolge ABCABC... ergibt sich die Zinkblendestruktur (Abb. 21, S. 32), in der das β-SiC kristallisiert. Als weitere Beispiele von SiC-Polytypen seien erwähnt 4H mit der Folge ABCB, 6H mit ABCACB und 15R mit ABCACBCABACABCB. Es sind aber SiC-Modifikationen mit einer wesentlich größeren Schichtenzahl festgestellt, worden, z. B. 393R oder 594R (vgl. hierzu MITCHELL). Auf die Erklärung der Bildung von polytypen Modifikationen kann erst später (S. 234) in anderem Zusammenhang eingegangen werden. Es sei hier erwähnt, daß auch noch andere Substanzen (z. B. Graphit, ZnS, CdJ_2, Glimmer) die Erscheinung der Polytypie aufweisen.

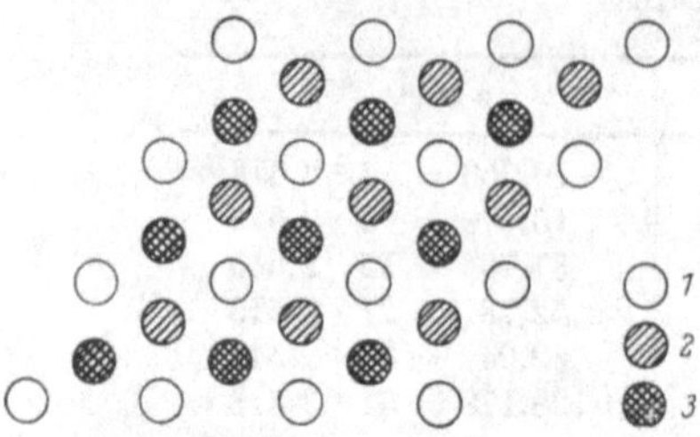

Abb. 31. Projektion der Schichten einer dichtesten Kugelpackung

Es existiert noch eine merkwürdige Umwandlungsart, auf die wegen ihrer Besonderheit und mineralogischen Bedeutung hier kurz eingegangen werden soll. Eine Reihe von Mineralien der seltenen Erden treten in einem eigentümlichen, röntgenamorphen Zustand auf, den man als metamikt bezeichnet (BRÖGGER). Die betreffenden Mineralien sind bei muscheligem Bruch glasartig, wobei aber häufig gleichzeitig wohlausgebildete Kristallflächen beobachtet werden können. Solche Mineralien sind u. a. Gadolinit $Y_2FeBe_2[O|SiO_4]_2$, Fergusonit $Y(Nb, Ta)O_4$, Euxenit (Y, Er, Ce, U, Pb, Ca) $[(Ti, Nb, Ta)_2\ (O, OH)_6]$, Zirkon $Zr[SiO_4]$. Werden Mineralien, die sich im metamikten Zustand befinden, auf höhere Temperaturen gebracht, so wird unter Verglimmungserscheinungen der kristalline Zustand wieder gebildet [Rekristallisation[1])]. Bei der Rückbildung des kristallisierten Zustandes wird demnach Kristallisationswärme frei. Es wird angenommen, daß die metamikte Umwandlung durch α-Strahlung der radioaktiven Elemente, die in den betreffenden Mineralien vorhanden sind, erzeugt wird. Doch muß außerdem von vornherein eine gewisse Instabilität des Gitteraufbaus vorausgesetzt werden, damit die gitterzerstörende Wirkung der α-Strahlung zum Ausdruck kommen kann. Ob im metamikten Zustand die Mineralien stets amorph sind, ist noch nicht ganz sicher. So konnte z. B. beim Zirkon nachgewiesen werden, daß dort zum Teil ein Zerfall in die Komponenten ZrO_2 und SiO_2 eintritt, wobei das ZrO_2 kristallin ist (CHUDOBA und VON STACKELBERG). Die Einwirkung schneller Neutronen oder anderer schneller Teilchen auf Kristalle („radiation damage") ist auch auf experimentellem Wege behandelt worden.

Bei der Betrachtung der Polymorphie haben wir gleichzeitig eine weitere, sehr wichtige Eigenschaft der Kristalle kennengelernt: die Isotypie bzw. Isomorphie. Unter Isotypie versteht man die Erscheinung, daß verschiedene Stoffe mit analoger chemischer Formel gleichen Kristallbautypus aufweisen. Kristallarten, die dem gleichen Bautypus angehören, werden als isotyp bezeichnet. Beispiel: Steinsalz NaCl, Bleiglanz PbS und Periklas MgO kristallisieren im B1-Typus (S. 33). Eine noch engere Beziehung ist dann gegeben, wenn sich die Bausteine isotyper Kristallarten in ein und demselben Gitter wechselseitig ersetzen und so isomorphe Mischungen bilden können. Isomorph sind z. B. die Karbonate $CaCO_3$, $MnCO_3$, $ZnCO_3$, $FeCO_3$ und $MgCO_3$, ferner Gold und Silber u. a. Steinsalz (NaCl) und Sylvin (KCl) dagegen sind nur bei höheren Temperaturen isomorph. Der Begriff der Isotypie ist dem der Isomorphie übergeordnet: Isomorphe Kristallarten müssen auch isotyp sein, nicht umgekehrt. Derartige Isomorphiebeziehungen zwischen mehreren Kristallarten werden immer dann möglich sein, wenn die Größenverhältnisse und die Polarisationseigenschaften der Bausteine der beiden Gitter einander hinreichend ähnlich sind.

[1]) Hier handelt es sich tatsächlich um eine „Wieder"kristallisation, so daß nach einem Vorschlag von Chudoba die sinngemäß richtige Bezeichnung Rekristallisation verwendet wird. Die sonst, vor allem in der Metallkunde, so benannten Vorgänge werden besser als Um- oder Sammelkristallisation bezeichnet.

Daß tatsächlich die Ionengröße und weniger der chemische Charakter eines Kristallbausteines von entscheidendem Einfluß auf die Isomorphiebeziehungen ist, zeigt sich z. B. darin, daß bei gewöhnlichen Bedingungen $PbCO_3$ im Aragonittypus kristallisiert, also isomorph ist mit $SrCO_3$ und $BaCO_3$, während $MgCO_3$ zum Kalkspattypus gehört und damit isomorph mit $FeCO_3$, $ZnCO_3$ und $MnCO_3$ ist. Der Radius des Pb^{2+}-Ions beträgt 1,32 Å (entsprechend Sr^{2+} 1,27, Ba^{2+} 1,43), der Radius des Mg^{2+} ist dagegen wesentlich niedriger, er beträgt nur 0,78 Å.

Nun kennt man Kristallgitter, die geometrisch beispielsweise mit denjenigen vom Fluorittypus übereinstimmen, in denen jedoch die Plätze der Kationen durch Anionen besetzt sind und umgekehrt. Hierher gehört die Verbindung Li_2O. Man kann dabei natürlich nicht ohne weiteres von einer Isotypiebeziehung zwischen Li_2O und etwa ThO_2 reden. Einen derartigen Zusammenhang bezeichnet man als „Antisotypie". In dem angeführten Beispiel stellt man der Flußspatstruktur eine „Antiflußspatstruktur" gegenüber. Auch für die Anti-Typen konnte der Einfluß der Radienquotienten der an der Verbindung beteiligten Komponenten auf die Ausbildung eines bestimmten Gitters nachgewiesen werden. Z. B. wurde für die Verbindungen A_3B mit $A = Li^+, Na^+, K^+$ und $B = (N, P, As, Sb, Bi)^{3-}$ folgende Beziehung gefunden: $R_{A^+}/R_{B^{3-}} < \sim 0{,}38$ Li_3Bi-Typ (Anti-BiF_3-Typ), $> 0{,}38$ und $< 0{,}59$ Na_3As-Typ (Anti-Tysonit-Typ), $> 0{,}59$ Li_3N-Typ.

Eine Vertretbarkeit („Diadochie") zweier Bausteine ist definitionsgemäß auch in ein und demselben Kristallgebäude möglich, wobei in der Regel die beiden sich vertretenden (diadochen) Elemente statistisch und ungeordnet auf gittergeometrisch äquivalente Punktlagen verteilt sind. Man pflegt diese Erscheinung als „Mischkristallbildung" zu bezeichnen. Darunter versteht man also die Möglichkeit des Ersatzes (Substitution) einzelner Bausteine im Gitter, ohne daß sich dabei dieses Gitter in seinem Bauplan ändert. Bei der Mischbarkeit genügt es nun nicht allein, die Größenverhältnisse der Bausteine zu berücksichtigen. Es kommt hier auch auf die absolute Größe der Ionen an. Die Rolle, die der Partikelradius bei der Diadochie spielt, kommt außerordentlich anschaulich bei der Feldspatgruppe zum Ausdruck. Die wichtigsten Feldspäte sind: Orthoklas $KAlSi_3O_8$, Albit $NaAlSi_3O_8$ und Anorthit $CaAl_2Si_2O_8$. Albit und Anorthit bilden bei gewöhnlicher Temperatur eine lückenlose Mischkristallreihe, während das für Orthoklas und Albit oder Orthoklas und Anorthit nicht zutrifft. Untersucht man die Strukturen der Albit–Anorthit-Mischkristalle (Plagioklase), so stellt man fest, daß die in das Albitgitter eintretenden Ca-Ionen einen Teil der Na-Plätze besetzen, während die Al-Atome zum Teil die Si-Plätze der SiO_4-Tetraeder des Albitgerüstes belegen. Man kann unmittelbar die wichtige Folgerung ziehen, daß es bei der Mischkristallbildung auf die Wertigkeit der Bausteine nicht ankommt (Ca^{2+} und Na^{+} ebenso wie Al^{3+} und Si^{4+} vertreten sich gegenseitig!). Ja, es ist bei der Isomorphie nicht einmal wesentlich, daß die vertretbaren Elemente chemisch sehr nahe verwandt sind. Denn während Ca^{2+} und Na^{+} einander ersetzen können, ist dies für Na^{+} und K^{+} bei gewöhnlichen Temperaturen nicht der Fall. Dies gilt nicht nur für die Feldspäte, sondern auch z. B. für NaCl und KCl, die bei Zimmertemperatur trotz der chemischen Analogie keine Mischkristalle bilden. Selbstverständlich muß, wenn Na^{+} durch Ca^{2+} ersetzt wird, durch eine andere Vertretung ein Wertigkeitsausgleich geschaffen werden, wie dies bei der Feldspatgruppe durch die Ersetzung des Si^{4+} durch Al^{3+} geschieht. Entscheidend für die Isomorphiebeziehung ist die Raumbeanspruchung, die wesentlich durch die Atom- bzw. Ionenradien wiedergegeben wird. So beträgt der Ionenradius für Na^{+} 0,98, für K^{+} 1,33 und für Ca^{2+} 1,06 Å. Sofort wird klar, daß eine Vertretbarkeit zwischen Natrium und Calcium wahrscheinlicher ist als zwischen Kalium und Natrium oder zwischen Kalium und Calcium. Für Al^{3+} finden wir einen Ionenradius von 0,57 und für Si^{4+} 0,39 Å. Im allgemeinen kann man damit rechnen, daß eine ausgedehnte isomorphe Mischbarkeit dann möglich ist, wenn der Radienunterschied der einander ersetzenden Bausteine unterhalb 15% des kleinsten Radius liegt.

Ein anderes sehr instruktives Beispiel sei noch angeführt: Früher nahm man an, daß bei den Mineralien Homilit und Gadolinit Ca^{2+} durch Be^{2+}und Y^{3+} durch B^{3+} ersetzt werden. Vergleicht man die Ionenradien mit Ca^{2+} 1,06, Be^{2+} 0,35, Y^{3+} 1,06 und B^{3+} 0,20, so muß man nach dem eben Gesagten annehmen, daß Ca^{2+} und Y^{3+}, andererseits Be^{2+} und B^{3+} einander vertreten können. Die Formeln für die beiden Mineralien dürfen wir demnach nicht schreiben:

Homilit $FeCa_2B_2Si_2O_{10}$

Gadolinit $FeBe_2Y_2Si_2O_{10}$,

sondern in folgender Weise:

Homilit $FeCa_2B_2Si_2O_{10}$

Gadolinit $FeY_2Be_2Si_2O_{10}$.

Entscheidend ist auch an diesem Beispiel, daß bei der Vertretbarkeit nicht die Wertigkeit, sondern die Atom- und Ionengrößen von ausschlaggebender Bedeutung sind.

Zusammenfassend kann bezüglich der Ionengitter festgestellt werden: Die Erscheinung der Polymorphie läßt sich gittertheoretisch in vielen Fällen aus der Änderung der Größenbeziehung und Polarisationseigenschaften der Gitterbausteine als Folge einer Änderung der thermischen Energie verstehen. Die diadoche Ersetzbarkeit andererseits beruht auf der Ähnlichkeit von Größe und Polarisationseigenschaften zweier Partikeln.

Polymorphie und Isotypie bzw. Isomorphie finden sich nun nicht nur bei Ionen- oder Atomgittern. Beide spielen auch bei den metallischen Elementen und intermetallischen Verbindungen eine große Rolle. Um diese Erscheinungen besser zu erfassen, ist es zweckmäßig, zunächst einmal kurz von einem höheren Standpunkte aus die Strukturbeziehungen der Metalle und Legierungen zu untersuchen, wie dies etwa von LAVES durchgeführt worden ist. Zunächst ist es auffallend, daß ein sehr großer Anteil der metallischen Elemente in einigen wenigen Gittertypen kristallisiert. Es sind dies vor allem die drei Typen: kubisch-dichteste Kugelpackung (= flächenzentriertes kubisches Gitter, Koordinationszahl 12), hexagonal dichteste Kugelpackung (Koordinationszahl 12) und kubisch-raumzentriertes Gitter (Koordinationszahl 8). Es hat sich gezeigt, daß von den 78 bestimmten Metallstrukturen auf diese drei Typen allein 64, das sind 82%, entfallen. Einen Schritt weiter gelangt man, wenn man den Begriff der Koordinationszahl etwas weiter faßt. Wir verallgemeinern den Begriff so, daß nicht nur die nächsten Nachbarn mit gleichem, sondern auch solche mit „annähernd gleichem" Abstand gezählt werden. Diese Erweiterung hat sich gerade bei den metallischen Elementen und intermetallischen Phasen als sehr fruchtbar erwiesen. Indem wir uns auf diesen umfassenderen Begriff stützen, können wir weiter feststellen, daß 55 Metallstrukturen die Koordinationszahl 12, 16 Metallstrukturen die Koordinationszahl 8 und nur 7 Metallstrukturen eine Koordinationszahl aufweisen, die kleiner als 8 ist. Es ist klar, daß der

Raum immer dann am dichtesten mit Kugeln erfüllt ist, wenn die Koordinationszahl gleich 12 ist, d. h., wenn jede Atomkugel 12 nächste Nachbarn besitzt. Aus dem Umstand, daß von den 78 Metallstrukturen 55 die Koordinationszahl 12 aufweisen, können wir schließen, daß in den Strukturen der metallischen Elemente eine möglichst hohe Raumfüllung angestrebt wird.

Zu einer bemerkenswerten Gesetzmäßigkeit gelangen wir, wenn wir noch die Symmetrieverhältnisse der Metallstrukturen berücksichtigen. Man findet, daß unter den 55 Strukturen mit der Koordinationszahl 12 allein 48, das sind 87%, in der kubischen oder hexagonalen dichtesten Kugelpackung kristallisieren. Die übrigen 7 verteilen sich auf mehr oder weniger komplizierte Strukturtypen. Die meisten Metalle gehören also dem kubischen und dem hexagonalen System an. Dies sind aber gerade die höchstsymmetrischen Systeme. Wir finden daher, daß bei den Metallstrukturen diejenigen Anordnungen bevorzugt sind, die eine hohe Symmetrie aufweisen. Insgesamt können wir also feststellen, daß die Strukturen der metallischen Elemente durch hohe Raumerfüllung und hohe Symmetrie gekennzeichnet sind.

Wie bei den Ionenverbindungen können auch bei den Metallen und nichtmetallischen Elementen mehrere Modifikationen auftreten. Bei Elementen spricht man allgemein von allotropen Umwandlungen. Solche liegen vor z. B. bei Fe, Co und Ni oder C und P. Beim Eisen sind 4 Modifikationen unterschieden worden, die alle kubisch kristallisieren: α-, β-, γ- und δ-Eisen. Jedoch muß auf Grund röntgenographischer Untersuchungen angenommen werden, daß nur zwei verschiedene Strukturarten vorliegen: Das α-Eisen kristallisiert in einem raumzentrierten kubischen Gitter (bis 768° C). Bei 768° C liegt ein magnetischer Umwandlungspunkt vor, bei dem die α- in die β-Modifikation übergeht. Beide Modifikationen sind aber strukturell nicht voneinander zu unterscheiden. β-Eisen ist stabil bis 906° C. Dann geht es in die γ-Modifikation über, die ein kubisch-flächenzentriertes Gitter aufweist und bis 1401° C stabil ist. Schließlich tritt das δ-Eisen auf, das wiederum kubisch-raumzentriert kristallisiert und bis zum Schmelzpunkt existenzfähig bleibt. Eine wichtige Rolle spielt demnach beim Eisen der Übergang zwischen kubisch-raumzentriertem Gitter (α-Fe oder δ-Fe) und kubisch-flächenzentriertem Gitter (γ-Fe). Man kann sich den Übergang zwischen den beiden Gittertypen strukturgeometrisch folgendermaßen vorstellen: Man denke sich aus einem kubisch-raumzentrierten Gitter eine allseitig flächenzentrierte Anordnung derart herausgeschnitten, daß eine Zelle entsteht, deren Basiskanten die Flächendiagonalen des raumzentrierten Würfels darstellen, während die Höhe der Zelle der Kante dieses Würfels entspricht. Das ist zunächst eine Zelle mit tetragonaler Symmetrie. Bezeichnen wir die Kantenlänge des raumzentrierten Würfels mit a, so ist die Basiskante der tetragonalen Zelle gleich $a\sqrt{2}$, während die Höhe gleich a bleibt. Der Inhalt der tetragonalen Zelle ist demnach $2a^3$, also doppelt so groß wie jener des raumzentrierten Würfels. Nun müssen wir noch von der tetragonalen Zelle zum Würfel übergehen. Dies erreichen wir durch eine Deformation, und zwar durch eine Kontraktion der Basiskante und eine Dilatation der Höhe. Soll diese Deformation unter Beibehaltung des Volumens vor sich gehen, so muß für die Länge x der neuen Würfelkante gelten: $x^3 = 2a^3$, also $x = a\sqrt[3]{2} = 1{,}2599\,\mathrm{a}$ oder $x : a = 1{,}2599 : 1$. Nun wurde für das raumzentrierte δ-Eisen bei 1425° C eine Kantenlänge $\mathrm{a} = 2{,}93$ Å gefunden. Bei der gleichen Temperatur noch vorhandenes γ-Eisen ergab eine Würfelkantenlänge $x = 3{,}68$ Å. Das für die gleiche Temperatur geltende Verhältnis der Kantenlänge von flächenzentriertem und raumzentriertem Würfel ergibt sich sonach zu $x : a = 3{,}68 : 2{,}93 = 1{,}256$. Das ist aber gerade die Verhältniszahl, die sich ergibt, wenn sich die Umwandlung in der geschilderten geometrischen Weise vollziehen würde (NIGGLI). Beim Kobalt sind zwei Modifikationen bekannt, von denen die eine, die α-Modifikation, kubisch-flächenzentriert ist, während β-Co in der hexagonal dichtesten Kugelpackung kristallisiert.

Die dargestellte geometrische Beziehung zwischen kubisch-raumzentriertem und-flächenzentriertem Gitter besagt noch nichts über den wahren Umwandlungsmechanismus aus. In Wirklichkeit dürfte dieser Vorgang wesentlich komplizierter sein. Nach NISHIYAMA findet bei der γ-α-Umwandlung des reinen Eisens zunächst ein Gleitvorgang parallel (111) und $[\bar{2}11]$ der γ-Modifikation und anschließend parallel (211) und [111] der α-Modifikation statt. Im Endzustand des α-Eisens ist dann folgende Relation zur γ-Modifikation gegeben: $(011)\alpha \parallel (111)\gamma$ und $[011]\alpha \parallel [111]\alpha$.

Ein etwas anderer Mechanismus ist von KURDJUMOW und SACHS angegeben worden. Nach diesen beiden Autoren liegen folgende Relationen vor: $(110)\alpha \parallel (111)\gamma$ und $[110]\alpha \parallel [112]\gamma$. Die Umwandlung kann als Kombination einer Stauchung, einer Dehnung und einer scherungsartigen Deformation beschrieben werden.

Das Streben nach hoher Raumerfüllung und hoher Symmetrie findet sich in gleicher Weise wie bei den Metallen auch bei den Strukturen der Legierungen. Man versteht unter Legierungen Substanzen, die Mischungen von mindestens zwei metallischen Komponenten darstellen. Man kann die Legierungen in zwei große Gruppen einteilen: Mischkristalle und Verbindungen. Nach LAVES liegt eine Verbindung dann vor, wenn bei jeder kontinuierlichen Änderung der Zusammensetzung, die zu einer Verminderung der Komponenten führt, bei irgendeiner Zusammensetzung eine diskontinuierliche Änderung der Kristallstruktur eintritt. Ein Mischkristall liegt dagegen dann vor, wenn es möglich ist, durch kontinuierliche Änderung der chemischen Zusammensetzung die Anzahl der Komponenten zu vermindern, ohne diskontinuierliche Änderung der Kristallstruktur. Z. B. stellt $MgCu_2$ eine Verbindung, α-Messing einen Mischkristall dar. Bei dem System Cu-Zn (Messing) können 5 verschiedene Strukturarten (Phasen) unterschieden werden. Bei einem Zn-Gehalt von 0 bis gegen 40% Zn tritt bei Zimmertemperatur α-Messing auf, das wie Kupfer selbst in einem kubisch-flächenzentrierten Gitter kristallisiert. Dabei besetzen die Zinkatome einen Teil der Cu-Plätze in statistischer (ungeordneter) Verteilung. Da die Zinkatome etwas größer sind als die Kupferatome, wird bei dieser Mischkristallbildung mit wachsendem Zinkgehalt das Gitter aufgeweitet: Die Gitterkonstante wird vergrößert. Von rund 40% bis etwa 46% Zn tritt zu dem α-Gitter noch eine weitere Phase, das β-Gitter, das im Bereich von 46–50% Zink allein stabil ist. Bei der β-Phase haben wir ein Gitter vom CsCl-Typ (S. 34): Die Ecken des Elementarwürfels sind von Zinkatomen, der Mittelpunkt jeweils von einem Kupferatom besetzt. Dieses Gitter entspricht genau dem Mischungsverhältnis 1 : 1, also der chemischen Zusammensetzung CuZn. Es kann nun noch etwas Zink bzw. etwas Kupfer in dieses Gitter eintreten, wobei dann einige Kupferatome durch Zinkatome bzw. einige Zinkatome durch Kupferatome ersetzt werden. Die γ-Legierung, die bei noch höheren Zinkgehalten auftritt, besitzt eine komplizierte Struktur mit insgesamt 52 Atomen in der kubischen Elementarzelle. Die ε-Phase und die η-Phase sind zinkreiche Legierungen. Beim Gitter des reinen Zinks liegt eine hexagonal dichteste Kugelpackung vor. Auch in diesem Gitter können die Zinkatome zum Teil durch Kupferatome ersetzt werden, wobei jetzt natürlich eine Kontraktion der Gitterkonstanten eintritt.

Auch im System Au-Cu liegen Phasen vor, bei denen – wenigstens bei höheren Temperaturen – die Gitterplätze der kubischdichtesten Kugelpackung ungeordnet von Cu- bzw. Au-Atomen eingenommen werden. Bei bestimmten Zusammensetzungen, z. B. $AuCu_3$, kann es bei niedrigen Temperaturen zu einer Ordnung der verschiedenen Atomsorten kommen. In dieser Phase sind die Würfelecken mit Au-Atomen, die Flächenmitten der Elementarwürfel mit Cu-Atomen belegt. Eine derartige Bildung bezeichnet man als „Überstruktur". Da Punktlagen in den Ecken des Würfels und in den Flächenmitten bei dieser Überstrukturphase des $AuCu_3$ nicht mehr gleichartig besetzt sind, liegt naturgemäß kein flächenzentriertes Gitter mehr vor, sondern nur ein einfaches kubisches Gitter (Abb. 9[12]). Wie wir bereits auf Seite 26 berichtet haben, kommen die verschiedenen Translationsgitter in den Röntgendiagrammen durch charakteristische „Auslöschungen" zum Ausdruck. Beim flächenzentrierten Gitter treten ganz bestimmte Linien nicht auf, z. B. (110) oder (210), während beim einfachen kubischen Gitter alle $(h\,k\,l)$-Reflexionen zu beobachten sind. Demnach ist im Röntgeninterferenzbild (z. B. Pulveraufnahme) ein charakteristischer Unterschied zwischen der ungeordneten Phase $AuCu_3$ und der geordneten (Überstruktur-)Phase $AuCu_3$ zu erkennen. Beim Übergang zur Überstruktur treten neue Linien auf, die beim flächenzentrierten Gitter „ausgelöscht" sind. Diese Linien bezeichnet man als „Überstrukturlinien".

Auch bei den intermetallischen Phasen ist isomorphe Vertretbarkeit dann zu erwarten, wenn die Atomradien der entsprechenden Komponenten einander ähnlich sind. Es hat sich ferner gezeigt, daß die isomorphe Vertretbarkeit um so weitgehender ist, je ähnlicher die Atomgrößen sind. Unterschiede in den Atomradien von 10% gestatten noch eine intensive Mischbarkeit. Beispielsweise kann im $MgCu_2$ das gesamte Kupfer (Atomradius = 1,28) durch Nickel (Atomradius = 1,24) und Zink (Atomradius = 1,37) ersetzt werden. Ist die Ähnlichkeit in den Atomradien groß, so kommt es im allgemeinen zu einer statistischen (ungeordneten) Verteilung der Komponenten auf gittergeometrisch gleichwertige Plätze. Sind die Atomgrößen weniger ähnlich, dann treten geordnete Verteiungen (Überstrukturen) auf. In vielen Fällen beobachtet man die ungeordnete Verteilung bei höheren Temperaturen und die geordneten bei tieferen Temperaturen (vgl. $AuCu_3$).

Auch bei den intermetallischen Systemen kann demnach der große Einfluß der Atomgrößen auf die Mischkristallbildung festgestellt werden.

3. Diffusion und Platzwechselvorgänge

Eine überraschende Erscheinung auf dem Gebiete der Kristallchemie war die Tatsache, daß Partikeln in einem Kristallgitter wandern können. Beispielsweise vermag Gold mit einer endlichen Geschwindigkeit in festes Blei einzuwandern, wenn man nur beide miteinander in Berührung bringt. Es kann also kein Zweifel darüber bestehen, daß eine Diffusion in einem Kristall möglich ist. Es fragt sich nun, wie eine derartige Erscheinung gittertheoretisch zu erklären ist. Wir müssen annehmen, daß ein Atom oder Ion aus seiner Lage im Gitter durch ein anderes verdrängt werden kann. Dabei kann der verdrängte Baustein den Platz des verdrängenden Atoms wieder einnehmen oder aber auch einen anderen Platz. Man spricht in jedem Falle von einem Platzwechsel. Ursache eines Platzwechsels können Erhöhungen thermischer oder mechanischer Energie sein.

Platzwechselvorgänge sind im einfachsten Falle so möglich, daß zwei benachbarte Atome, die reguläre Punktlagen eines Gitters innehaben, ihre Plätze einfach vertauschen. Hierbei spielt im idealen Gitter die Platzfrage eine wesentliche Rolle. Können die beiden benachbarten Atome sich aneinander vorbeibewegen? Wir müssen dabei auch mit der Möglichkeit rechnen, daß sich ein Atom auf sogenannten Zwischengitterplätzen bewegt, d. h. auf Plätzen, die im idealen Gitter nicht von Atomen besetzt sind. Durch Austausch mit einem gittermäßig eingebauten Atom vermag schließlich der ursprünglich geordnete Aufbau wiederhergestellt zu werden, wobei nur eben zwei Atome ihre Plätze vertauscht haben. Verläßt ein Atom seinen regulären Gitterplatz, um einen Zwischengitterplatz einzunehmen, so wird eine Stelle im Gitter zunächst unbesetzt sein (Leerstelle). Solche Leerstellen spielen bei der Diffusion in einem Kristallgitter eine hervorragende Rolle. In diese Leerstellen können nämlich benachbarte Atome leicht einspringen, wobei wiederum ein anderer Gitterplatz leer wird. Auf diese Weise kann eine Leerstelle selbst durch das Gitter wandern, indem sich die Atome in entgegengesetzter Richtung bewegen.

Nun ist es leicht einzusehen, daß ein Gitter, in dem einige Punktlagen unbesetzt sind, kein ideales Gitter mehr darstellt. Leerstellen müssen sich in einem Gitter immer als Störstellen auswirken. Deshalb werden wir auf die Vorgänge der Diffusion an dieser Stelle nur so weit eingehen, als bei der theoretischen Betrachtung von einem idealen Gitterbau ausgegangen werden kann. Im übrigen wird auf die Wanderung von Atomen oder Ionen im Realkristall in Teil III des Buches näher eingegangen.

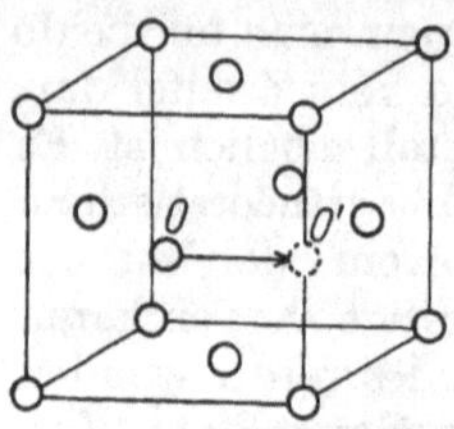

Abb. 32. Atomwanderung in einem flächenzentrierten kubischen Gitter

Wir wollen nun gittertheoretisch die wechselseitige Diffusion zweier Metalle untersuchen (Cichocki). Dabei gehen wir von einem kubisch-flächenzentrierten Gitter aus und berechnen zunächst die Wahrscheinlichkeit für das Wegwandern eines Atoms aus seinem normalen Gitterplatz bei einer bestimmten Temperatur T. Es soll eines der flächenzentrierenden Atome seinen Platz O verlassen und die sonst freie Mitte der Würfelkante O' besetzen (Zwischengitterplatz), vgl. Abbildung 32. Ein derartiger Übergang wird dann möglich sein, wenn folgende Bedingungen erfüllt sind:

1. Wenn der um O' zur Verfügung stehende Raum genügend groß ist oder wenn die Bindungskräfte zwischen den O' benachbarten Atomen schwach genug sind, damit das Atom von O dort eindringen kann.
2. Wenn das Atom bei O hinreichend Energie besitzt, um die Bindungen mit seinen Nachbarn zu zerreißen.

Beiden Bedingungen kommen bestimmte Wahrscheinlichkeitsgrade zu, die wir mit p_1 und p_2 bezeichnen wollen. Es ergibt sich dann die gesuchte Wahrscheinlichkeit für den Sprung des Atoms von O nach O' zu $P = p_1 \cdot p_2$.

Wir müssen uns nun vorstellen, daß die Atome dauernd thermische Schwingungen ausführen, wobei die Größe des zwischen den schwingenden Atomen vorhandenen Raumes eine ständige Änderung erfährt. Die Gelegenheit für das Atom in O, nach O' zu wandern, wird stets dann am günstigsten sein, wenn alle 5 den Punkt O' umgebenden Atome gleichzeitig von O' wegschwingen. (Der Punkt O' ist insgesamt von 6 Gitterpunkten umgeben, von denen der Punkt O selbst nicht zu berücksichtigen ist. In Abbildung 32 sind 2 von den in Frage kommenden Punkten nicht eingezeichnet. Es sind dies zwei Flächenzentren des über die Kante benachbarten Elementarwürfels.) Die Wahrscheinlichkeit, daß sich ein benachbartes Atom von O' wegbewegt, ist gleich $^1/_6$. Denn jedem Atom stehen insgesamt 6 Schwingungsmöglichkeiten innerhalb einer Schwingungsperiode zu, von denen in diesem Falle nur eine günstig ist. (Die 6 Schwingungen können auf die positiven und negativen Richtungen der 3 Würfelkanten bezogen werden.) Die Wahrscheinlichkeit dafür, daß innerhalb einer Schwingungsperiode alle fünf in Betracht kommenden Atome gleichzeitig die Bewegung von O' weg ausführen, ist dann gleich $(^1/_6)^5$. Schließlich müssen die Atome, die den Punkt O' umgeben, mit einer hinreichend großen Amplitude schwingen, damit das einwandernde Atom Platz hat, oder sie müssen eine hinreichend große thermische Energie besitzen. Bezeichnen wir diese Energie mit E_1, so ist die Wahrscheinlichkeit dafür, daß diese Energie von einem der umgebenden Atome tatsächlich erreicht und überschritten wird, $e^{-E_1/kT}$. Hierin bedeuten k die BOLTZMANNsche Konstante ($1{,}372 \cdot 10^{-16}$ erg · Grad^{-1}) und T die absolute Temperatur. Die Wahrscheinlichkeit dafür, daß alle 5 Atome, die um den Punkt O' liegen, die Energie E_1 erreichen, beträgt schließlich $(e^{-E_1/kT})^5$. Der Wert p_1 setzt sich dann aus den beiden eben bestimmten Faktoren zusammen, und es ist:

$$p_1 = 6^{-5} \cdot (e^{-E_1/kT})^5 .$$

Jetzt ist noch p_2 zu bestimmen. Hier haben wir ein ähnliches Produkt zu bilden wie bei der Berechnung von p_1. Zunächst muß wieder die Wahrscheinlichkeit ermittelt werden dafür, daß das Atom in O gerade so schwingt, daß es nach O' gelangt. Diese Wahrscheinlichkeit aber ist, wie wir bereits oben gesehen haben, $^1/_6$. Als zweiten Faktor haben wir die Wahrscheinlichkeit zu berücksichtigen dafür, daß das Atom eine genügend große Energie erreicht, um die Bindungen zu seinen vier Nachbarn abzureißen. Es sei dieser Energiebetrag E_2. Ganz entsprechend wie für p_1 erhalten wir somit für p_2 den Wert: $^1/_6 \cdot e^{-E_2/kT}$. Für die Gesamtwahrscheinlichkeit P

ergibt sich schließlich wegen $P = p_1 \cdot p_2$:

$$P = 6^{-6} \cdot e^{-(5E_1+E_2)/kT}.$$

Das ist also die Wahrscheinlichkeit für den Übergang eines Atoms von O nach O' während einer Schwingungsperiode. Wollen wir die Wahrscheinlichkeit dieses Übergangs für eine andere Zeiteinheit bestimmen, so müssen wir P noch mit dem entsprechenden Zeitfaktor t multiplizieren: $P \cdot t$. Fragen wir beispielsweise danach, wie oft innerhalb eines Tages ein Übergang $O \rightarrow O'$ eintreten kann, so wird $t = 24 \cdot 60^2 \cdot \nu$, wenn ν die Zahl der Schwingungen eines Atoms pro sec ist.

Wir betrachten nun den Fall, daß sich zwei Metallkristalle M_1 und M_2 berühren. Es wird durch wechselseitige Diffusion an der Grenze eine intermediäre Phase aus M_1 und M_2 entstehen. Wir wollen nun den sogenannten Diffusionskoeffizienten der Atome M_1 und M_2 berechnen. Der Diffusionskoeffizient ist hierbei definiert als die Menge von M_1 in Gramm, die in der Zeiteinheit in der Richtung $x = \overrightarrow{OO'}$ die Flächeneinheit durchwandert. Es ist, wenn c_1 die Konzentration von M_1 und $\frac{dc_1}{dx}$ das Konzentrationsgefälle in der Richtung x bedeutet,

$$D = -\frac{dc_1}{dx} \cdot c_1 \cdot N \cdot P \cdot t \cdot m_1.$$

Hierin bedeuten N die Zahl der Atome pro Oberflächeneinheit und m_1 die Masse eines M_1-Atoms. Man erhält schließlich eine Beziehung folgender Art:

$$D = A \cdot e^{-b/T}.$$

Es ist dann
$$A = -K \cdot \frac{dc_1}{dx} \cdot c_1 \cdot m_1 \cdot \nu$$

und
$$b = 5E_1 + E_2 \text{ für } M_1.$$

K ist ein Zahlenfaktor. Es ist möglich, die einzelnen Faktoren für bestimmte Fälle wenigstens in Näherung zu berechnen. Folgende Tabelle gibt einen Vergleich beobachteter und berechneter Werte für die Diffusionskonstanten einiger Metalle M_1, die bei einer Temperatur von 285° C in Pb (M_2) diffundieren.

M_1	$D_{\text{beob.}}$	$D_{\text{ber.}}$
Au	$4 \cdot 10^{-1}$	$4{,}8 \cdot 10^{-1}$
Ag	$7{,}9 \cdot 10^{-3}$	$6{,}6 \cdot 10^{-3}$
Cd	$2 \cdot 10^{-4}$	$5 \cdot 10^{-4}$
Bi	$3{,}8 \cdot 10^{-5}$	$2{,}54 \cdot 10^{-5}$
β-Tl	$2{,}7 \cdot 10^{-5}$	$2{,}52 \cdot 10^{-5}$
β-Sn	$14 \cdot 10^{-6}$	$6 \cdot 10^{-6}$
Th-B	$6 \cdot 10^{-6}$	$2{,}2 \cdot 10^{-6}$

Auch der Gang mit der Temperatur wird durch die Formel größenordnungsmäßig gut beschrieben (vgl. folgende Tabelle).

Diffusion von Th–B in Pb

Temperatur in °C	$D_{\text{beob.}}$	$D_{\text{ber.}}$
324	$1400 \cdot 10^{-7}$	$88 \cdot 10^{-7}$
320	470	76
310	57	54
300	25	36
280	15	17
260	6	7

4. Grenzflächenvorgänge

a) Aufbau und Abbau der Kristallgitter

Diffusion und Platzwechselvorgänge spielen insbesondere auch an den Grenzflächen der Kristalle eine Rolle. Da diese Erscheinungen für die Kristallbildung von wesentlicher Bedeutung sind, muß auf sie ausführlich eingegangen werden. Grenzflächenvorgänge bestimmen ja vor allem die Prozesse beim Wachstum und Abbau der Kristalle. Wir wollen nun zunächst einmal das Kristallwachstum vom Standpunkt der Gittertheorie aus behandeln. Wir folgen dabei der molekularkinetischen Theorie, wie sie von KOSSEL und STRANSKI entwickelt worden ist.

Wir gehen von einem heteropolaren Gitter vom NaCl-Typus aus. Wir bauen dieses Gitter auf, indem wir Schritt für Schritt ein Na^+-Ion an ein Cl^--Ion anfügen und umgekehrt. Die Energie, die bei jedem dieser einzelnen Schritte gewonnen wird, kann uns als Maß für die Wahrscheinlichkeit dieses Schrittes dienen. Denn je größer der Energiegewinn für ein derartiges Ereignis ist, desto häufiger wird es eintreten. Die Berechnung der entsprechenden Energiebeträge vollzieht sich genau so, wie wir es bereits früher (S. 57) bei der Berechnung der Gitterenergie kennengelernt haben. Wir schreiben im folgenden die Energie in der Form $\Phi \cdot \frac{e^2}{r}$ wobei r der kürzeste Abstand zwischen Kationen und Anionen und e die Elektro-

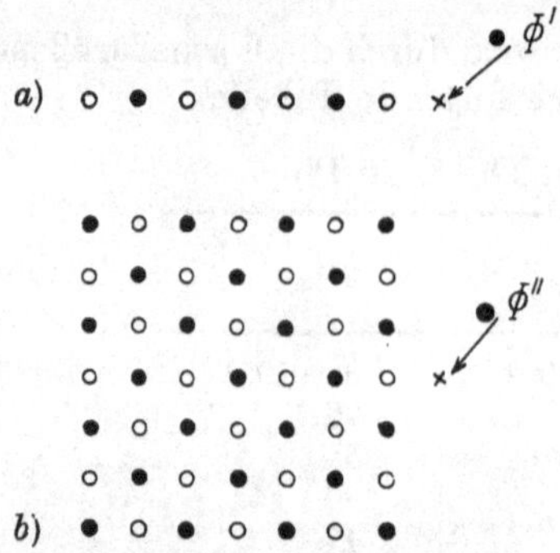

Abb. 33. Anlagerung eines Ions an eine Kette (*a*) und an eine Netzebene (*b*)

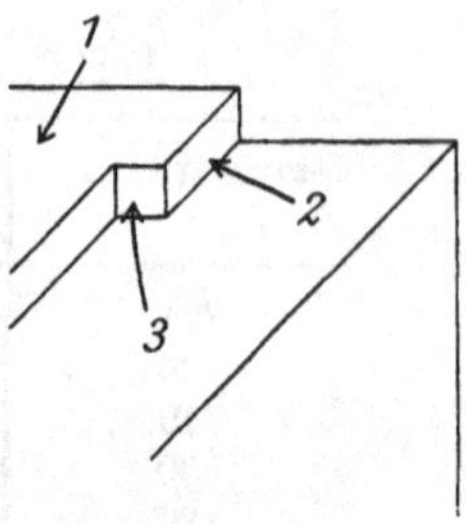

Abb. 34. Anlagerung von Ionen an einen Gitterblock

nenladung bedeuten. Φ wird für die einzelnen Schritte berechnet. Es genügt im wesentlichen, die Energiebeträge für drei ausgezeichnete Anlagerungsvorgänge zu kennen. Es sind das folgende:

a) Anlagerung an das Ende einer geraden Ionenkette (Abb. 33a).
Energiebetrag: Φ'.

b) Anlagerung an die Kante eines (100)-Netzes (Abb. 33b).
Energiebetrag: Φ''.

c) Anlagerung an die Oberfläche des räumlichen Gitters (Gitterblocks) (Schritt 1 in Abb. 34).
Energiebetrag: Φ'''.

Für NaCl ist:

$$\Phi' = \ln 2 = 0{,}6932$$
$$\Phi'' = \quad = 0{,}1144$$
$$\Phi''' = \quad = 0{,}0662.$$

Wir betrachten nun die Anlagerungsschritte an einen Gitterblock (Abb. 34):

1. Anlagerung mitten auf eine Netzebene des Gitterblocks (Schritt 1, Abb. 34), $\Phi'''= 0{,}0662$.

2. Beginn einer neuen Kette (Abb. 34, Schritt 2) = Auflagerung auf den Gitterblock (Φ''') + Anlagerung an die Kante einer Netzebene (Φ''), also $\Phi''' + \Phi''= 0{,}1807$.

3. Fortsetzung der Kette (Abb. 34, Schritt 3) = Anlagerung an das Ende einer geraden Ionenkette (Φ') + Anlagerung an die Kante eines Netzes (Φ'') + Anlagerung an die Oberfläche des Blocks (Φ''') $= \Phi' + \Phi'' + \Phi''' = 0{,}8738$. Dieser Schritt 3 wird als der „wiederholbare Schritt" bezeichnet, da er gegenüber den übrigen Schritten unverhältnismäßig häufiger erfolgt.

Gehen wir von einem idealen NaCl-Würfel aus, so wird danach der Weiterbau des Kristallgitters folgendermaßen vor sich gehen: Zunächst wird auf die Mitte einer Würfelfläche ein Ion aufgelagert, wobei die Energie 0,0662 gewonnen wird. An dieses Ion wird sich ein anderes mit entgegengesetztem Vorzeichen anlagern, daran wieder eines der ersten Art usw., bis schließlich eine ganze Kette auf dem Gitterblock vollendet ist. Neben dieser Kette wird sich in der gleichen Weise eine zweite Kette bilden. Bereits für den Beginn einer Kette ist der Energiebetrag 0,1807 maßgebend, der merklich größer ist als der Energiebetrag für die Anlagerung mitten auf die Netzebene eines Gitterblocks. Beim ordnungsmäßigen Weiterbau einer Kette wird nun bei jedem Einzelschritt der Energiewert 0,8738 frei. Dieser „wiederholbare Schritt" wird also am häufigsten erfolgen müssen. Ein Vergleich der Energiebeträge lehrt, daß der Beginn einer Netzebene nur mit relativ geringem Energiegewinn erfolgt, er wird daher verhältnismäßig selten stattfinden. Sobald aber einmal ein Stück der neuen Netzebene gebildet ist, wird die Fortführung mit großen Enerigegewinnen und daher rasch erfolgen können. Wir lernen daraus, daß die Geschwindigkeit des Fortwachsens einer Würfelfläche im wesentlichen durch Schritt 1 (Abb. 34) bestimmt wird. Ist eine neue Netzebene angefangen, so vollzieht sich ihre tangentiale Ausbreitung verhältnismäßig rasch. Von diesem Gesichtspunkt aus können wir den Wachstumsvorgang in zwei Komponenten zerlegen: eine normale Substanzanlagerung und eine tangentiale Substanzanlagerung. Der normale Prozeß verläuft dabei verhältnismäßig langsam, während die tangentiale Wachstumsgeschwindigkeit erheblich größer ist. Dadurch wird –

wenigstens bei kleinen Flächen — eine ebene Ausbildung der wachsenden Fläche mehr oder weniger gewährleistet.

Die Anlagerungsenergie für Schritt 3 ist gerade gleich der halben Gitterenergie. Denn will man den Block zu einem ganzen (unendlich ausgedehnten) Gitter ergänzen, so muß man einfach den gleichen Block noch einmal spiegelbildlich hinzufügen. Die Gitterenergie beträgt danach also 1,7476, sie entspricht in dieser Schreibweise der MADELUNGschen Konstanten (S. 58).

Betrachten wir nun noch einige andere Netzebenen des NaCl-Gitters! Auf der Rhombendodekaeder- oder (110)-Fläche haben wir zunächst wieder einfache Ketten von abwechselnd positiven und negativen Ionen, wie auf der Würfelfläche. Nur liegen in einer (110)-Netzebene benachbarte Ketten anders zueinander. Jetzt hat jedes Ion einer Kette in der nächsten Kette als Nachbarn ein Ion gleicher Ladung (vgl. Abb. 35). Diese beiden Ionen müssen sich nach dem COULOMBschen Gesetz abstoßen. Diese Einwirkung benachbarter Ionen mit gleicher Ladung überwiegt die anziehenden Kräfte, so daß Φ_{110}'' ein negatives Vorzeichen erhält, und zwar ist $\Phi_{110}'' = -0{,}02702$. Daraus müssen wir schließen, daß eine (110)-Fläche niemals so entstehen kann wie die (100)-Fläche, indem sich Kette neben Kette anreiht. Die Rhombendodekaederfläche der Kristalle vom Steinsalztypus ist sonach theoretisch instabil. Es ist nur möglich, daß Ketten parallel den Würfelkanten gebildet werden, die aber dann einen hinreichend großen Abstand voneinander haben müssen. D. h. mit anderen Worten: Die (110)-Fläche kann eigentlich nur als „Scheinfläche" gebildet werden, die treppenartig aus kleinen Würfelflächen aufgebaut ist. Die vielfach beobachtete Rippung der (110)-Fläche beim Steinsalz könnte darin eine Erklärung finden. Das Aneinanderlagern von gleichen unmittelbar benachbarten Ketten ist offenbar energetisch ungünstiger, während der Beginn einer neuen Kette in der darüberliegenden Netzebene günstiger ist.

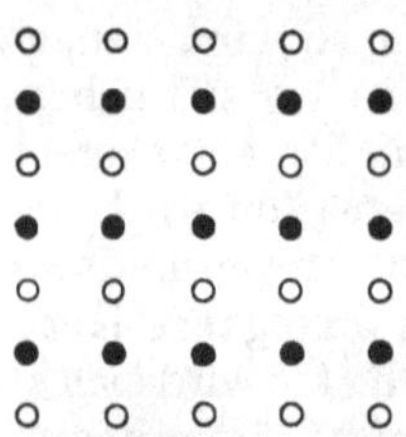

Abb. 35. (110)-Netzebene im Steinsalzgitter

Schwierigkeiten bieten der molekularkinetischen Betrachtungsweise solche Netzebenen, in denen nur Ionen gleichen Vorzeichens liegen, wie beispielsweise die (111)-Fläche beim Steinsalz. Bei solchen Flächen hilft zunächst nur die Annahme weiter, daß die betreffenden Oberflächen eine besondere Treppenstruktur aufweisen.

In diesem Zusammenhang muß betont werden, daß die kinetische Theorie des Kristallwachstums für sich allein nicht in der Lage ist, die Entstehung der Kristallgestalten restlos zu erklären. Das liegt aber in der Natur der Sache. Die molekularkinetische Theorie KOSSELS und STRANSKIS vereinfacht ja wesentlich die tatsächlichen Vorgänge, die sich beim Aufbau eines Kristallgitters nach unseren heutigen Vorstellungen abspielen. In der Natur sind die Vorgänge beträchtlich kompliziert, allein schon wegen des Vorhandenseins von Fremdionen oder Fremdatomen, deren Adsorption die Energieverteilung an den Kristallgrenzflächen stark abändert. Auf derartige Betrachtungen wird man bereits geführt, wenn man einen anderen Gittertypus, beispielsweise schon das einfache CsCl-Gitter, diskutiert. CsCl kristallisiert in einem einfachen kubischen Gitter mit Cs^+ in 000 und Cl^- in $\frac{1}{2}\,\frac{1}{2}\,\frac{1}{2}$. Die kürzesten Abstände zwischen Anionen und Kationen liegen in der $[\bar{1}11]$-Richtung (vgl. hierzu das raumzentrierte kubische Gitter, Abb. 9[13]). Beim systematischen Aufbau eines CsCl-Gitters müssen wir demnach mit einer [111]-Ionenkette beginnen. Weitere benachbarte und gleichwertige Ketten liegen in einer (110)-Ebene. Diese Netzebenen sind analog wie die (100)-Ebenen beim NaCl-Typus schachbrettartig aus positiven und negativen Ionen zusammengesetzt. Nur haben wir im Falle des CsCl-Gitters kein rechtwinkliges Netz mehr. Zur Herstellung des Gitterblocks werden über und unter der fertigen Netzebene weitere gleichartige Netzebenen angebaut. Ähnlich wie beim NaCl-Gitter unterscheiden wir 3 Anlagerungsvorgänge:

1. Anlagerung an das Ende der geraden Ionenkette [111].
   Energiebetrag: $\Phi'_{[111]}$.
2. Anlagerung an die Kante des ebenen Gitters (110).
   Energiebetrag: $\Phi''_{(110)}$.
3. Anlagerung an die Oberfläche des räumlichen Gitters.
   Energiebetrag: $\Phi'''_{(110)}$.

Der Gitterblock, für den $\Phi'''_{(110)}$ berechnet wird, stellt ein „kubisches Rhomboeder“ dar, das von 6 (110)-Flächen begrenzt wird. Die Rechnung liefert:

$$\Phi'_{[111]} = 0{,}6932,$$
$$\Phi''_{(110)} = 0{,}0751,$$
$$\Phi'''_{(1\bar{1}0)} = 0{,}1144.$$

Daraus ergeben sich für die wichtigsten Anlagerungen:

1. Anlagerung frei auf die Unterlage der (110)-Ebene. Energiegewinn: $\Phi_{\mathrm{I}} = \Phi'''_{(110)} = 0{,}1144.$
2. Anlagerung neben die letzte Reihe der bereits begonnen Ebene. Energiegewinn: $\Phi_{\mathrm{II}} = \Phi''_{(110)} + \Phi'''_{(1\bar{1}0)} = 0{,}1895.$
3. Anlagerung am halben Kristall. Energiegewinn: $\Phi_{\mathrm{III}} = \Phi'_{[111]} + \Phi''_{(110)} + \Phi'''_{(1\bar{1}0)} = 0{,}8827.$

Die Rangordnung der Energiebeträge folgt jener beim NaCl-Gitter, nur daß jetzt an Stelle des Würfels eine von (110)-Flächen begrenzte Form getreten ist. Als stabilste Form des CsCl-Gitters ergibt sich sonach das Rhombendodekaeder. In der Tat kristallisiert CsCl zum Teil in Rhombendodekaedern, zum Teil aber auch in Würfeln. Beim CsBr und CsJ, die im gleichen Gittertypus kristallisieren, sind nur Rhombendodekaeder beobachtet worden. Beim Salmiak kommt ebenfalls die Bedeutung der [111]-Zone, das ist die Zone, die durch die Flächen (110) und (211) gegeben ist, deutlich zum Ausdruck. Immerhin ist die Entwicklung der Zone [100] beim Salmiak und beim CsCl auffallend und bemerkenswert. Der Eindruck ist nicht von der Hand zu weisen, daß auch den kürzesten Abständen gleichartiger Ionen Cs—Cs bzw. Cl—Cl doch eine gewisse Bedeutung zukommt. STRAUMANIS vertritt die Ansicht, daß durch geeignete Versuchsbedingungen für die Theorie günstigere Resultate erzielt werden könnten. Das mag bis zu einem gewissen Grade der Fall sein. Jedoch bleibt die prinzipielle Bedeutung der [100]-Zone im Formen- und Zonensystem des Caesiumchlorids und Salmiaks davon unberührt.

Schwierig gestalten sich die entsprechenden Betrachtungen auch beim Gitter vom Fluorittypus (S. 34). Hauptwachstumsfläche des Flußspates ist die Würfelfläche. Aber gerade sie ist durch eine Parallelschar von Netzebenen charakterisiert, die jeweils nur mit gleichartigen Ionen besetzt sind. Derartige Netzebenen sind aber in idealer Ausbildung instabil, so daß auch hier eine Treppenbildung angenommen werden muß. Auch die (111)-Netzebenen bestehen jeweils nur aus einer Ionenart. Die Reihenfolge der Schichten ist dabei folgende:

$$F^- - Ca^{2+} - F^- - F^- - Ca^{2+} - F^- - F^- - Ca^{2+} - F^- \cdots .$$

Nach Berechnungen von BRADISTILOV und STRANSKI ergibt sich als Gleichgewichtsform des Flußspates allein die einfache Oktaederform. Wohl spielt das Oktaeder beim Flußspat als Spaltform eine große Rolle, ist aber als Wachstumsform verhältnismäßig selten und unbedeutend. Zur Deutung dieses Verhaltens können zwei Möglichkeiten angegeben werden:

1. Die Wachstumsgeschwindigkeit der Würfelfläche wird beim Flußspat durch Adsorption von fremden Atomen, Ionen oder der Molekeln derart herabgesetzt, daß sie kleiner wird als jene der Oktaederfläche. Es ist das die gleiche Deutung, wie wir sie auch schon zum Verständnis für die Entstehung der Würfelflächen beim CsCl-Typus herangezogen haben. Auch beim NaCl spielt bekanntlich die Adsorption von Fremdmolekeln bei der Formenentwicklung eine entscheidende Rolle. So kristallisiert NaCl aus einer harnstoffhaltigen wäßrigen Lösung nicht mehr in Würfeln, sondern in Oktaedern.

2. Die Verhältnisse sind beim Wachstum des Fluoritkristalls aus endlich übersättigter Lösung ohne Zusätze bereits derart, daß die Würfelfläche langsamer wächst als die Oktaederfläche. Das kann etwa durch die Bildung einer intermediären Struktur der (111)-Netzebenen möglich sein, indem sich die Ca^{++}-Ionen leichter an nicht normalen Plätzen anlagern.

Die Rechnung zeigt, daß die zweite Deutungsmöglichkeit mit Sicherheit ausgeschlossen werden kann. Es ist demnach wahrscheinlich, daß bei allen diesen Vorgängen sekundäre Prozesse eine nicht zu vernachlässigende Rolle spielen können. Wie schon betont, handelt es sich dabei einmal um die Anlagerung von Fremdpartikeln, andererseits aber auch um kompliziertere Teilprozesse an der Kristalloberfläche. Es sei aber nochmals nachdrücklich darauf hingewiesen, daß die erwähnten experimentellen Ergebnisse nicht als Beweis gegen die Gültigkeit der KOSSEL-STRANSKIschen Theorie angeführt werden können. Wir dürfen nur schließen, daß die Vorgänge in der Natur meist wesentlich komplizierter sind. Und das ist kein Wunder, da ja die kinetische Wachstumstheorie die Verhältnisse bewußt vereinfacht.

Während bei der heteropolaren Bindung das Kraftgesetz im großen und ganzen bekannt ist, trifft dies für den Fall der homöopolaren (unter Einschluß der metallischen) Bindung nicht zu. Es läßt sich über die Kräfte, die zwischen den Bausteinen nicht polarer Kristalle wirken, zur Zeit nichts Genaueres sagen. Sehr wahrscheinlich ist die Annahme, daß zwischen den Bausteinen additive Kräfte wirken, die sehr rasch mit der Entfernung abnehmen. Zur Beurteilung der Größe der anziehenden Kräfte kann man dann einfach den Abstand der Atome heranziehen. In einem einfachen kubischen Gitter beispielsweise ist ein Atom von sechs nächsten Nachbaratomen (Abstand r_1) umgeben. Zwölf Atome umgeben das Zentralatom im Abstand $r_2 = r_1 \cdot \sqrt{2}$. Es folgen acht Atome im Abstand $r_3 = r_1 \cdot \sqrt{3}$, sechs Atome im Abstand $r_4 = 2r_1$ usw. KOSSEL schreibt für diesen Fall der Atomgruppierung die Abtrennungsarbeit eines Atoms vom halben Kristall symbolisch mit $3 \mid 6 \mid 4 \mid 3 \cdots$. Diese Symbolik gibt an, wie viele Nachbarn der ersten, zweiten usw. Art vorhanden sind oder wie groß die Zahl der entsprechenden Energieeinheiten ist.

Würde man nun vor die Aufgabe gestellt, aus gleichen Atomen ein einfach kubisches Gitter aufzubauen, so würde man diese Aufgabe am einfachsten folgendermaßen lösen: Man baut zunächst eine Kette von Atomen, die der Würfelkante der Elementarzelle parallel läuft, dann durch paralleles Aneinanderlegen von gleichen Ketten eine Würfelnetzebene und schließlich aus parallelen Netzebenen das dreidimensionale Gitter. Wir bezeichnen die Energie, die bei der Anlagerung eines Atoms an eine unvollständige Kette gewonnen wird, mit Φ', die Energie, die sich auf die Anlagerung eines Atoms an eine unvollständige Netzebene bezieht, mit Φ'' und die Energie, die der Anlagerung an den Gitterblock entspricht, mit Φ'''. In der KOSSELschen Schreibweise ist dann:

$$\Phi' = 1 \mid 0 \mid 0,$$

$$\Phi'' = 1 \mid 2 \mid 0,$$

$$\Phi''' = 1 \mid 4 \mid 4.$$

Dabei sind der Einfachheit halber immer nur drei Nachbarn berücksichtigt. Beim ersten Schritt (Φ') ist jeweils nur ein Nachbar im Abstand r_1 vorhanden. Der nächste Nachbar hat schon den Abstand $2r_1$, würde also erst an vierter Stelle zu setzen sein. Beim zweiten Schritt (Φ'') sind außerdem noch zwei Nachbarn in der Entfernung $r_1 \cdot \sqrt{2}$ zu berücksichtigen, und schließlich beim dritten Schritt (Φ''') sind ein Nachbar im Abstand r_1, 4 Nachbarn im Abstand $r_1 \sqrt{2}$ und 4 Nachbarn im Abstand $r_1 \cdot \sqrt{3}$ vorhanden. Beim Ausbau einer unvollständigen Netzebene am Gitterblock (Schritt 3, Abb. 34) wird jeweils der Energiebetrag $\Phi' + \Phi'' + \Phi''' = 3 \mid 6 \mid 4 = \Phi_0$ gewonnen. Dieser Energiebetrag entspricht dem sogenannten „wiederholbaren Schritt". Ganz entsprechende Überlegungen gelten auch für die (110)-Fläche. Es ergibt sich für das Rhombendodekaeder des einfachen kubischen Gitters:

$$\begin{aligned} \Phi' &= 1 \mid 0 \mid 0 \\ \Phi'' &= 0 \mid 1 \mid 2 \\ \Phi''' &= 2 \mid 5 \mid 2, \end{aligned}$$

wobei hier auch wiederum $\Phi' + \Phi'' + \Phi''' = 3 \mid 6 \mid 4 = \Phi_0$ ist. Die Endsumme ist also die gleiche wie auch bei der (100)-Fläche, während den einzelnen Energieschritten andere Beträge zukommen. Für die Wachstumsgeschwindigkeit einer Fläche ist offenbar der Schritt entscheidend, durch den am Gitterblock eine neue Netzebene begonnen wird. Diesem Schritt aber entspricht jeweils der Energiebetrag Φ'''. Je größer dieser Wert ist, desto rascher wird sich das Normalenwachstum der betreffenden Fläche vollziehen. Man erkennt auf diese Weise sofort, daß beim einfach kubischen homöopolaren Gitter die Rhombendodekaederflächen schneller wachsen müssen als die Würfelflächen. Die entsprechenden Anlagerungsenergien für die (111)- bzw. (211)-Fläche des einfach-kubischen Gitters sind 3 | 3 | 4 bzw. 3 | 5 | 3. Somit wird im Endstadium des Wachstumsprozesses eines Kristalls vom einfach-kubischen Typus der Würfel als Hauptwachstumsform vorhanden sein.

Eine besondere Bedeutung kommt, wie wir bereits auch beim heteropolaren Gitter feststellen konnten, dem „wiederholbaren Schritt" zu (Schritt 3, Abb. 34). Ist der wachsende Gitterblock hinreichend groß geworden, so werden alle übrigen in Betracht kommenden Anlagerungen verschwindend selten im Verhältnis zu Schritt 3 vorkommen. Der Energiebetrag, der diesem Schritt entspricht, hat im Falle des einfach kubischen homöopolaren Gitters den Wert 3 | 6 | 4. Dieser Wert 3 | 6 | 4 wird sich beim Aufbauen des Gitters aus den einzelnen Atomen also außerordentlich oft wiederholen, so daß er genau dem Energiebetrag gleich sein muß, der umgekehrt jedem Atom im Durchschnitt zugeführt werden muß, um das Gitter vollständig aufzulösen. Das heißt aber, das Gleichgewicht zwischen kristallisierter und flüssiger Phase ist durch diesen Energiewert festgelegt. Wenn in bezug auf die Lage 3 am Kristall die Umgebung untersättigt ist, muß die Auflösung spontan einsetzen. Ist dagegen die Umgebung des Kristalls in bezug auf die Lage 3 übersättigt oder auch unterkühlt, so muß der Kristall wachsen. Das Gleichgewicht zwischen Kristall und Umgebung wird also erst dann erreicht sein, wenn die Atome der Lage 3 im Gleichgewicht mit der Umgebung sind. Dies gilt naturgemäß ganz entsprechend auch für die heteropolaren Kristalle. Während aber bei den heteropolaren Kristallen (z. B. NaCl) die Ionen an den Ecken fester gebunden sind, als es dem „wiederholbaren Schritt" entspricht, ist das bei den homöopolaren Gittern umgekehrt. Dieses verschiedenartige Verhalten hat das sehr wichtige Ergebnis zur Folge, daß beim heteropolaren Gitter das Wachstum an den Ecken und Kanten, beim homöopolaren Gitter aber in den Flächenmitten einsetzen muß.

Beim einfach kubischen homöopolaren Gitter ist das Eckenatom am Würfel nur mit der Energie 3 | 2 | 1 gebunden, während dem „wiederholbaren Schritt" ein Energiebetrag von 3 | 6 | 4 entspricht. Im Falle des Gleichgewichts mit der Umgebung müssen aber alle Atome, die weniger fest gebunden sind – also insbesondere die Eckenatome –, abgelöst werden. Dem abgelösten Eckenatom aber folgen alle 3 Würfelkantenreihen. Der Abbau muß in diesem Falle so lange fortschreiten, bis außer der Form (100) noch (110), (111) und (211) vorhanden sind. Bei dem Kristallkörper mit den genannten 4 Formen ist jedes Atom an der Oberfläche mindestens ebenso fest gebunden wie ein Atom, das mit einem wiederholbaren Schritt angelagert wird.

Beim raumzentrierten kubischen, homöopolaren Gitter (Abb. 9[13]) haben wir für die

Flächen	110	211	100	111
die Abtrennungsarbeiten	2 | 2 | 5	3 | 3 | 5	4 | 1 | 4	4 | 3 | 3.

Die Abtrennungsarbeit des wiederholbaren Schrittes beträgt in diesem Falle 4 | 3 | 6. Ist die kürzeste Entfernung zwischen

2 Atomen des Gitters (= halbe Würfeldiagonale) gleich r_1, so sind noch die Nachbarn in folgenden Entfernungen berücksichtigt: $r_2 = r_1 \cdot \frac{2}{3}\sqrt{3}$, $r_3 = r_1 \cdot \frac{2}{3}\sqrt{6}$. Man erkennt aus den angegebenen Energiebeträgen, daß der (110)-Fläche (Rhombendodekaeder) der geringste Wert entspricht. Die Wachstumsgeschwindigkeit dieser Form muß also am geringsten sein, so daß das Rhombendodekaeder als Hauptform des kubisch raumzentrierten Gitters zu erwarten ist. Wie beim einfach kubischen Gitter aber im Falle des Gleichgewichts der Würfel als einzige Wachstumsform nicht möglich ist, so müssen auch beim kubisch innenzentrierten Gitter neben dem Rhombendodekaeder (110) noch weitere Formen auftreten. Wie die Rechnung zeigt, sind dies die Formen (211), (100) und (111).

Analog ergeben sich für das flächenzentrierte kubische Gitter die Energiebeträge:

111	100	110	311	210	531
3 | 3 | 9	4 | 1 | 2	5 | 2 | 10	5 | 3 | 10	6 | 2 | 10	6 | 3 | 9.

Der Energiegewinn beim wiederholbaren Schritt beträgt 6 | 3 | 12. Berücksichtigt sind bei dieser Aufstellung die Abstände r_1 (= halbe Diagonale der Würfelfläche), $r_2 = r_1 \cdot \sqrt{2}$ und $r_3 = r_1 \cdot \sqrt{3}$. Demnach kommt als Gleichgewichtsform (111) mit (100), (110), (311), (210) und (531) in Frage.

Auch für die hexagonal dichteste Kugelpackung (S. 31) sind die Anlagerungsenergien unter der Annahme unpolarer Bindung berechnet worden. Wir haben für die Flächen:

	$(000 1)$	$(10\bar{1}0)$	$(01\bar{1}2)$	$(10\bar{1}1)$	$(11\bar{2}0)$
die Werte	3 | 3 | 1	4 | 4 | 0	4 | 2 | 1	5 | 2 | 0	5 | 2 | 1.

Die Energie des wiederholbaren Schrittes beträgt 6 | 3 | 1, wobei die Nachbarn in den Entfernungen r_1, $r_2 = r_1 \cdot \sqrt{2}$ und $r_3 = r_1 \cdot \sqrt{\frac{8}{3}}$ berücksichtigt sind. Die Basis (0001) hat die geringste Wachstumsgeschwindigkeit. Als Formen des Gleichgewichts kommen außer (0001) noch $(10\bar{1}0)$, $(11\bar{2}0)$, $(10\bar{1}1)$ und $(10\bar{1}2)$ vor.

Bemerkenswert sind in diesem Zusammenhang die Ergebnisse, die STRAUMANIS auf Grund seiner experimentellen Untersuchungen über das unpolare Kristallwachstum gewonnen hat. STRAUMANIS hat an kondensiertem Zink und Magnesium, die beide in der hexagonal dichtesten Kugelpackung kristallisieren, folgende Kristallformen beobachtet: an den Zinkkristallen (0001), $(10\bar{1}0)$ und

$(11\bar{2}0)$, am Magnesium (0001), $(10\bar{1}0)$ und $(10\bar{1}1)$. Beim Zink fehlte zunächst gegenüber der theoretischen Voraussage $(10\bar{1}2)$, bei späteren Versuchen von STRANSKI und Mitarbeitern aber erschien auch die gesuchte Form $(10\bar{1}2)$, wenigstens in den ersten Wachstumsphasen, während beim Magnesium $(11\bar{2}0)$ und $(10\bar{1}2)$ nicht vorhanden sind.

Bei unserer bisherigen Betrachtung über das Kristallwachstum ist angenommen worden, daß bereits ein Einkristall vorliegt, der durch Anlagerung von Atomen oder Ionen weiterwächst. Auf Grund experimenteller Untersuchungen ist bekannt, daß aus übersättigter Lösung, aus dem Dampf oder der unterkühlten Schmelze die kristallisierte Phase zunächst in mikroskopischen Dimensionen erscheint. Man nimmt an, daß infolge von Schwankungen, die sich auf kleine Gebiete innerhalb der homogen-dispersen Phase beschränken, wachstumsfähige Gebilde, Keime, entstehen. Nach VOLMER, der sich eingehend mit dem Problem der Keimbildung beschäftigt hat, setzt sich die Keimbildungsarbeit aus zwei Gliedern zusammen: einmal aus der Arbeit, die aufgewendet werden muß, um aus einer großen Masse der neuen, kristallisierten Phase den Keim zu formen. Diese Energie ist gleich der Zunahme der gesamten freien Oberflächenenergie, also gleich dem Ausdruck $\Sigma \sigma_i \cdot 0_i$, wobei σ_i die spezifische freie Oberflächenenergie, 0_i die Oberfläche der i-ten Fläche des Keimes sind. Es ist dies die Aufbauarbeit des Keims aus einem gleichartigen, unendlich großen Kristall. Man nimmt dazu die notwendige Zahl von Partikeln vom halben unendlichen Kristall und baut damit den Keim auf. Das zweite Glied entspricht der Arbeit, die gewonnen wird, wenn die Partikeln, die den Keim aufbauen sollen, aus dem übersättigten Zustand in das Gleichgewicht mit der großen Masse der kristallisierten Phase gebracht werden. Der zweite Summand ist gleich zwei Dritteln des ersten, so daß sich für die Keimbildungsarbeit A_3 folgender Ausdruck ergibt:

$$A_3 = \frac{1}{3} \sum \sigma_i \cdot 0_i .$$

Um einen einfachen kinetischen Ausdruck für die Keimbildungsarbeit zu gewinnen, wählen wir als Modell ein einfach kubisches Gitter, wobei nur die Wechselwirkung unmittelbar benachbarter Atome berücksichtigt werden soll (STRANSKI-Modell). Die Abtrennungsarbeit zweier benachbarter Partikel sei ψ. Der dreidimensionale Keim wird in diesem Falle durch einen kleinen Würfel dargestellt. Ist n_3 die Zahl der Partikeln längs der Kante des würfelförmigen Keims und a der kürzeste Abstand zwischen den Partikeln, dann gilt für die Keimbildungsarbeit:

$$A_3 = \frac{1}{3} \cdot \sigma_{100} \cdot 6 \cdot n_3^2 a^2 = 2 n_3^2 a^2 \sigma_{100},$$

wobei σ_{100} die spezifische freie Oberflächenenergie für die Würfelfläche des STRANSKI-Modells bedeutet. Die spezifische freie Oberflächenenergie σ_{100} ergibt sich als Energiezuwachs bei einer Oberflächenvergrößerung um die Flächeneinheit. Zur Berechnung dieser Größe lagern wir auf einer Würfelfläche mit der Kantenlänge 1 cm

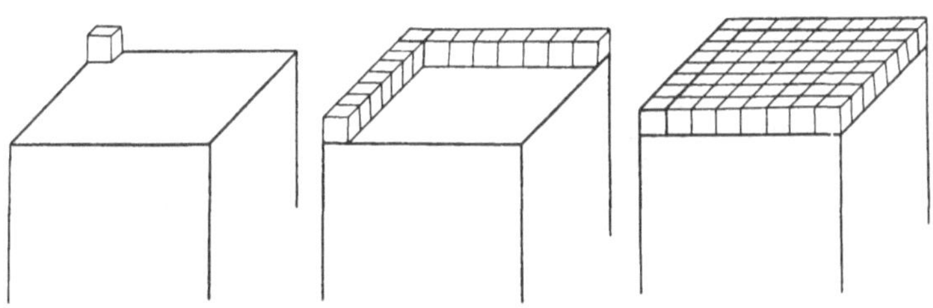

Abb. 36. Aufbau einer neuen Netzebene auf einem Würfel des STRANSKI-Modells

eine neue Netzebene an, indem wir die Partikel vom halben unendlich großen Kristall auf die Würfelfläche bringen (Abb. 36). Wir brauchen dazu insgesamt $(1/a)^2$ Bausteine. Der erste Baustein, den wir als Eckbaustein anlagern, ist nur einfach gebunden (Abb. 36). Daher ist für seine Überführung die Arbeit $3\psi - \psi$ erforderlich. Nun werden die anschließenden Reihen angelagert, wozu insgesamt $2(1/a - 1)$ Bausteine notwendig sind. Da diese Bausteine zweifach gebunden sind, d. h. zwei nächste Nachbarn besitzen, muß die Arbeit $2(1/a - 1) \cdot (3\psi - 2\psi)$ aufgewendet werden. Schließlich muß noch reihenweise die Fläche ausgefüllt werden (Abb. 36). Die hierzu notwendige Arbeit ist aber gleich Null, da diese Bausteine am Keim genauso gebunden sind wie am unendlich großen Kristall. Insgesamt ist demnach bei der Anlagerung einer neuen Netzebene die Arbeit $2\psi + 2(1/a - 1)\,\psi = 2\psi/a$ aufzuwenden. Durch den Aufbau der neuen Netzebene wird die Oberfläche des Würfels um $4 \cdot a\ \mathrm{cm}^2$ vergrößert, und damit wird

$$\sigma_{100} = \frac{\psi}{2a^2}.$$

Damit erhalten wir schließlich für die Keimbildungsarbeit

$$A_3 = n_3^2 \cdot \psi.$$

Es gelingt nun, die Zahl n_3 mit Hilfe der von STRANSKI und KAISCHEW modifizierten THOMSON-GIBBSschen Gleichung zu berechnen. Danach kann man das Gleichgewicht des endlichen Kristalls mit seinem Dampf durch folgende Beziehung beschreiben:

$$kTS = \varphi_{1/2} - \bar{\varphi} \text{ mit } S = \ln p/p_0.$$

Hierbei bedeuten k die BOLTZMANN-Konstante, T die absolute Temperatur, p der Dampfdruck des endlichen Kristalls, p_0 der Sättigungsdruck, $\varphi_{1/2}$ die Abtrennungsarbeit eines Bausteins von der Halbkristallage und $\bar{\varphi}$ die mittlere Abtrennungsarbeit für alle Bausteine der Oberflächennetzebene. Für das STRANSKI-Modell ist $\varphi_{1/2} = 3\psi$. Nach der oben angeführten Methode beim Aufbau der Oberflächennetzebene (Abb. 36) ergibt sich ohne weiteres

$$n_3^2 \cdot \bar{\varphi} = \psi + 2(n_3 - 1) \cdot 2\psi + (n_3 - 1)^2 \cdot 3\psi$$

oder

$$\bar{\varphi} = 3\psi - 2\psi/n_3.$$

Schließlich folgt

$$kTS = 3\psi - \bar{\varphi} = 2\psi/n_3$$

und

$$n_3 = 2\psi/kTS.$$

Für die Bildungsarbeit des dreidimensionalen Keims erhalten wir somit

$$A_3 = n_3^2 \cdot \psi = 4\frac{\psi^3}{(kTS)^2}.$$

Die Zahl der in der Zeiteinheit gebildeten Keime ergibt sich proportional zu exp. $(-A_3/kT) = \exp. \{-4(\psi/kT)^3/S^2\}$.

Das Weiterwachsen eines einmal vorhandenen Kristalls aus einer übersättigten Mutterphase kann nur durch Anlagerung eines Bausteins an eine „Wachstumsstelle" (Halbkristallage) erfolgen. Die Hauptwachstumsflächen eines ideal gebauten Kristalls — z. B.

(100) beim STRANSKI-Modell — besitzen (jedenfalls bei geringen Überschreitungen) keine Wachstumsstellen. Damit eine Anlagerung von Bausteinen auf eine solche Fläche möglich wird, ist es notwendig, daß infolge statistischer Schwankungen zweidimensionale Keime (VOLMER) auf der Fläche gebildet werden. An der Umrandung dieser Keime ist stets eine genügende Zahl von Wachstumsstellen vorhanden (Abb. 37).

Die Verschiebungsgeschwindigkeit einer Kristallfläche wird entscheidend durch die Bildungsarbeit zweidimensionaler Keime bestimmt. Man kann diese Energie in analoger Weise ausrechnen wie jene für die dreidimensionale Keimbildung. Zunächst gilt für die Bildungsarbeit eines zweidimensionalen Keims A_2 allgemein:

$$A_2 = \frac{1}{2} \sum \varrho_i l_i,$$

wobei ϱ_i die freie Randenergie und l_i die Länge des i-ten (geradlinigen) Randteils bedeuten. Die Anwendung dieser Beziehung auf die Keimbildung am Würfel des STRANSKI-Modells liefert

$$A_2 = 2 a n_2 \cdot \varrho,$$

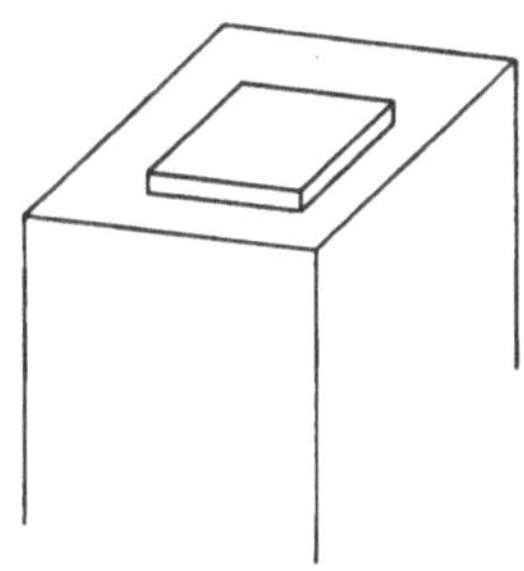

Abb. 37. Zweidimensionaler Keim auf einer Würfelfläche

wenn n_2 die Anzahl der Bausteine an einer Seite des quadratischen Keims ist. Vergrößert man eine der Quadratseiten mit der Länge Eins um eine neue Reihe, indem man die Bausteine von der Würfelfläche eines unendlich großen Kristalls (Bindung: 3ψ) überführt, so ergibt sich für die Anlagerungsarbeit insgesamt der Wert ψ. Da dabei die Gesamtlänge des Randes um $2a$ vergrößert wird, beträgt die freie Randenergie $\varrho = \psi/2a$, und damit wird: $A_2 = n_2 \cdot \psi$.

Wie beim dreidimensionalen Keim gewinnen wir wieder n_2 aus der modifizierten THOMSON-GIBBS-Gleichung $kTS = 3\psi - \bar{\varphi}$, wobei $\bar{\varphi}$ die mittlere Abtrennungsarbeit für alle Bausteine vom Rand ist. Es ist: $n_2 \cdot \bar{\varphi} = n_2 \cdot 3\psi - \psi$ oder $\bar{\varphi} = 3\psi - \varphi/n_2$. Damit erhalten wir mit $kTS = 3\psi - \bar{\varphi} = \psi/n_2$ oder $n_2 = \psi/kTS$. Schließlich gewinnen wir für die Bildung des zweidimensionalen Keims auf der Würfelfläche des STRANSKI-Modells den Ausdruck:

$$A_2 = \frac{\psi^2}{k\,T S}\,.$$

Für die Verschiebungsgeschwindigkeit v einer Fläche, die über zweidimensionale Keime wächst, ergibt sich folgende Beziehung:

$$v = Z \cdot (s/s_0)\,\exp.\,(-A_2/k\,T).$$

Hierin ist Z die Zahl der pro Zeiteinheit auf die Kristallfläche auftreffenden Bausteine, s der Flächeninhalt der betreffenden Fläche und s_0 das von einem Baustein eingenommene Areal.

Man kann annehmen, daß Z den Wert von $10^{13}\,\mathrm{sec}^{-1}$ nicht überschreitet.

Gehen wir ferner von einem würfelförmigen Kristall mit der Kantenlänge 1 mm aus, so wird $s/s_0 \approx 10^{14}$. Setzen wir ferner als charakteristischen Wert für $\psi/k\,T \sim 4$, so errechnet man aus

$$v = Z \cdot (s/s_0)\,\exp.\,\{-(\psi/k\,T)^2/S\}$$

oder

$$S = \ln p/p_0 = \frac{(\psi/kT)^2}{\ln Z\,(s/s_0)\,/v}$$

einen Wert für p/p_0 von etwa 1,3. Dabei ist als Verschiebungsgeschwindigkeit 1 μ pro Monat ($\sim 10^{-3}$ Schichten $\cdot\,\mathrm{sec}^{-1}$) angenommen worden. Demnach wären beim Wachstum über zweidimensionale Keime Übersättigungen von 30% und mehr notwendig. Dieses Ergebnis steht zum Teil in Widerspruch mit der Erfahrung. Beispielsweise hat HONIGMANN bei seinen Experimenten über das Wachstum von Urotropin aus der Dampfphase bereits bei Übersättigungen von 0,8% meßbare Verschiebungsgeschwindigkeiten für (110) gefunden. Dabei sind Verschiebungsgeschwindigkeiten von mindestens 700 μ pro Monat ermittelt worden. Diese Diskrepanz zwischen Theorie und Erfahrung ist nur mit der Annahme zu erklären, daß der Kristall keinen idealen strukturellen Aufbau besitzt. Hierauf wird erst später (S. 230) eingegangen.

Die Umkehrung des Wachstumsprozesses, die **Kristallauflösung**, läßt sich mit Hilfe der Vorstellung von KOSSEL und STRANSKI in ganz analoger Weise verstehen. Wir müssen nur die eine Annahme treffen, daß die Bausteine um so leichter von der Kristalloberfläche entfernt werden, je geringer die entsprechenden Abtrennungsarbeiten sind, d. h., je geringer jeweils die Energie ist, die zur Loslösung der randlichen Bausteine aufgewandt werden muß. Es handelt sich hierbei um die gleichen Energiebeträge, die auch bei der Diskussion der Anlagerungsschritte gewonnen worden sind. Betrachten wir wieder das NaCl-Gitter (S. 92)! Am wenigsten Energie fordert die Entfernung eines Ions am Ende einer unvollständigen Kette (Schritt 3 in umgekehrter Richtung, Abb. 34). Die entsprechende Abtrennungsarbeit hat den Wert $\Phi = 0{,}8738$. Gehen wir vom vollständigen Würfelblock aus, so ergibt sich für ein Ion, das an einer Würfelecke sitzt, eine Abtrennungsarbeit von 1,3459. Die Arbeit, die zur Entfernung eines Ions mitten aus einer Würfelkante notwendig ist, ergibt sich zu 1,5910. Schließlich ist die Abtrennungsarbeit aus der Flächenmitte des vollständigen Gitterblocks 1,6814. Man sieht, daß die Abtrennungsarbeiten der randlichen Bausteine beträchtlich kleiner sind. Demnach müssen also die Ionenkristalle zuerst an den Ecken und Kanten abgetragen werden. Steinsalzwürfel werden in der Tat von den Ecken und Kanten her aufgelöst. Das gilt nun nicht nur für die heteropolaren Gitter, sondern auch für die unpolaren. Das sieht man sofort ein, wenn man bedenkt, daß ein Atom in der Mitte eines Gitterblocks mehr Nachbarn besitzt als ein Baustein an einer Ecke oder Kante des Gitterblocks. Die Atome an den Ecken oder Kanten sind beim nichtpolaren Typus daher weniger fest gebunden als in der Flächenmitte.

Auf Grund der molekularkinetischen Theorie ist es möglich, zwischen den Erscheinungen beim Wachstum und bei der Auflösung von Kristallen gesetzmäßige Beziehungen zu gewinnen. Dabei ist es wichtig, daß wir zunächst nicht die Vorgänge bei konvexen Ausgangskörpern, etwa an Steinsalzwürfeln, verfolgen. Vielmehr gelangen wir erst zu streng faßbaren Beziehungen, wenn wir den Vergleich zwischen Konvex- und Konkavformen herstellen. Versuche von NEUHAUS am Steinsalz haben gezeigt, daß bei der Auflösung von Hohlhalbkugeln die gleichen Flächen entstehen, die auch beim Wachstum einer Konvexkugel auftreten. Diese Erscheinung bezeichnet man als „qualitative Korrelation". Der Korrelationssatz besagt, daß die Reihenfolge der Wachstums- und Auflösungsgeschwindigkeiten die gleiche sein muß. Wir wollen diesen Korrelationssatz mit Hilfe der molekularkinetischen Betrachtungsweise ableiten: Die Anlagerungsenergie des wiederholbaren Schrittes beträgt für den NaCl-Kristall

$$\Phi_0 = \Phi' + \Phi'' + \Phi'''$$

(vgl. S. 92). Nun ist diese wiederholbare Anlagerung stets eine Anlagerung an den halben Kristall. (Würden wir nämlich den Gitterblock der Abb. 34 durch einen gleichen Block ergänzen, so erhielten wir ein vollständiges ideales Gitter, wenn wir dieses Gitter – wie es bei der Rechnung tatsächlich geschieht – als unendlich, d. h. ohne Begrenzungen, annehmen.) Demnach muß die Energie, die bei der Einfügung eines Ions inmitten des Kristallkörpers gewonnen wird, gleich $2\Phi_0$ sein. AB sei die Spur einer Netzebene (Abb. 38), der Gitterblock liege links von dieser Netzebene. Es fehle nun an dieser Oberfläche ein Ion (durch die Lücke angedeutet). Es ist ohne Schwierigkeit einzusehen, daß sich die Ausfüllung der Lücke von der Einlagerung inmitten des Gitters nur dadurch unterscheidet, daß der Halbkörper rechts fehlt (gestrichelt gezeichnet!). Demnach ist die Energie, die bei der Ausfüllung der Lücke links gewonnen wird:

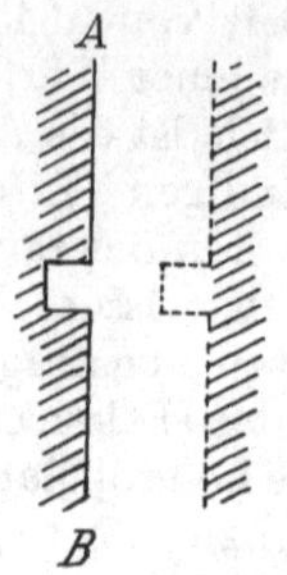

Abb. 38. Abtrennung bzw. Anlagerung von Ionen an komplementären Gitterblöcken

$$\Phi_L = 2 \cdot \Phi_0 - \Phi''' .$$

Diese Bezeichnung wird nun besonders bemerkenswert, wenn wir die Größe Φ_L nicht als Einlagerungsenergie, sondern als Arbeitsbetrag deuten, der bei der Bildung der Lücke aufzuwenden ist. Beide Energiewerte müssen ja einander gleich sein. Diese Lückenbildungsenergie ist für den gesamten Prozeß der Kristallauflösung von entscheidender Bedeutung. Denn wird ein Atom aus einer vollständigen Netzebene der Gitteroberfläche entfernt, so ist damit die erste Lücke in den Gitterblock gebrochen, und die Entfernung weiterer Bausteine vollzieht sich dann erheblich leichter. Φ_L ist diese Lückenbildungsarbeit. Aus der obigen Gleichung ersieht man, daß die Lückenbildungsenergie einen eindeutigen Zusammenhang mit der Arbeit aufweist, die gewonnen wird, wenn man auf die gleiche Netzebene ein Ion auflagert. Es ist: $\Phi_L + \Phi''' = 2\Phi_0$. Es ergibt sich daraus folgendes: Ist Φ''' besonders klein, wie beispielsweise bei der Würfelfläche von NaCl, so ist die Anlagerung neuer Ionen auf die Oberfläche benachteiligt, d. h., die Fläche wächst langsam. Aus der Gleichung ist zu folgern, daß in diesem Falle Φ_L

groß ist. Demnach ist dann auch die Herauslösung von Ionen mitten aus einer vollständigen Netzebene der Oberfläche benachteiligt, d. h., die Fläche wird nur langsam abgebaut. Kurz zusammengefaßt besagt die einfache Gleichung: Eine Kristallfläche, die langsam wächst, wird auch langsam abgetragen, und eine Fläche, die rasch wächst, wird auch wieder rasch abgetragen. Damit haben wir also einen sehr einfachen und übersichtlichen Ausdruck für das Korrelationsprinzip gewonnen. Der Satz läßt sich leicht auf Kristallkörper mit beliebigen Grenzflächen erweitern: Wir erhalten dann das Korrelationsprinzip in folgender verallgemeinerten Form: Die Summe aus einer Lückenbildungsarbeit und dem Energiegewinn bei der zugeordneten Auflagerung auf den Komplementärkörper ist konstant (KOSSEL). Dabei bezeichnen wir als Komplementärkörper jene Kristallgestalt, die den ursprünglichen Kristall zu einem unendlich ausgedehnten, vollständigen Kristall ergänzt (z. B. Konvexkugel — Hohlkugel!). Dieser Satz wird durch die Erfahrung weitgehend bestätigt.

b) Oberflächendiffusion

Wie der Vergleich zwischen experimentellen und theoretischen Ergebnissen gezeigt hat, können Wachstum und Abbau der Kristalle nicht allein auf Grund der KOSSEL-STRANSKIschen Anlagerungen verstanden werden. Wie schon betont wurde, sind dabei Sekundärprozesse an den Gitteroberflächen weitgehend in Betracht zu ziehen. Die Bedeutung des wichtigsten dieser Prozesse, nämlich der Oberflächendiffusion, soll durch folgendes typische Beispiel beleuchtet werden (VOLMER):

Läßt man unter geeigneten Versuchsbedingungen im hochevakuierten Glasgefäß Quecksilber auf eine tiefgekühlte Fläche aufdampfen, wobei im Dampfraum praktisch Sättigungsdruck des Quecksilbers herrscht, so bilden sich einzelne kleine blättchenartige Kristallflitterchen. Eine Überlegung zeigt, daß die Kriställchen in die Breite etwa 1000mal schneller, in die Dicke etwa 100mal langsamer gewachsen sind, als nach der Stoßtheorie die Kondensation berechnet werden kann. Danach besteht nur die Möglichkeit, daß die auf die breiten Flächen der wachsenden Kristalle auftreffenden Atome für das Wachstum der wesentlich schmaleren Flächen verwertet worden sind.

Diese Erscheinung kann nur erklärt werden durch die Annahme, daß die Atome auf den breiten Flächen zwar festgehalten werden, aber noch nicht endgültig „kondensiert" sind. Sie behalten vielmehr eine gewisse Bewegungsfähigkeit längs der Oberfläche bei, bis sie schließlich am Rand an einem Platz intensiverer Bindung dauernd festgehalten werden.

Allgemein gewinnen wir folgendes Bild vom Kondensationsprozeß bei Metallen: Die überwiegende Zahl der vom Dampfraum auf den Metallkristall auftreffenden Atome wird zunächst auf Plätze der Gitteroberfläche gelangen, denen eine relativ geringe Bindungsenergie zukommt. Bei nicht zu tiefen Temperaturen werden die Atome an den energetisch ungünstigen Plätzen der Gitteroberfläche wieder abgelöst und kehren in den Gasraum zurück, sie werden also „reflektiert". Demgegenüber müssen die Fälle, bei denen ein Platz mit großer Bindungsenergie (z. B. Lage „am halben Kristall"; Schritt 3 in Abb. 34) beim statistischen Aufprallen erreicht wird, verhältnismäßig selten sein. Danach müßte man bei einem Metallkristall eine sehr kleine Kondensations- und auch Verdampfungsgeschwindigkeit erwarten. Tatsächlich werden auch an kristallinen Metallen annähernd die maximalen Verdampfungs- und Kondensationsgeschwindigkeiten gefunden. Zwanglos kann diese Erscheinung durch die Oberflächenwanderung der Kristallbausteine erklärt werden, die sich bei der Kondensation und bei der Verdampfung vermittelnd einschaltet. Verdampfung und Kondensation erfolgen demnach praktisch überwiegend indirekt (VOLMER).

Weitere instruktive Versuche, die die Bedeutung der Oberflächendiffusion nahelegen, wurden von NIGGLI und BADER durchgeführt. Es handelt sich dabei um die Umbildung von Eiskristallen nach der Ablagerung: Frische Eiskristalle wurden in einen abgeschlossenen Luftraum gebracht unter Versuchsbedingungen, bei denen ein Verdunsten ausgeschlossen war. Dabei wurden nach einiger Zeit die dendritischen Formen in gerundete oder nach kristallographisch begrenzte Vollkristalle umgewandelt. Diese Umbildung kann zunächst über den Weg der Dampfphase erfolgen, indem an stärker gerundeten Stellen der Dendriten (Spitzen) die Molekeln sublimieren und an anderen Stellen wieder angelagert werden. Daneben aber spielt auch die Bewegung der Molekeln längs der Kristalloberfläche eine nicht untergeordnete Rolle: Die Molekeln scheinen innerhalb der Phasengrenzschicht zu „fließen".

Schließlich sei noch auf eine weitere Erscheinung hingewiesen, die als Wirkung der Oberflächendiffusion aufgefaßt werden muß: der sogenannte Gleichstromeffekt. Hierunter wird folgender Vorgang verstanden: Ein ursprünglich runder und glatter Einkristalldraht (z. B. Wolfram) wird längere Zeit (100 und mehr Stunden) mit Gleichstrom geglüht. Dabei gewinnt der Draht eine ganz charakteristische Oberflächenstruktur: Es entsteht eine typische Zahnung, deren Ausbildung von der kristallographischen Orientierung der Oberflächenbereiche abhängt (RICHARD W. SCHMIDT). Es ist wohl außer Zweifel daß der Gleichstromeffekt durch die Oberflächendiffusion bedingt ist.

Über den Mechanismus der Oberflächendiffusion kann im einzelnen folgende Vorstellung entwickelt werden: Beim Wachstumsprozeß aus der Dampfphase prallen die Ionen, Atome oder Molekeln auf die Gitteroberfläche auf, werden zum Teil wieder reflektiert oder an bestimmten Oberflächenplätzen des Gitterblocks angelagert. Für die adsorbierten Partikeln ergeben sich folgende drei Möglichkeiten:

1. Die Partikeln bleiben nur vorübergehend angelagert und gehen nach einer bestimmten kurzen Verweilzeit wieder in die Umgebung zurück,
2. die Partikeln werden endgültig am ersten Anlagerungsplatz festgehalten,
3. die Partikeln wandern auf der Gitteroberfläche (Platzwechsel an der Oberfläche).

Die mittlere Platzwechselzahl während der Verweilzeit kann mit Hilfe einer einfachen Modellbetrachtung am homöopolaren Gitter abgeschätzt werden (VOLMER). Dabei ist zu beachten, daß der Platzwechsel über den Sattel zwischen zwei Aufenthaltsplätzen der Oberfläche führt. Bezeichnet man mit ε_0 die potentielle Energie eines freien Bausteins und mit ε_s die potentiell Energie eines Bausteins auf dem Sattel zwischen zwei Ruhelagen, so ergibt sich für die mittlere Platzwechselzahl z:

$$z \sim e^{\frac{\varepsilon - \varepsilon_s}{k\,T}}.$$

Eine thermodynamische Abschätzung dieser Größe liefert den Wert $5 \cdot 10^4$. Diese mittlere Platzwechselzahl kann nun in Beziehung zu dem Verhältnis der indirekten zur direkten Verdampfung bzw. Kondensation gebracht werden. Es zeigt sich, daß die aus der Oberfläche an die Wachstumsstelle gelangenden Partikeln z-mal (also $5 \cdot 10^4$mal) so zahlreich sind wie die direkt aus dem Dampf in die Wachstumsstelle einfallenden Teilchen. Ebenso ist die Zahl der mittelbar über die Oberfläche weggeführten Bausteine z-mal größer als die Zahl der direkt von der Wachstumsstelle in die Umgebung abgehenden Partikeln.

Im allgemeinen dürfte der Weg zur Anlagerung aus der Dampfphase dreistufig verlaufen: 1. Übergang aus der Dampfphase und Anlagerung auf die Oberfläche des Gitterblocks, 2. Wanderung innerhalb des Oberflächenfilms und Anlagerung an eine Stufe (Stelle 2 in Abb. 34), 3. Wanderung längs der Stufe und dauernde Fixierung an eine Wachstumsstelle (Stelle 3 in Abb. 34). Ganz analog ergeben sich für den Verdampfungsprozeß drei Stufen:

1. Ablösung von der Kette und Wanderung längs der Stufe,
2. Ablösung von der Stufe und Wanderung längs der Oberfläche,
3. Ablösung vom Block und Übergang in die Dampfphase.

Der für die mittlere Platzwechselzahl gefundene Wert gestattet die Schlußfolgerung, daß Verdampfung und Kondensation praktisch indirekt erfolgen. Weitere experimentelle Befunde legen die Verallgemeinerung dieser Ergebnisse auch für Abbau und Aufbau von Kristallen aus der Schmelze und Lösung nahe.

Offenbar spielt die Oberflächendiffusion beim Kristallwachstum eine ordnende und ausgleichende Rolle, die bei übermäßig rascher Stoffanlagerung nicht mehr zur Geltung kommen kann und dann zu der bekannten Dendritenbildung führt (Kleber). Bei hohen Überschreitungen (Übersättigungen, Unterkühlungen) reicht das Tempo der Oberflächenwanderung nicht mehr aus, um die statistisch auftreffenden Partikeln zu Wachstumsstellen hin zu transportieren, so daß es vor allem an Ecken und Kanten zu extremen Materialanhäufungen kommt. So hat die Oberflächendiffusion beim Kristallisationsprozeß eine wesentlich regulative Funktion zu erfüllen.

Genauer gesagt verschiebt sich bei höheren Überschreitungen das Verhältnis der Bildungshäufigkeit zweidimensionaler Keime zu ihrer tangentialen Ausbreitungsgeschwindigkeit zugunsten der Keimbildung.

Untersuchungen von SCHLIPF haben gezeigt, daß die kristallographische Orientierung der Dendritenachse bei Alkalihalogeniden (NaCl-Typus), die aus wäßriger Lösung oder aus der Schmelze gezüchtet wurden, in gesetzmäßiger Weise von der Überschreitung abhängt. Bei kleinen Überschreitungen ergibt sich [111], bei mittleren Überschreitungen [110] und bei großen Überschreitungen [100] als Dendritenachse. Die Ergebnisse können auf Grund der von VOLMER und STRANSKI entwickelten Vorstellungen über das Kristallwachstum unter Berücksichtigung der Flächenkeimbildung quantitativ gedeutet werden. Danach hängt die Wachstumsrichtung der Dendriten von der Flächenkeimbildung auf (100) des NaCl-Typs ab: Bei geringeren Überschreitungen sind die Ecken, bei mittleren Überschreitungen die Kanten und schließlich bei großen Überschreitungen die Flächenmitten bevorzugt.

c) Grenzflächenreaktionen

Mit Grenzflächenreaktionen haben wir es zu tun, wenn die Partikeln einer Kristalloberfläche mit Molekeln der Umgebung reagieren, so daß neue Produkte entstehen. Es handelt sich dabei also allgemein um Reaktionen, bei denen mindestens eine kristallisierte Phase beteiligt ist. Solche Reaktionen sind als „Kristallreaktionen" bezeichnet worden (KLEBER). Zu ihnen gehören auch die Umwandlungsvorgänge, bei denen kein weiterer Reaktionspartner beteiligt ist (Reaktionen I. Ordnung, z. B. polymorphe Umwandlungen, Entmischungen usw.). In diesem Abschnitt sollen nur solche Reaktionen betrachtet werden, bei denen noch weitere Reaktionsteilnehmer mitwirken (Reaktionen II. Ordnung). Je nach der Phase der entstehenden Produkte können wir diese Grenzflächenreaktionen einteilen in solche, bei denen

1. Gase,
2. flüssige Phasen,
3. kristallisierte Phasen

entstehen. Selbstverständlich können auch mehrere Phasen zusammen als Reaktionsprodukte auftreten, z. B. ein Gas und eine Flüssigkeit (etwa Auflösung eines Kristalls unter Gasentwicklung). Diese Gruppen von Reaktionen können wiederum nach der Art der einwirkenden Reaktionsteilnehmer klassifiziert werden: Gasförmige, flüssige und kristallisierte Substanzen können auf die Kristalloberfläche einwirken.

Ein recht interessantes Beispiel für den Fall, daß sowohl das Produkt als auch das einwirkende Agens gasförmig ist, stellt die Primärreaktion zwischen Sauerstoff und Graphit dar. Es existieren dabei zwei Reaktionstypen mit einem Übergangsgebiet zwischen 1200° C und 1600°. C. L. MEYER kommt zu folgenden Anschauungen über den Mechanismus der bei tiefen Temperaturen vorherrschenden Primärreaktion zwischen Sauerstoff und Graphit: Der Sauerstoff wird nicht nur an der Oberfläche adsorbiert, sondern er dringt auch in größeren Mengen ziemlich tief in das Graphitgitter selbst ein. Mehrere Kohlenstoffatome (mindestens 4) treten bei dieser Reaktion gleichzeitig aus dem Gitterverband aus. Man muß zunächst annehmen, daß unter der obersten Schicht von Kohlenstoffringen des Graphitgitters (Abb. 22) O_2-Molekeln eingelagert werden, so daß eine Sauerstoffmolekel an eine C—C-Bindung durch Restvalenzen gebunden ist. Trifft nun aus dem Gasraum eine O_2-Molekel auf die Graphitschicht so auf, daß es auf eine nicht mit O_2 besetzte C—C-Bindung stößt, so wird damit rein sterisch der experimentell gefundene Primärprozeß vorbereitet. Es ist dann:

$$4C + 3O_2 = 2CO_2 + 2CO.$$

Beim zweiten Reaktionstyp, der von etwa 1600° C ab einsetzt, erfolgt der Primärprozeß nach der Gleichung:

$$3C + 2O_2 = CO_2 + 2CO.$$

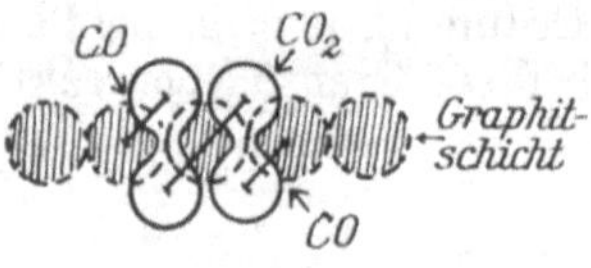

Abb. 39. Adsorption von zwei Sauerstoffmolekeln an ein Graphitgitter

Es wird angenommen (EUCKEN), daß zwei O_2-Molekeln an die Kante eines Graphitprismas angelagert und dort adsorbiert werden (vgl. Abb. 39). Die beiden Sauerstoffmolekeln reagieren mit den drei benachbarten Kohlenstoffatomen. Die Reaktionsprodukte sind also auch in diesem Fall geometrisch vorgebildet.

Die Vorgänge, bei denen eine flüssige Phase mit einer kristallisierten reagiert, bezeichnet man als Ätzung. Über den Mechanismus des Ätzprozesses an heteropolaren Einkristallen ist folgende

Vorstellung entwickelt worden (KLEBER): Wir wählen zunächst als einfaches Beispiel die Reaktion:

$$CaF_2 + H_2SO_4 \rightarrow CaSO_4 + 2HF,$$

also die Ätzung eines Fluoritkristalls durch Schwefelsäure! Wir können annehmen, daß in der wäßrigen Säurelösung die neben den undissoziierten H_2O-Molekeln vorhandenen H^+- und SO_4^{2-}-Ionen nicht als freie, selbständige Ionen vorliegen, sondern hydratisiert sind. Wir haben demnach in der Lösung Anionen und Kationen, die an die Wasserdipole gekoppelt sind, also Komplexe der Art $[SO_4^{2-} \cdot xH_2O]$ bzw. $[H^+ \cdot yH_2O]$. Wir stellen uns vor, daß sich diese Komplexe in der Lösung in einer ständigen lebhaften Bewegung befinden und in bestimmten Zeitintervallen, die sich aus dem Wärmeinhalt des Systems ergeben, auf die Kristalloberfläche auftreffen. Dort werden die Ionenkomplexe zeitweise oder „endgültig" angelagert. Diese Anlagerung kann als Beginn eines Adsorptionsaktes gedacht werden. Dabei kann das monomolekulare Adsorptiv immer noch innerhalb der Grenzschicht beweglich sein, bis die einzelnen Ionen schließlich an energetisch bevorzugten Stellen der Gitteroberfläche gebunden werden. Die adsorbierten positiven und negativen Komplexe wirken nun intensiv auf die Anionen bzw. Kationen der Kristalloberfläche ein. Im Gefolge dieser Einwirkungen entstehen Adsorptionsverbindungen (z. B. $Ca^{2+} [SO_4^{2-} \cdot xH_2O]$ und $[H^+ \cdot yH_2O] \cdot F^-$). Solche Verbindungen werden sich um so leichter bilden, je weniger fest die Ionen an die Gitteroberfläche gebunden sind, h. d. je geringer ihre Abtrennungsarbeiten sind. Die neu entstandene Verbindung ist naturgemäß nun nicht mehr stabil im ursprünglichen Gitter eingebaut und wird daher im allgemeinen diesen Gitterverband verlassen, d. h. das neue Ionenpaar wird in Lösung gehen. Ist die Löslichkeit der Adsorptionsverbindung aber gering, so wird sie auf dem Gitterblock haftenbleiben und so schließlich auf der Oberfläche des alten ein neues Gitter aufbauen. Das geschieht beispielsweise dann, wenn Fluorit (CaF_2) mit konzentrierter Schwefelsäure geätzt wird. Das entstandene Adsorptionsprodukt ($CaSO_4 \cdot 2H_2O$) wird nicht weggelöst, sondern bildet auf der Fluoritoberfläche kleine Kriställchen. Findet eine solche Bedeckung der ursprünglichen Kristalloberfläche statt, so ist damit selbstverständlich ein weiteres Ätzen unmöglich geworden. Derartige Vorgänge spielen praktisch auch bei der Metallkorrosion eine große Rolle.

Wir können demnach den Ätzprozeß in folgende 4 Elementarakte gliedern:

1. Diffusion der gelösten, komplexen Anionen und Kationen zur Kristalloberfläche,
2. Adsorption dieser Komplexe auf der Kristalloberfläche,
3. Bildung von Adsorptionsverbindungen in der Grenzschicht kristallisiert—flüssig.
4. Ablösen der Adsorptionsverbindungen von der festen Oberfläche.

Der Einfluß des Kristallgitters muß sich bei den Elementarakten 2, 3 und 4 mehr oder weniger geltend machen. Daß auch bei der Adsorption der Komplexe die Struktur der adsorbierenden Kristalloberfläche eine entscheidende Rolle spielt, haben die Versuchsergebnisse der Einkristallätzung mit optisch-aktiven Substanzen eindeutig bewiesen.

Es ist eine schon lange bekannte Erfahrung, daß Kristallflächen beim Anätzen nicht gleichmäßig in parallelen Schichten abgetragen werden. Es entstehen vielmehr auf den Kristallflächen mehr oder weniger regelmäßige Unebenheiten, die man als „Ätzfiguren" bezeichnet. Auf wichtigen Kristallflächen treten insbesondere Vertiefungen auf, die „Ätzgruben" genannt werden. Das Zustandekommen der Ätzgruben kann man sich gittertheoretisch etwa folgendermaßen vorstellen: Wie wir schon gesehen haben, sind an den Ecken und Kanten eines Gitters die Atome bzw. Ionen verhältnismäßig locker gebunden, so daß dort der Ätzvorgang zuerst einsetzen kann. Dies gilt naturgemäß auch für Kanten und Ecken, die an Rissen, Rillen u. a. zufälligen Vertiefungen einer Kristalloberfläche auftreten können. An solchen Inhomogenitätsstellen der Oberfläche (Baufehler) wird demnach zuerst der Ätzprozeß einsetzen. Auf die Bedeutung der Ätzung zur Kennzeichnung von Oberflächenstörungen wird später einzugehen sein. Auf diese Weise entstehen Vertiefungen, die im Verlauf des Ätzens immer breiter werden. Der Abbau erfolgt längs Gittergeraden, so daß die „Ätzgruben" durch das Gitter bedingte, also regelmäßige Begrenzungen aufweisen. Es ist dann selbstverständlich, daß die Ätzfiguren der Symmetrie des Kristallgitters entsprechen müssen. So entstehen beispielsweise auf Würfelflächen vom Flußspat beim Ätzen mit Salzsäure Hohlpyramiden mit quadratischen Grundflächen, deren

Seiten parallel den Würfelkanten verlaufen. Diese Ätzgruben weisen eine Symmetrie auf, die vollkommen der wachstumsmorphologischen Symmetrie der Würfelfläche entspricht: Die Symmetriegruppe besteht aus der Kombination einer vierzähligen Drehachse mit 4 Symmetrieebenen, die senkrecht auf der Würfelfläche stehen. Dieser Satz, daß die Symmetrie der Ätzfiguren der Symmetrie der betreffenden Kristallfläche entsprechen muß, gilt nun allerdings nicht ausnahmslos. Vielmehr hat es sich gezeigt, daß die Symmetrie der Ätzfiguren auch durch das Ätzmittel beeinflußt werden kann. Ätzt man beispielsweise Kalkspat mit Salzsäure, so entstehen auf den Rhomboederflächen monosymmetrische Ätzfiguren, deren Symmetrie also vollkommen der Flächensymmetrie des Rhomboeders entspricht (eine Symmetrieebene steht senkrecht auf der Fläche). Wenn man dagegen ein Kalkspatrhomboeder mit einer optisch-aktiven Säure, z. B. Weinsäure, anätzt, so bilden sich asymmetrische Ätzgruben, also Formen, die kein Symmetrieelement mehr erkennen lassen. Damit wird die Symmetrie des Kristalls scheinbar um eine Symmetrieebene vermindert (Hypomorphie).

Zusammenfassend sind es folgende Ergebnisse, die bei den Ätzversuchen an Einkristallen mit optisch-aktiven Substanzen gewonnen wurden:

1. Flächen ein und derselben Form, die durch eine Spiegelebene und nur durch eine Spiegelebene überführt werden, zeigen gänzlich verschiedene Ätzfiguren. Die Ätzfiguren der Linksflächen und der Rechtsflächen verhalten sich nicht mehr spiegelbildlich, wie das beim Ätzen mit inaktiven Säuren der Fall ist. Dadurch wird die Kristallsymmetrie insgesamt scheinbar herabgesetzt: Es fehlen die Symmetrieebenen. Gleiches gilt für Flächen, die durch ein Inversionszentrum oder allgemeiner durch eine Inversionsachse ineinander überführt werden.

2. Flächen, auf denen eine und nur eine Symmetrieebene senkrecht steht, zeigen asymmetrische Ätzfiguren. Dadurch erscheint die Flächensymmetrie herabgesetzt: Es ist keine Symmetrieebene mehr vorhanden.

3. Vertauscht man das aktive Ätzmittel mit dem entsprechenden optischen Antipoden, so sind Erscheinungen zu beobachten, die sich in folgender Weise zuordnen lassen: Die Ätzerscheinungen, die mit der Rechtssäure erzeugt werden, verhalten sich spiegelbildlich zu den Erscheinungen, die mit der Linkssäure gewonnen werden.

Insbesondere sind die Ätzfiguren auf einer monosymmetrischen Fläche, die mit einer Rechtssäure angeätzt wurde, spiegelbildlich zu den Ätzfiguren, die auf der gleichen Fläche mit der entsprechenden Linkssäure gewonnen wurden. Bei Ätzung mit der razemischen Säure erscheint die volle Kristall- bzw. Flächensymmetrie.

4. Auf Flächen, auf denen eine Symmetrieachse senkrecht steht, treten beim Ätzen mit optisch-aktiven Substanzen nicht notwendig Symmetrieverminderungen auf.

Die Deutung dieser Beobachtungen auf Grund der oben entwickelten Vorstellung vom Mechanismus der Einkristallätzung mit optisch aktiven Substanzen ist recht einfach:

Zu 1. Bei der Adsorption eines komplexen Ions oder einer Molekel auf einer Kristalloberfläche wird sowohl der strukturelle Aufbau der Gitteroberfläche als auch der räumlich-geometrische Bau der Molekel von Einfluß sein. Flächen, die sich kristallmorphologisch spiegelbildlich verhalten, müssen Oberflächenstrukturen aufweisen, die ebenfalls spiegelbildlich zueinander sind. Die Anordnung der Atome oder Ionen in zwei spiegelbildlichen Grenzflächen muß sich verhalten wie die Anordnung der Atome in zwei optischen Antipoden. Die Adsorption des asymmetrischen Komplexes muß daher auf den beiden Oberflächen verschieden erfolgen. Das heißt eine Rechtsmolekel wird sich auf eine Rechtshälfte anders auflagern als eine Linksmolekel auf eine Rechtsfläche. Ebenso muß die Auflagerung einer Rechtsmolekel auf eine Linksfläche anders erfolgen als die Auflagerung einer Linksmolekel auf eine Linksfläche. Daher verhalten sich spiegelbildliche Flächen gegenüber optisch-aktiven Säuren verschieden, und die Kristallsymmetrie wird scheinbar um Spiegelebenen vermindert.

Zu 2. Auf einer monosymmetrischen Fläche werden asymmetrische Molekeln an zwei Flächenelementen eines Baufehlers bzw. einer Ätzgrube, die spiegelbildlich zur Symmetrielinie liegen, verschieden adsorbiert. Solche Flächenelemente können sich gegenüber der asymmetrischen Molekel nicht mehr gleichartig verhalten. Das heißt aber, es entstehen auf monosymmetrischen Flächen asymmetrische Ätzfiguren.

Zu 3. Eine Linksmolekel kann sich, geometrisch gesehen, auf eine Rechtsfläche auflagern wie eine Rechtsmolekel auf eine Linksfläche, entsprechend eine Linksmolekel auf eine Linksfläche wie eine Rechtsmolekel auf eine Rechtsfläche. Daher werden alle Erscheinungen, die mit der Linksform einer optisch-aktiven Substanz erzeugt sind, sich spiegelbildlich verhalten zu den Erscheinungen, die mit der entsprechenden Rechtsform erzeugt werden können. Bezeichnen wir die Rechtsfläche eines Kristalls mit D, die entsprechende Linksfläche mit L, ferner die Rechts- bzw. Linksform einer optisch-aktiven Säure mit d bzw. l, so können die beobachteten Erscheinungen durch folgende schematische Reaktionsgleichungen beschrieben werden:

$$D, L + d \rightarrow dD + dL,$$
$$D, L + l \rightarrow lD + lL.$$

Abbildung 40 soll die vier Möglichkeiten und ihre Symmetriebeziehungen anschaulich erläutern.

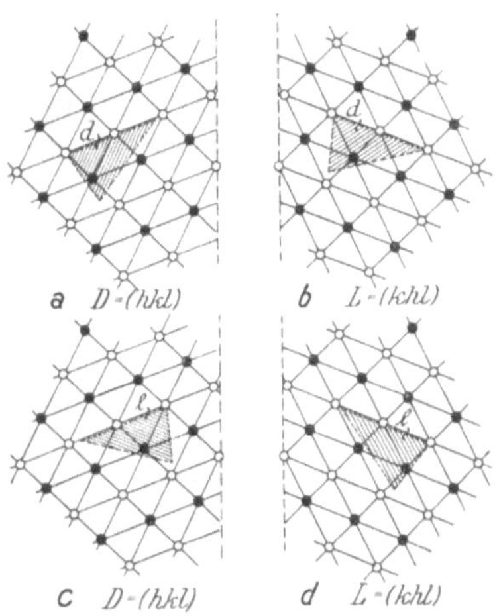

Abb. 40. Adsorption von Rechts- bzw. Linksmolekeln (d, l) auf eine Rechts- bzw. Linksfläche (Netzebene) D bzw. L

Zu 4. Flächen bzw. Flächenelemente, die durch Drehachsen miteinander zur Dekkung gebracht werden können, besitzen vollständig gleiche Oberflächenstrukturen. Die Drehachsensymmetrie kann daher durch die Einwirkung optisch-aktiver Säuren nicht abgeändert werden.

Die Anwendung der Kossel-Stranskischen Theorie auf die Metallkorrosion führte zu ähnlichen Vorstellungen, wie sie für die Ätzung heteropolarer Einkristalle entwickelt worden ist. Übermikroskopische Untersuchungen an geätzten Aluminium-Einkristallen (Mahl und Stranski) haben ergeben, daß die Al-Oberfläche ein würfelförmiges Ätzrelief aufweist, im Gegensatz zur Forderung der Theorie, wonach oktaedrische Ätzfiguren entstehen müßten. Aus dieser Beobachtung wird gefolgert, daß die Ätzfiguren nicht durch Reagieren des Al-Kristalls selbst verursacht werden. Mahl und Stranski nehmen an, daß auf der geätzten Oberfläche sich eine Oxydschicht ausbildet, die alsbald wiederum durch das Lösungsmittel abgelöst wird. Diese zweidimensionale Al-Oxydschicht hat eine Struktur, die dem NaCl-Typ entspricht, so daß die Lösungsformen — im Einklang mit der Theorie — würfelartig sind. Danach ist also auch bei der Metallkorrosion die Ausbildung einer Adsorptionsverbindung anzunehmen, die die Vorgänge an der Gitteroberfläche entscheidend zu beeinflussen vermag.

Es muß aber erwähnt werden, daß die Vorstellung von MAHL und STRANSKI nicht unwidersprochen geblieben ist. STRAUMANIS hat einige berechtigte Argumente gegen das neue Bild vorgebracht. Insbesondere hat er darauf hingewiesen, daß die Theorie mit den beobachteten großen Unterschieden in den Auflösungsgeschwindigkeiten des reinsten und des eisenhaltigen Aluminiums in Widerspruch steht. Als einzigen Ausweg aus dieser Lage sieht STRAUMANIS die Forderung an, daß man unter Beibehaltung der STRANSKIschen Ansicht den Oxydationsvorgang in Abhängigkeit von der Tätigkeit der Lokalelemente bringt. Auch dann ist die Deutung allerdings noch nicht einwandfrei möglich. Trotzdem dürfte kein Zweifel darüber bestehen, daß allgemein auch beim Korrosionsvorgang kompliziertere Sekundärprozesse an den Grenzflächen der kristallisierten Phase eine prinzipielle Rolle spielen.

Unter der Voraussetzung, daß die Adsorption den Ätzvorgang tempobestimmend kontrolliert, ergibt sich eine Abhängigkeit der Verschiebungsgeschwindigkeit von der maximalen Belegungsdichte und der Adsorptionswärme. Demnach ist die Ätzgeschwindigkeit um so größer, je geringer die Netzebenenbelastung und je größer die Adsorptionsenergie für die angegriffene Fläche ist. Wesentlich dabei ist wiederum der flächenspezifische Charakter des Adsorptionsaktes, der auf den strukturellen Beziehungen zwischen adsorbiertem Komplex und Kristalloberfläche beruht. Die topochemische Adsorptionstheorie vermag eine ganze Reihe von Beobachtungen zwanglos zu deuten (KLEBER, GRUBITSCH).

Das obenerwähnte Beispiel der Flußspatätzung mit konzentrierter Schwefelsäure leitet bereits zu einer dritten Gruppe von Grenzflächenvorgängen über, bei denen feste (kristallisierte) Phasen entstehen. Die Oberfläche des Gitters kommt bei diesen Vorgängen in Berührung mit einer reagierenden Phase, die selbst wieder gasförmig, flüssig oder kristallisiert sein kann. Dabei bildet sich dann an der Phasengrenzfläche ein neues Kristallgitter aus. Hierher gehören insbesondere die Anlaufvorgänge, bei denen beispielsweise ein Metall unter Bildung einer kristallisierten Anlaufschicht mit einer angreifenden Phase reagiert. Wesentlich geschwindigkeitsbestimmend bei diesen Vorgängen ist die Diffusion in der festen Grenzschicht. Weiter gehört zu diesem Reaktionstypus die Pseudomorphosenbildung. Unter diesen Bildungen versteht man Kristallaggregate, die ein usrpünglich einkristallines Material vollständig verdrängt haben, wobei die äußere Form des ursprünglichen Kristalls erhalten geblieben ist. Im Grunde handelt es sich um nichts anderes als um weit fortgeschrittene Anlaufvorgänge. Hält man beispielsweise Gips in eine warme, wäßrige Lösung von Natriumkarbonat, so überzieht sich der Gipskristall mit einer weißen Rinde. Der Verdrängungsvorgang wird so lange fortgesetzt, bis der Gips unter Beibehaltung seiner Kristallform vollständig in Aragonit (rhombisches $CaCO_3$) umgewandelt ist. Die Einzelakte entsprechen hierbei genau denen der Einkristallätzung, nur daß jetzt die Adsorptionsverbindungen, die auf der Gitteroberfläche entstehen, nicht weggelöst werden.

Daß auch beim Kristallwachstum Sekundärprozesse an der Gitteroberfläche eine wesentliche Rolle spielen können, darauf wurde bereits früher kurz hingewiesen. Hier sind es in erster Linie Adsorptionsvorgänge, die den Kristallisationsablauf entscheidend lenken und modifizieren können. Durch die Adsorption von Fremdmolekeln werden die Wachstumsgeschwindigkeiten der Kristallflächen selektiv beeinflußt („Lösungsgenossen"), so daß andere Flächenkombinationen in Erscheinung treten werden. So sind beispielsweise beim Wachstum von Steinsalzkristallen in harnstoffhaltiger NaCl-Lösung neben den Würfelflächen auch Oktaederflächen zu beobachten.

Die Ursache dieser Veränderung der Kristallgestalten („Exomorphose") durch Adsorption ist auf die Erscheinung zurückzuführen, daß die spezifischen freien Oberflächenenergien der einzelnen Kristallflächen durch Belegung mit Fremdmolekeln erniedrigt werden. Und zwar gilt für das STRANSKI-Modell (einfach kubisches Gitter bei Berücksichtigung der Wechselwirkung der nächsten Nachbarn):

$$\sigma = \sigma_0 \left(1 - \frac{2\overline{w}}{\psi}\right),$$

wobei σ die spezifische freie Oberflächenenergie einer Fläche bei Adsorption, σ_0 die entsprechende Energie ohne Adsorption, ψ die

Abtrennungsarbeit nächster Kristallbausteine und $\overline{w}$ die mittlere Desorptionsarbeit einer Admolekel von einer Adsorptionslage an der Fläche bedeuten. Die Größe $\overline{w}$ kann in Form einer LANGMUIRschen Adsorptionsisotherme angesetzt werden:

$$\overline{w} = kT \cdot \frac{n}{\gamma \cdot e^{-\lambda/kT} + n}.$$

Hierbei sind k die BOLTZMANN-Konstante, T die absolute Temperatur, n die Anzahl der Admolekeln in der Mutterphase, λ die Adsorptionswärme und γ eine Konstante. Da λ für die einzelnen Flächen verschieden ist, gilt dies auch für $\overline{w}$ und damit für σ. Nehmen wir mit KNACKE und STRANSKI die Adsorption einer hypothetischen Molekel mit drei Advalenzen am einfach kubischen Gitter an, dann ergeben sich folgende Anlagerungen: Auf der (100)-Fläche hat die Molekel nur einen Gitterbaustein als Nachbar. Es wird damit eine Advalenz betätigt. Auf einer (110)-Fläche sind es zwei Nachbarn, so daß sich zwei Advalenzen ergeben. Schließlich besitzt die Admolekel auf einer (111)-Fläche drei Gitternachbarn und betätigt demnach drei Advalenzen (Abb. 41). Damit verhalten sich die Adsorptionswärmen auf den Flächen (100), (110) und (111):

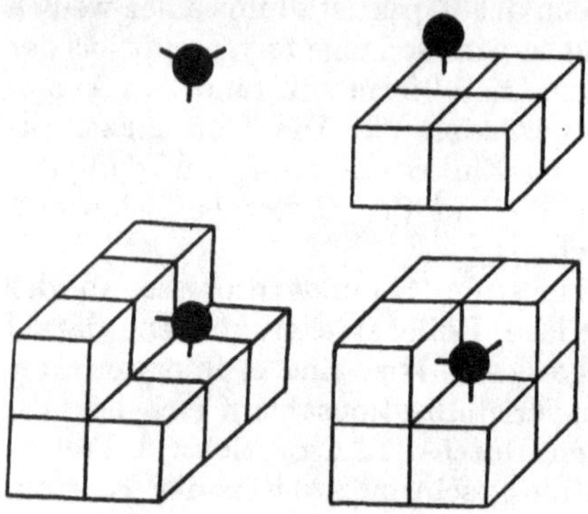

Abb. 41. Adsorptionsstellen am STRANSKI-Modell für eine Admolekel

$$\lambda_{100} : \lambda_{110} : \lambda_{111} = 1 : 2 : 3.$$

Die spezifische freie Oberflächenenergie wird durch Adsorption für (111) demnach wesentlich stärker erniedrigt als für (100). Da als stabile Wachstumsflächen stets die Flächen geringster Oberflächenenergie auftreten (GIBBS), kann bei hinreichend intensiver Adsorption an Stelle der Gleichgewichtsform {100} eine andere, z. B. {111}, auftreten.

Die Vorstellung einer orientierten Adsorption, wie sie im Zusammenhang mit der Deutung des Ätzprozesses entwickelt worden ist, legte es nahe, auch beim Kristallwachstum nach einem derartigen Effekt zu suchen. Damit müßten wesentlich einschneidendere Konsequenzen für die kristallmorphologischen Verhältnisse resultieren: Spiegelbildlich gebaute Flächen ein und desselben Kristallkörpers können bei einer orientierten Anlagerung asymmetrischer Komplexe nicht mehr gleichartig, insbesondere nicht mehr mit den gleichen Verschiebungsgeschwindigkeiten wachsen. Auch hier muß die Anlagerung einer Rechtsmolekel auf einer Rechtsfläche anders erfolgen als die Anlagerung einer Rechtsmolekel auf einer Linksfläche. Liegen solche Verhältnisse vor, so entstehen asymmetrische Kristallformen, denen Symmetrieebenen fehlen. Ein Beispiel liefert uns sehr wahrscheinlich der Cuprit (Cu_2O). Cuprit gehört wachstumsmorphologisch eindeutig der pentagonikositetraedrischen Kristallklasse (432) an. Insbesondere sind bisher nur Rechtsformen beobachtet worden. Die allgemein anerkannte, röntgenanalytisch bestimmte Cu_2O-Struktur ist aber ohne Zweifel holoedrisch gebaut (Klasse: m3m); d. h. ihr gehören Symmetrieebenen an, die den Rechtsformen offenbar fehlen. Nimmt man an, daß die Bildung der Rechtsformen durch selektive Adsorption asymmetrischer Molekeln oder Komplexe bedingt ist, so löst sich die geschilderte Diskrepanz zwischen Struktur und Morphologie zwanglos.

Ein experimenteller Beleg für die Erscheinung der morphologischen Symmetrieverminderung (Hypomorphie) ist beim $PbCl_2$ festgestellt worden. Als Raumgruppe von Bleidichlorid wurde Pmnb ermittelt. Unter Zusatz von Dextrin kristallisiert $PbCl_2$ dagegen in rhombischen Disphenoiden aus, die aus Symmetriegründen der Klasse mmm widersprechen. Es liegt demnach hier eine Hypomorphie von mmm nach 222 vor.

Weitere Beispiele sind α-Schwefel, Phosgenit ($Pb_2Cl_2CO_3$), Bleinitrat und Whewellit ($Ca_2C_2O_4 \cdot H_2O$). Im letzteren Falle liegt Hypomorphie von 2/m nach 2 vor.

B. Die physikalischen Eigenschaften der Kristalle

1. Mechanische Eigenschaften

Wird ein Kristall mechanisch, durch Druck oder Zug, beansprucht, so treten Formänderungen oder Deformationen auf. Diese Formänderungen können auch dann bestehen bleiben, wenn der erzeugte Spannungszustand im Kristall aufgehoben ist. Man spricht in solchen Fällen von plastischen Deformationen. Vor dem Eintritt von plastischen Deformationen sind stets elastische Formänderungen vorhanden, das sind Formänderungen, die nach der Aufhebung der mechanischen Beanspruchung wieder verschwinden. Die elastischen Vorgänge sind also reversibel. Für kleine Formänderungen ist die Größe der Deformation proportional der Beanspruchung. Wird z. B. ein Kristallstab durch Zug in der Stabrichtung (etwa: angehängtes Gewicht) belastet, so erfährt er eine Längenänderung (Dilatation). Ist die angelegte Zugspannung σ (Kraft pro Flächeneinheit), so wird $\frac{\Delta l}{l} = s \cdot \sigma$, wenn Δl die Längenänderung (Streckung) und l die Gesamtlänge des Kristallstabes ist. Oder es gilt auch $\sigma = E \cdot \frac{\Delta l}{l}$. Dabei bezeichnet man s als den Elastizitätskoeffizienten, E als den Elastizitätsmodul, in diesem Falle mit $E = \frac{1}{s}$. Die Proportionalität zwischen Spannung und relativer Längenänderung ist als Hookesches Gesetz bekannt. Während in einem isotropen Körper Elastizitätskoeffizient und entsprechend auch der Elastizitätsmodul in allen Richtungen derselbe ist, trifft dies für den anisotropen, insbesondere den kristallisierten Körper nicht mehr zu. Bei einem Kristall müssen wir demnach mehrere Elastizitätskoeffizienten bzw. -moduln angeben, deren Zahl mit der Kristallsymmetrie variiert. So verallgemeinert sich das Hookesche Gesetz für einen triklinen Kristall in folgender Weise:

$$\sigma_x = c_{11}\,\varepsilon_x + c_{12}\,\varepsilon_y + c_{13}\,\varepsilon_z + c_{14}\,\gamma_{yz} + c_{15}\,\gamma_{zx} + c_{16}\,\gamma_{xy}$$

$$\sigma_y = c_{12}\,\varepsilon_x + c_{22}\,\varepsilon_y + c_{23}\,\varepsilon_z + c_{24}\,\gamma_{yz} + c_{25}\,\gamma_{zx} + c_{26}\,\gamma_{xy}$$

$$\sigma_z = c_{13}\,\varepsilon_x + c_{23}\,\varepsilon_y + c_{33}\,\varepsilon_z + c_{34}\,\gamma_{yz} + c_{35}\,\gamma_{zx} + c_{36}\,\gamma_{xy}$$

$$\tau_{yz} = c_{14}\,\varepsilon_x + c_{24}\,\varepsilon_y + c_{34}\,\varepsilon_z + c_{44}\,\gamma_{yz} + c_{45}\,\gamma_{zx} + c_{46}\,\gamma_{xy}$$

$$\tau_{zx} = c_{15}\,\varepsilon_x + c_{25}\,\varepsilon_y + c_{35}\,\varepsilon_z + c_{45}\,\gamma_{yz} + c_{55}\,\gamma_{zx} + c_{56}\,\gamma_{xy}$$

$$\tau_{xy} = c_{16}\,\varepsilon_x + c_{26}\,\varepsilon_y + c_{36}\,\varepsilon_z + c_{46}\,\gamma_{yz} + c_{56}\,\gamma_{zx} + c_{66}\,\gamma_{xy}$$

In diesen 6 Gleichungen ist σ_x (bzw. σ_y σ_z) die Normalspannung, die auf einer zur x- (bzw. y-, z-) Achse senkrecht stehenden Ebene einwirkt. ε_x ist die Abstandsänderung zweier paralleler, zur x-Achse senkrecht stehender Ebenen, deren ursprünglicher Abstand gleich 1 war. Entsprechendes gilt für die Größen ε_y und ε_z . τ_{yz} ist die Tangential- oder Schubspannung in der y-Richtung in einer zur z-Achse senkrecht stehenden Ebene, analog τ_{zx} und τ_{yx} · γ_{yz} bedeutet die Verschiebung in der y-Richtung zweier zur z-Achse senkrecht stehender Ebenen vom ursprünglichen Abstand 1. Löst man die 6 Gleichungen nach den Deformationsgrößen ε und γ auf, so ergeben sich sechs entsprechende Beziehungen:

$$\varepsilon_x = s_{11}\,\sigma_x + s_{12}\,\sigma_y + s_{13}\,\sigma_z + s_{14}\,\tau_{yz} + s_{15}\,\tau_{zx} + s_{16}\,\tau_{xy}$$

$$\vdots$$

$$\gamma_{yz} = s_{14}\,\sigma_x + s_{24}\,\sigma_y + s_{34}\,\sigma_z + s_{44}\,\tau_{yz} + s_{45}\,\tau_{zx} + s_{46}\,\tau_{xy}$$

$$\vdots$$

Die Konstanten c_{ik} werden als Moduln, die Konstanten s_{ik} als Koeffizienten bezeichnet. Im allgemeinen Falle (triklines System) sind demnach insgesamt 21 Konstanten vorhanden. Mit höher werdender Kristallsymmetrie wird die Anzahl der Konstanten immer niedriger. Im kubischen System sind nur noch 3 Konstanten, c_{11}, c_{12} und c_{44}, zu berücksichtigen. Für dieses System lauten die 6 Gleichungen:

$$\sigma_x = c_{11}\,\varepsilon_x + c_{12}\,\varepsilon_y + c_{12}\,\varepsilon_z$$

$$\sigma_y = c_{12}\,\varepsilon_x + c_{11}\,\varepsilon_y + c_{12}\,\varepsilon_z$$

$$\sigma_z = c_{12}\,\varepsilon_x + c_{12}\,\varepsilon_y + c_{11}\,\varepsilon_z$$

$$\tau_{yz} = c_{44}\,\gamma_{yz}\,; \quad \tau_{zx} = c_{44}\,\gamma_{zx}\,; \quad \tau_{yz} = c_{44}\,\gamma_{yx}$$

Das verallgemeinerte Hookesche Gesetz läßt sich ohne Schwierigkeiten auch aus der Gittertheorie der Kristalle ableiten. Wir müssen nur voraussetzen, daß sich die Atome im Kristallgitter in einer stabilen Ruhelage befinden. Werden einzelne Atome aus ihrer Ruhelage herausgebracht, so wirken auf sie Zentralkräfte ein, die die Atome wieder in die stabile Lage zurückzutreiben suchen. Wirken insbesondere äußere Kräfte auf das Kristallgitter ein, so werden die Atome so weit aus ihren stabilen Lagen verrückt, bis die resultierenden Kräfte mit der äußeren Kraft im Gleichgewicht stehen. Wir entwickeln zunächst das Potential nach Potenzen der Dilatationskomponenten. Dabei verschwinden die linearen Glieder wegen der vorausgesetzten stabilen Ausgangslage, und die Glieder dritter und höherer Ordnung werden vernachlässigt. Wir müssen demnach voraussetzen, daß die potentielle Energie des Kristallgitters sowie ihre ersten beiden Ableitungen stetige Funktionen sind, deren erste Differentialquotienten an einer Stelle verschwinden, während dort nicht alle zweiten Differentialquotienten Null werden. Es zeigt sich bei dieser Betrachtung, daß die Verzerrung des Gitters aus zwei Teilen zusammengesetzt werden kann: Einmal erfährt das Translationsgitter in seiner Gesamtheit eine Verzerrung, und zum anderen können die einzelnen Teilgitter des zusammengesetzten Gitters sich gegeneinander verschieben.

Den Ansatz, den wir für die potentielle Energie des Kristallgitters aufstellen, wollen wir zunächst an einem einfachen Beispiel plausibel machen, und zwar wollen wir die Einwirkung zweier Teilchen aufeinander betrachten. Wir nehmen an, daß das eine Teilchen im Nullpunkt eines rechtwinkligen Koordinatensystems festliegt, während das andere die Koordinaten x, y, z besitzt. Die potentielle Energie zwischen beiden Teilchen ist dann im allgemeinen eine Funktion $\Phi\,(x\,y\,z)$ aller 3 Koordinaten. Dieses Potential entwickeln wir in eine TAYLORsche Reihe, wobei wir dann natürlich für Φ die notwendigen Voraussetzungen treffen müssen (also etwa Stetigkeit der Funktion und ihrer Ableitungen). Die Reihenentwicklung an der Stelle $x_0\,y_0\,z_0$ sieht dann folgendermaßen aus:

$$\Phi = \Phi\,(x_0\,y_0\,z_0) + (x - x_0)\left(\frac{\partial \Phi}{\partial x}\right)_0 + (y - y_0)\left(\frac{\partial \Phi}{\partial y}\right)_0 + \cdots$$

$$+ \frac{1}{2}\,(x - x_0)^2\left(\frac{\partial^2 \Phi}{\partial x^2}\right)_0 + \cdots (x - x_0)\,(y - y_0)\left(\frac{\partial^2 \Phi}{\partial x\,\partial y}\right)_0 + \cdots$$

$$+ \frac{1}{6}\,(x - x_0)^3\left(\frac{\partial^3 \Phi}{\partial x^3}\right)_0 + \cdots.$$

Entspricht der Punkt $x_0\,y_0\,z_0$ der stabilen Ruhelage, so muß

$$\left(\frac{\partial \Phi}{\partial x}\right)_0 = \left(\frac{\partial \Phi}{\partial y}\right)_0 = \left(\frac{\partial \Phi}{\partial z}\right)_0 = 0$$

gelten. Vernachlässigen wir noch die Glieder höherer als zweiter Ordnung (d. h. nehmen wir die Verschiebungen als klein an), so erhalten wir die Entwicklung:

$$\Phi = \Phi_0 + \frac{1}{2}(x - x_0)^2 \left(\frac{\partial^2 \Phi}{\partial x^2}\right)_0 + \cdots$$

$$+ (x - x_0)(y - y_0)\left(\frac{\partial^2 \Phi}{\partial x \partial y}\right)_0 + \cdots.$$

Wir wollen nun ein einfaches kubisches Gitter mit nur einer Atomart voraussetzen. Die Ruhelagen mögen mit den Eckpunkten des kubischen Gitters zusammenfallen. Die potentielle Energie für diese Ruhelage sei U_0. Wir verschieben nun die einzelnen Partikeln aus ihren Ruhelagen. Die Verschiebung eines Atoms mit den Indizes lmn (S. 13) sei $\mathfrak{u}_{lmn}$, wobei $\mathfrak{u}$ einen Vektor darstellt. Wir können nun, analog wie oben das Potential des verzerrten Gitters U nach Potenzen der Verschiebungen bzw. ihrer Komponenten in eine Reihe entwickeln, wobei wir zunächst nur die Einwirkung unmittelbar benachbarter Atome berücksichtigen wollen. Dabei müssen naturgemäß nicht die Verschiebungen selbst, sondern nur deren Differenzen eingesetzt werden, denn es kommt hier ja nur auf die Abstandsveränderungen an. Wir geben also für die potentielle Energie folgenden Ansatz:

$$U = U_0 + \frac{a}{2}\sum_{lmn}\left[(\mathfrak{u}_{l+1,m,n} - \mathfrak{u}_{lmn})_x^2 + (\mathfrak{u}_{l,m+1,n} - \mathfrak{u}_{lmn})_y^2 + (\mathfrak{u}_{l,m,n+1} - \mathfrak{u}_{lmn})_z^2\right]$$

$$+ \frac{\beta}{2}\sum_{lmn}\Big\{(\mathfrak{u}_{l+1,m,n} - \mathfrak{u}_{lmn})_y^2 + (\mathfrak{u}_{l+1,m,n} - \mathfrak{u}_{lmn})_z^2 + (\mathfrak{u}_{l,m+1,n} - \mathfrak{u}_{lmn})_x^2 + (\mathfrak{u}_{l,m+1,n} - \mathfrak{u}_{lmn})_z^2 + (\mathfrak{u}_{l,m,n+1} - \mathfrak{u}_{lmn})_x^2 + (\mathfrak{u}_{l,m,n+1} - \mathfrak{u}_{lmn})_y^2\Big\}.$$

Die 9 Summanden dieser Energieformel kann man sich folgendermaßen anschaulich klarmachen:

Zunächst haben wir vorausgesetzt, daß nur die benachbarten Atome des Gitters aufeinander einwirken. Jedes Atom ist im einfach kubischen Gitter von 6 Nachbarn umgeben. Wir denken uns ein Zentralatom mit seinen 6 Nachbarn durch Stäbe verbunden. Das eine Paar dieser Verbindungsstäbe verläuft in Richtung der x-Achse ($l \pm 1$), das zweite Paar in der y-Richtung ($m \pm 1$) und das dritte Paar in der z-Richtung ($n \pm 1$). Jedes dieser Stabpaare kann entweder eine Verkürzung oder Dehnung in der Längsrichtung erfahren. Dieser Verzerrung entsprechen die drei ersten Summanden mit dem Koeffizienten $\frac{\alpha}{2}$. Die Stabpaare können aber auch in zwei senkrecht aufeinander stehenden Richtungen verbogen werden. Diesem Vorgang geben die 6 Summanden mit dem Koeffizienten $\frac{\beta}{2}$ Rechnung. Es muß nun noch begründet werden, warum in der Beziehung für U nur quadratische Glieder und nicht gemischte Glieder (z. B. $\mathfrak{u}_x \mathfrak{u}_y$) angeschrieben worden sind. Gemischte Glieder würden darauf hinweisen, daß auch Querveränderungen im Gitter auftreten können, d. h. daß z. B. eine Verschiebung in der y-Achse eine Kraft in Richtung der z-Achse hervorruft. Das ist aber infolge der Symmetrie des einfachen kubischen Gitters nicht möglich, wenn nur die Atome aufeinander einwirken sollen, deren Verbindungslinie parallel zu einer Koordinatenachse liegt (das sind gerade die nächsten Nachbarn). Solche Produkte, wie z. B.

$$(\mathfrak{u}_{l,m,n+1} - \mathfrak{u}_{lmn})_y \cdot (\mathfrak{u}_{l,m+1,n+1} - \mathfrak{u}_{lmn})_z$$

werden also dann auftreten müssen, wenn wir annehmen, daß auch weiter entfernte Atome aufeinander einwirken.

Wir behalten zunächst die Annahme bei, daß nur unmittelbar benachbarte Teilchen aufeinander einwirken. Weiterhin wollen wir homogene Deformationen voraussetzen, d. h. es soll gelten:

$$\begin{aligned} \mathfrak{u}_x &= u_{xx} \cdot x + u_{xy} \cdot y + u_{xz} \cdot z \\ \mathfrak{u}_y &= u_{yx} \cdot x + u_{yy} \cdot y + u_{yz} \cdot z \\ \mathfrak{u}_z &= u_{zx} \cdot x + u_{zy} \cdot y + u_{zz} \cdot z, \end{aligned}$$

worin $u_{xy} = u_{yx}$ usw.

u_{xx} (u_{yy}, u_{zz}) bedeutet dabei Dehnung um den Betrag u_{xx} (u_{yy}, u_{zz}) nach der x- (y-, z-) Achse. Die übrigen Größen u_{zx} usw. sind maßgeblich für eine scherende Deformation. Setzt man diese Größen in die Gleichung für U ein, so ergibt sich:

$$U = U_0 + N \frac{\alpha}{2} r_0^2 (u_{xx}^2 + u_{yy}^2 + u_{zz}^2) + N \beta r_0^2 (u_{yz}^2 + u_{xz}^2 + u_{xy}^2),$$

worin N die Gesamtzahl der Partikeln im Kristall und r_0 die Gitterkonstante (= Abstand benachbarter Teilchen) bedeuten. Die Komponenten der Spannungen erhält man, wenn das Potential nach den Verzerrungskomponenten u_{xx}, u_{yy} usw. differenziert wird. Da $N \cdot r_0^3$ das Gesamtvolumen des Gitters ist, erhalten wir:

$$K_{xx} = \frac{1}{N \cdot r_0^3} \frac{\partial U}{\partial u_{xx}} = \frac{\alpha}{r_0} u_{xx}; \; K_{yy} = \frac{\alpha}{r_0} u_{yy}; \; K_{zz} = \frac{\alpha}{r_0} u_{zz},$$

$$K_{xy} = K_{yx} = \frac{1}{2 N r_0^3} \cdot \frac{\partial U}{\partial u_{xy}} = \frac{\beta}{r_0} u_{xy}; \; K_{yz} = \frac{\beta}{r_0} u_{yz};$$

$$K_{zx} = \frac{\beta}{r_0} u_{zx}.$$

Wird nun berücksichtigt, daß auch weiter entfernte Atome aufeinander einwirken, so erhalten wir für diese Spannungsgrößen etwas komplizierte Ausdrücke. Diese haben die Form:

$$K_{xx} = c_{11} \cdot u_{xx} + c_{12} \cdot (u_{yy} + u_{zz}),$$

$$K_{xy} = c_{44} \cdot u_{xy}.$$

Die Elastizitätsmoduln c_{ik} ergeben sich dabei als einfache Summenausdrücke. Damit haben wir für den Fall des einfachen kubischen Gitters die HOOKEsche Beziehung unmittelbar aus der Gittertheorie gewonnen. Ganz entsprechend läßt sich auch für den Fall des allgemeinen (triklinen) Gitters jenes Gesetz ableiten. Als Höchstzahl der Konstanten c_{ik} in der verallgemeinerten HOOKEschen Gleichung werden bei dieser Ableitung 21 gewonnen. Dabei ist ein zusammengesetztes Gitter vorausgesetzt, das aus mehreren ineinandergestellten Translationsgittern aufgebaut ist. Die Anzahl der Konstanten verringert sich, wenn die Verschiebungen der ineinandergestellten einfachen Gitter nicht berücksichtigt werden. Für diesen Fall ergeben sich folgende 6 Relationen zwischen den c_{ik}:

$$c_{23} = c_{44} \qquad c_{56} = c_{14}$$

$$c_{31} = c_{55} \qquad c_{64} = c_{25}$$

$$c_{12} = c_{66} \qquad c_{45} = c_{36}$$

Es sind dies die sogenannten CAUCHYschen Relationen, durch die die Zahl 21 der c_{ik} auf 15 herabgemindert wird. Diese Gleichungen gelten immer dann, wenn jeder Gitterpunkt gleichzeitig ein Symmetriezentrum darstellt. Diese Eigenschaft darf natürlich auch bei einer beliebigen Verzerrung nicht verloren gehen, so daß gegenseitige Verrückungen der ineinandergestellten Gitter auch in diesen Fällen ausgeschlossen sind. Beispielsweise ist im NaCl-Gitter jedes Na-Ion und jedes Cl-Ion von 6 Ionen der anderen Art oktaedrisch umgeben. Jeder dieser Gitterbausteine besitzt demnach in seinem Schwerpunkt ein Symmetriezentrum. Demnach müssen für die Gitter vom NaCl-Typus die CAUCHYschen Relationen gelten. Für NaCl z. B. ist $c_{12} = 1{,}37 \cdot 10^{11}$ Dyn/cm^2, $c_{66} = 1{,}28 \cdot 10^{11}$ Dyn/cm^2 oder für NaBr $c_{66} = 1{,}31 \cdot 10^{11}$ Dyn/cm^2, $c_{66} = 1{,}33 \cdot 10^{11}$ Dyn/cm^2. Die erwartete Beziehung ist also befriedigend erfüllt. Demgegenüber gelten die CAUCHYschen Relationen nicht z. B. für Fluorit, wo $c_{12} = 4{,}48$, $c_{66} = 3{,}38 \cdot 10^{11}$ Dyn/cm^2 ist. Im Flußspatgitter ist jedes Ca-Ion von 8 F-Ionen in Form eines Würfels umgeben und jedes F-Ion tetraedrisch von 4 Ca-Ionen (S. 34). Daraus ersieht man sofort, daß die Schwerpunkte der F-Ionen keine Symmetriezentren sein können. Demnach können vom gittertheoretischen Standpunkt aus für Kristalle vom Fluorittypus die CAUCHYschen Relationen nicht gültig sein. Es ist nun eine bemerkenswerte Tatsache, daß bei Metallen (z. B. Kupfer), für die die CAUCHYschen Relationen theoretisch Gültigkeit haben sollten, c_{12} und c_{66} nach experimentellen Bestimmungen stark voneinander abweichen. So wurde z. B. für Kupfer c_{12} zu $1{,}23 \cdot 10^{11}$, dagegen c_{66} zu $7{,}52 \cdot 10^{11}$ Dyn/cm^2 ermittelt. Es ist also zu vermuten, daß bei Metallen die Valenzelektronen als selbständige Gitterbestandteile, die sich gegenüber dem Kationengitter verschieben können, betrachtet werden müssen.

Die Abhängigkeit der elastischen Eigenschaften von dem Kristallbau läßt sich sehr anschaulich auch bei der linearen Kompressibilität verfolgen. In der folgenden Tabelle sind vier hexagonale Metalle zusammengestellt, die in der hexagonal dichtesten Kugelpackung kristallisieren. Angegeben ist das Verhältnis der linearen Kompressibilitäten parallel und senkrecht zur hexagonalen Achse ($K_{\parallel}/K_{\perp}$). Dabei versteht man unter der linearen Kompressibilität die Längenänderung pro Längeneinheit und pro Einheit des hydrostatischen Druckes. In der dritten Spalte sind die Achsenverhältnisse angegeben.

Metall	$K_{\parallel}/K_{\perp}$	c/a
Be	0,78	1,58
Mg	1,00	1,63
Zn	8,5	1,86
Cd	8,7	1,89

Der idealen, dichtesten hexagonalen Kugelpackung entspricht ein Achsenverhältnis von 1,63. In diesem Falle, der ziemlich genau für Magnesium verwirklicht ist, wird $K_{\parallel}/K_{\perp} = 1$. Die Struktur des Be mit $c/a = 1{,}58$ erscheint als hexagonal dichteste Kugelpackung, die in Richtung der c-Achse etwas zusammengedrückt ist. Es ist verständlich, daß für diesen Fall $K_{\parallel} < K_{\perp}$ ist. Entsprechend erscheint die Kugelpackung im Zn- und Cd-Gitter in Richtung der c-Achse auseinandergezogen. Hier ist dann erwartungsgemäß $K_{\parallel} > K_{\perp}$.

Wird bei der Beanspruchung eines Kristalls, etwa bei Zugbelastung eines Kristallstabes, die Elastizitätsgrenze überschritten, so erleidet der Kristall eine bleibende, sogenannte plastische Verformung. Charakteristisch sind solche plastischenDeformationen in erster Linie für die Metalle, spielen aber auch bei den heteropolaren Kristallen eine wichtige Rolle. Beispielsweise lassen sich Steinsalz und Gips, insbesondere bei höheren Temperaturen, bleibend verformen. Die plastische Deformation von Einkristallen verläuft nach bestimmten Gesetzen, auf die wir ganz kurz eingehen wollen. Wird ein Kristall über die Elastizitätsgrenze hinaus mechanisch beansprucht, so tritt eine bleibende Formänderung auf, indem sich kleine Schichtpakete gegeneinander verschieben. Und zwar erfolgen diese „Gleitungen" parallel ganz bestimmten kristallographischen Ebenen und in ganz bestimmten kristallographischen Richtungen. Wir müssen daher jeweils eine „Gleitebene" und eine „Gleitrichtung" unterscheiden. Der Gleitprozeß setzt dabei immer erst dann ein, wenn die Tangentialspannung in der Gleitrichtung (Schubspannung) einen bestimmten Mindestwert überschreitet (Schubspannungsgesetz). Das Gleiten eines Kristalls beginnt also nicht schon bei einer beliebig kleinen mechanischen Beanspruchung. Wird nun ein Kristall weiter verformt, so muß zur Erreichung eines vorgegebenen Dehnungsgrades eine entsprechende Verformungsspannung aufgewendet werden. Will man bei dem gleichen, bereits verformten Kristall noch einmal den gleichen Verformungsgrad erzeugen, so muß man, wie die Erfahrung zeigt, eine höhere Spannung aufwenden, als es beim erstenmal nötig war. Man bezeichnet diese Erhöhung der Verformungsspannung bei wachsender Verformung als „Verfestigung". Es ist zu bemerken, daß bei der plastischen Deformation eines Kristalls sein Zusammenhang und seine Struktur vollkommen erhaltenbleiben.

Im einzelnen unterscheidet man zwei Arten plastischer Deformationen: die Translation und die mechanische Zwillingsbildung (= einfache Schiebung). Die Translation besteht in einem einfachen Gleiten von parallelen Schichtpaketen längs kristallographischer Richtungen und Ebenen, wobei der Gleitbetrag beliebige Werte annehmen kann. Bei der mechanischen Zwillingsbildung tritt ebenfalls ein Gleiten paralleler Schichtpakete auf, aber die Gleitbeträge der einzelnen Schichten sind gesetzmäßig festgelegt. Die Abgleitung der einzelnen Schichten erfolgt jeweils um einen Betrag, der dem Abstand zwischen der betrachteten Gleitschicht und der Trennungsebene vom undeformierten zum deformierten Kristallteil proportional ist. Dabei entsteht ein Zwilling derart, daß der deformierte Teil zum undeformierten Teil in bezug auf die Trennungsebene (Zwillingsebene) spiegelbildlich liegt.

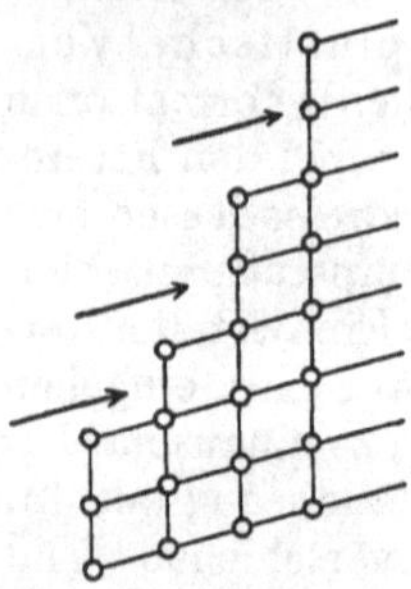

Abb. 42. Translation in einem einfachen Gitter

Die Beziehung der Translationsfähigkeit und mechanischen Zwillingsbildung zur Kristallstruktur ist noch nicht in jeder Hinsicht geklärt. Immerhin ist festzustellen, daß Translationen parallel relativ dicht besetzten Netzebenen und in Richtungen relativ dichtbesetzter Gittergeraden erfolgen. Auf diesen Zusammenhang weist schon der Umstand hin, daß die Translationselemente einfach indizierbaren Strukturelementen parallel laufen. Beim Gips z. B. ist (010) Translationsebene, [001] Translationsrichtung. Beim Steinsalz sind es die Elemente (110) und [$1\bar{1}0$]. Eine große Rolle spielen die Translationselemente bei den Metallen. Bei den Metallen, die im kubisch-flächenzentrierten Gitter kristallisieren (Al, Cu, Au, Ag, Ni, Pb), ist die Oktaederfläche (111) Translationsebene und die Richtung [$10\bar{1}$] Translationsrichtung. Wir müssen annehmen, daß beim Gleitprozeß sich die Atome auf den Gittergeraden verschieben und danach wiederum Gitterplätze besetzen (Abb. 42).

Die Beziehung zwischen Gleitelementen und Idealgitterbau für einige wichtige Strukturtypen soll folgende Tabelle (nach Smekal und Seifert) verdeutlichen:

Kristall-system	Gittertyp	Dichtest besetzte Gitter-gerade	Gemein-same Gleit-richtung der beob. Gleitebenen	Ebenen rela-tiv kleinster molekularer Trennungs-energie	Dichtest besetzte Gitter-ebenen	Beobach-tete Gleit-ebenen
Kubisch	Steinsalz	[101]	[101]	(100) (110) (111)	(100) (110) (111)	(100) (110) (111)
Kubisch	Diamant	[101]	[101]	(111) (110) (100)	(110) (111) (100)	(111)
Kubisch	flächen-zentriert	[101]	[101]	(111) (100) (110)	(111) (100) (110)	(111) (100) (110)
Kubisch	raum-zentriert	[111]	[111]	(110) (112) (100)	(110) (100) (111)	(110) (112) (100)
Hexa-gonal	dichteste Kugel-packung	[10·0]	[10·0]	(0001) $(10\bar{1}0)$ $(01\bar{1}2)$ $(10\bar{1}1)$ $(11\bar{2}0)$	(0001) $(11\bar{2}0)$ $(10\bar{1}0)$ $(11\bar{2}2)$ $(10\bar{1}1)$	(0001) $(10\bar{1}1)$ $(11\bar{2}0)$

Es ist einleuchtend, daß bei Gittern mit ausgesprochenem Schichttypus, z. B. Graphit (S. 32), eine ausgeprägte Translation parallel den Strukturschichten erfolgen kann. In solchen Gittern ist ja der Zusammenhang innerhalb der Schichten besonders stabil, da hier die Atomabstände die niedrigsten Werte annehmen. Senkrecht zu den Schichten sind wegen der relativ großen Abstände die Bindungen wesentlich geringer. Vielfach ist auch die Bindungsart innerhalb der Schichten eine wesentlich intensivere als senkrecht zu den Schichten. So haben wir beim Graphit innerhalb der Schichten eine (homöopolare) Valenzbindung zwischen den Kohlenstoffatomen, die ja bekanntlich sehr stark ist. Die Schichten untereinander werden dagegen durch andere, verhältnismäßig schwache Kräfte (van der Waalssche Bindung, S. 50) gebunden. So wird es verständlich, daß sich solche Schichten, wie die Blätter eines Kartenspieles, leicht gegeneinander verschieben lassen.

Beim Steinsalz kann man sich das Gleiten parallel [110] in den (110)-Ebenen qualitativ so verständlich machen, indem man beachtet, daß die Gittergeraden [110] immer von Ionen gleicher Ladung besetzt sind. Außerdem liegen stets Gittergeraden mit verschiedenen Vorzeichen nebeneinander. Wenn also Schichtpakete in einem NaCl-Gitter parallel zur Netzebene (110) und parallel der Gittergeraden [1$\bar{1}$0] gleiten, so bewegen sich immer verschieden geladene Gittergeraden unmittelbar aneinander vorbei (Abb. 43). Demgegenüber wäre eine Gleitung parallel [100], wie sich ebenfalls aus Abbildung 43 ohne weiteres ergibt, nicht denkbar, da dabei eine Stellung erreicht würde, in der je zwei gleichgeladene Ionen in einem verhältnismäßig geringen Abstand einander gegenüberstehen müßten. Wegen der abstoßenden COULOMB-Kräfte ist das aber nicht möglich, ohne daß der Zusammenhang des ganzen Kristalls verlorenginge.

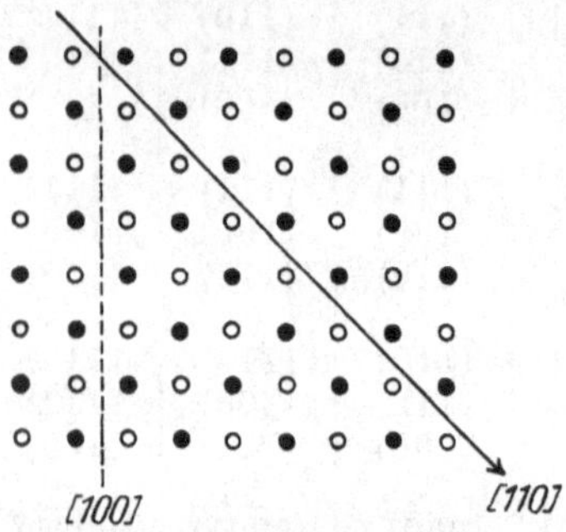

Abb. 43. Translation || [110] im Steinsalzgitter

In einer ausführlichen Arbeit hat SEIFERT die Elemente der Translation und mechanischen Zwillingsbildung vom Standpunkt der idealen Gittertheorie untersucht. Dabei wurden — speziell für heteropolare Kristalle — folgende Ergebnisse gewonnen:

1. Es werden im wesentlichen die bereits früher formulierten Gesetzmäßigkeiten im großen und ganzen bestätigt. Sie lauten (SMEKAL):

a) Die Gleitrichtungen sind rationale, von gleichartigen Bausteinen dichtest besetzte Richtungen des Idealgitters,

b) die Gleitebenen sind rationale Ebenen relativ kleiner molekularer Trennungsenergie; sie liegen meist, aber nicht ausnahmslos, parallel dichtest besetzten Netzebenen.

Diese Regeln gelten in erster Linie für sehr einfache und hochsymmetrische Strukturen, während bei den komplizierten Gittern mit niedrigerer Symmetrie kristallchemische Faktoren (Bautypus, Koordinationszahl usw.) stärkeren Einfluß gewinnen, so daß Abweichungen von den einfachen Regeln auftreten.

2. Weitgehend wird auch die Annahme bestätigt, daß Gleitrichtungen einionig dichtest und dicht besetzten Gitterrichtungen parallel laufen.

3. Gelegentlich erscheinen aber auch zweiionig gebaute Ketten als Gleitrichtungen. So ist z. B. beim Anhydrit [100] als Gleitrichtung angegeben worden. [100] bildet beim Anhydrit eine +—+—...Kette analog wie die Würfelkantenrichtung beim NaCl. Allerdings wird die Gleitrichtung [100] beim Anhydrit als fraglich

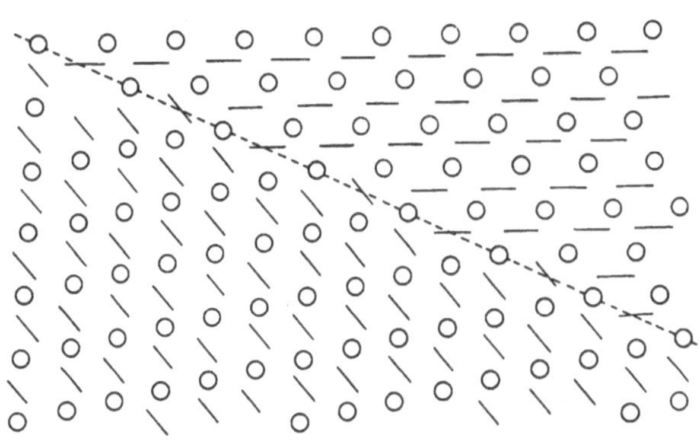

Abb. 44. Mechanische Zwillingsbildung beim Calcit

bezeichnet. Offenbar treten Gleitmechanismen mit alternierend gebauten Ketten als Gleitrichtungen bevorzugt bei höheren Temperaturen, also auch bei größeren Beweglichkeiten im Kristallgitter auf.

4. Bei niedriger symmetrischen Strukturen scheint die Gleitfläche gegenüber der Gleitrichtung eine größere Rolle zu spielen (z. B. Baryt).

5. Wichtig ist, daß Kationenreihen als effektive Gleitrichtungen gegenüber den Anionenreihen, vor allem, wenn es sich bei diesen um kompliziert gebaute Ketten handelt, bevorzugt erscheinen.

Bei einer Translation bleibt die parallele Anordnung der einzelnen Partikeln und Partikelgruppen im Gesamtgitter erhalten, während dies bei der mechanischen Zwillingsbildung nicht der Fall ist.

Für das Beispiel der Kalkspatschiebung veranschaulicht Abbildung 44 die Vorgänge. Bei der einfachen Schiebung des rhomboedrischen $CaCO_3$ (Gitterbeschreibung S. 36) ändert sich die Lage der CO_3-Gruppen. Diese Gruppen wirken nach EWALD wie Sperrnocken, die benachbarte Netzebenen entweder in der einen oder in der anderen Orientierung festhaken. SCHIEBOLD (Abh. d. math. phys. Kl. d. Sächs. Akad. Wiss. Leipzig 36. II. 1919. 1-147.) geht auf den Mechanismus der Calcitschiebung ausführlich vom strukturellen Standpunkt ein. Dabei konnte analytisch gezeigt werden, daß für die CO_3-Gruppen drei Bewegungsmöglichkeiten in Betracht zu ziehen sind: Der eine Fall besteht in einer Kippung der CO_3-Ebene, der zweite in einer geringen Drehung mit Translation. Nach SCHIEBOLD kommt der letzteren Bewegungsart die größere Wahrscheinlichkeit zu. In diesem Sinne ist der EWALDsche Mechanismus zu modifizieren.

Zur Deutung des Schubspannungsgesetzes kann man annehmen, daß sich zwei gegenüberliegende Netzebenen wie zwei einander berührende Feilen verhalten („Feilenmodell"). Will man ein solches Feilenpaar gegeneinander verschieben, so muß man sie naturgemäß vorher etwas voneinander abheben. Wir müßten danach vermuten, daß auch im Gitter vor jedem Gleitschritt erst eine Dehnung normal zur Translationsebene erfolgen muß. Demnach muß vor dem Gleiten gegen die Kohäsionskräfte Arbeit geleistet werden. Berechnet man nun gittertheoretisch die kritische Schubspannung, mit der die Translation einsetzt, auf Grund der Vorstellung des Feilenmodells, so gelangt man dabei zu Werten, die weit über den experimentellen Daten liegen. Worin diese Unstimmigkeit begründet ist, soll später erörtert werden. Die Probleme, die hierbei zu beachten sind, gehören nicht mehr zur Physik der idealen Kristallgitter.

Auch für die Erscheinung der Verfestigung, die ja darin besteht, daß mit zunehmender Verformung die Verformungsspannung ansteigt, ist eine restlos befriedigende gittertheoretische Deutung heute noch nicht möglich, und ohne Zweifel hat sie verschiedene Ursachen. Es ist bereits eine Anzahl von Theorien entwickelt worden, hier sei aber nur auf eine eingegangen. Zunächst müssen wir von der zusätzlichen Annahme ausgehen, daß die Gleitschichten während des Gleitprozesses auch elastische Verbiegungen erfahren („Biegegleitung"). Dieser Vorgang unterscheidet sich im wesentlichen von der homogenen Verformung dadurch, daß die Gleitlamellen gekrümmt werden. Bei der Biegegleitung verschieben sich die einzelnen Gitterschichten nicht mehr parallel zueinander, sondern sie erfahren eine Krümmung um eine Achse, die in der Gleitebene liegt und senkrecht auf der Gleitrichtung steht. Wegen der Verbiegung sind die einzelnen Gitterbereiche jetzt nicht mehr parallel orientiert. LAUE-Aufnahmen von solchen gebogenen Bereichen zeigen daher nicht mehr die normalen Punkte, sondern gestreckte Flecken („Asterismus"). Man erkennt anschaulich, daß bei der Biegegleitung eine Verkrümmung und in gewissem Sinne eine Verhakung längs der inneren Gleitflächen eintritt. Dadurch wird offenbar aber eine weitere Gleitung parallel der Translationsebenen erschwert. Auf diese Weise findet die Verfestigung eine wenigstens anschauliche strukturtheoretische Deutung.

Schon aus diesen kurzen Ausführungen geht hervor, daß die „Verfestigung" nicht allein auf Grund der Vorstellung des *idealen* Gitters verstanden werden kann. Vielmehr müssen hierzu Betrachtungen herangezogen werden, die erst in Abschnitt III zu behandeln sind.

Sehr weitgehend abhängig vom strukturellen Aufbau der Kristalle müssen insbesondere auch ihre Kohäsionseigenschaften sein. Es ist zu erwarten, daß der Zusammenhalt kristallisierter Substanzen im wesentlichen durch die Bindungskräfte und durch den Gitterbau bedingt wird. Als Kohäsionseigenschaften sind zu nennen:

Zerreißfestigkeit,
Spaltbarkeit
und Härte.

Zerreißfestigkeit. Wenn wir einen Kristallstab durch Zug oder Druck beanspruchen, wird er, wie wir gesehen haben, zunächst nur elastische Deformationen erleiden. Beim Überschreiten der Elastizitätsgrenze treten plastische Verformungen auf, insbesondere kommen die verschiedenen Gleitsysteme des Kristalls zur Wirkung. Wird der Kristallstab nun mit noch höheren Spannungen belastet, so zerreißt er schließlich. Der Spannungsbetrag, bei dem der Kristall gerade zerreißt, wird als „Zerreißfestigkeit" bezeichnet. Das Zerreißen erfolgt nach glatten Flächen (Reißflächen), die kristallographisch wichtigen Ebenen entsprechen und stets mit den Spaltflächen (vgl. weiter unten) zusammenfallen. Experimentelle Untersuchungen haben gezeigt, daß die Zerreißfestigkeit stark von dem Winkel zwischen Reißfläche und Zugrichtung abhängt. Ferner wurde festgestellt, daß das Zerreißen eines Kristalls dann eintritt, wenn senkrecht zur Reißfläche eine bestimmte kritische Normalspannung erreicht ist (SOHNCKEsches Normalspannungsgesetz). Dieses Gesetz wurde insbesondere durch Versuche am Steinsalz, aber auch an verschiedenen Metallen, bestätigt. Im Prinzip ist es einfach, auf Grund der Gittertheorie, die Zerreißfestigkeit zu berechnen. Solche Rechnungen sind vor allem bei Ionenkristallen durchführbar, da bei ihnen über die Natur der Bindungskräfte und des Kraftgesetzes am meisten bekannt ist. Für das NaCl-Gitter verläuft die Berechnung etwa folgendermaßen: Wir denken uns das NaCl-Gitter in Richtung einer Hauptachse durch Zug gedehnt. Dabei sollen zwei Ionen im Abstande $\frac{a}{2}$ (a = Gitterkonstante) auf eine Entfernung x gebracht werden. In Richtung der beiden anderen Achsen lassen wir keine Kräfte einwirken, so daß dort nur eine Querkontraktion zu berücksichtigen ist. Durch diese Querkontraktion werden aus den Quadraten mit der Seitenlänge $\frac{a}{2}$ in den zur x-Achse senkrechten Ebenen solche mit den Seiten y. Dieses y hängt dann zwangsweise von x ab, so daß die elastische Energie $U(x, y)$ des deformierten Kristallgitters nur eine Funktion von x sein wird. Die Ableitung $\frac{dU}{dx}$ ist ein Maß für die Kraft in der x-Richtung. Sie wächst zunächst mit x bis zu einem Maximalwert, um dann mit $x \to \infty$ gegen Null zu gehen. Dieser Maximalwert fällt mit der Zerreißfestigkeit zusammen, falls ein prismatischer Stab mit der Grundfläche 1 cm^2 angenommen wird. Für die Reißfestigkeit muß also gelten:

$$\frac{d^2U}{dx^2} = 0 .$$

$U(x, y)$ ist aber nichts anderes als die Gitterenergie (S. 58), die als Funktion von x und y angeschrieben werden muß. Die Rechnung liefert dann die für die Reißstelle charakteristischen Werte x_0, y_0:

$$x_0 = 1{,}14 \frac{a}{2}, \qquad y_0 = 0{,}977 \frac{a}{2} .$$

Daraus wird dann für die Zerreißfestigkeit $R = U(x_0, y_0)$ der Wert $2 \cdot 10^{10}$ Dyn/cm² gewonnen. Experimentell wurde demgegenüber beim Steinsalz $R = 5{,}31 \cdot 10^7$ Dyn/cm² gefunden. Der theoretische Wert ist demnach nahezu 400mal zu groß. Um diesen Widerspruch zu klären, müssen Zusatzannahmen vorausgesetzt werden. Auf eine Lösung wird später, im Abschnitt III, eingegangen.

Die Zerreißfestigkeit und ihre Abhängigkeit vom Ordnungszustand spielen bei vielen Kunststoffen und natürlichen Werkstoffen eine große praktische Rolle. So hängt z. B. die Festigkeit von Stoffen, die aus Kettenmolekeln aufgebaut sind, z. B. Cellulose, sehr stark vom Grad der Parallelorientierng der Molekelfäden ab. Auf Grund röntgenographischer Untersuchungen konnte festgestellt werden, daß Cellulose aus Hauptvalenzketten aufgebaut ist, die aus miteinander über Sauerstoffbrücken verkoppelten β-Glukoseringen zusammengesetzt sind. Dabei werden je zwei β-Glukosereste zur Cellobiose-Einheit zusammengefaßt, bei der die zwei Ringe um 180° gegeneinander verdreht sind. Die Strukturformel für die Cellobiose ist demnach folgende:

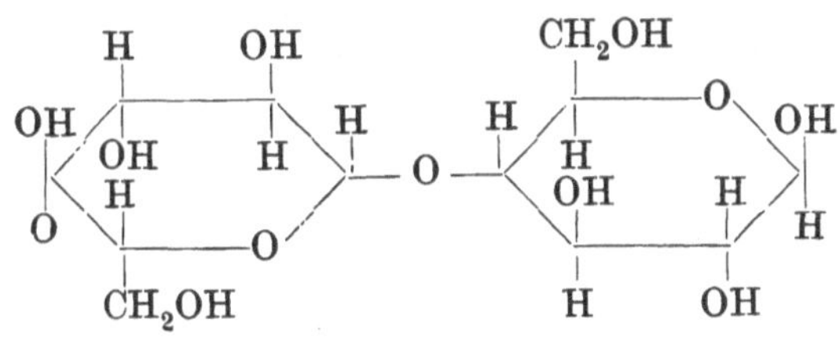

50—100 Glukoseketten, die jeweils aus etwa 2000 Glukoseresten bestehen, bauen in streng gittermäßiger Anordnung die sog. Micellen auf (Meyer und Mark). Schließlich treten die Micellen zu noch größeren Einheiten, den Fibrillen einer Faser, zusammen. Es ist anschaulich klar, daß die Zerreißfestigkeit um so höher liegt, je besser die Orientierung der einzelnen Molekeln in der Faserachse durchgeführt ist. Bei einer guten Orientierung in der Fadenrichtung müssen ja wesentlich mehr primäre Bindungen beim Bruch durchrissen werden als dann, wenn keine Vorzugsrichtung vorhanden wäre.

In diesem Zusammenhange sei noch auf die bemerkenswerten Beziehungen zwischen Struktur und Dehnung beim Kautschuk kurz eingegangen. Rohkautschuk verhält sich im ungedehnten Zustand röntgenographisch völlig amorph. Dagegen liefert gedehnter Kautschuk Röntgeninterferenzen, die auf das Vorhandensein von Kristalliten hinweisen, die in der Dehnungsrichtung orientiert sind, senkrecht dazu aber ungeordnet liegen. Die Röntgeninterferenzen treten erst bei einer Dehnung von 70% ab auf, während bei geringeren Dehnungen nur eine Andeutung der Kettenparallelstellung zu beobachten ist. Die Menge des kristallisierten Anteils nimmt dann mit der Dehnung linear zu bis zur maximalen Dehnung von etwa 800%, während gleichzeitig der amorphe Teil abnimmt. Im ganzen bleibt aber doch ein unkristallisierter Restbetrag an Ketten von rund 20–30% übrig. Ein noch höherer Ordnungszustand – also Orientierung der Kristallite auch senkrecht zur Dehnungsachse – kann durch geeignete Behandlung erzeugt werden. Die Elementarzelle des gedehnten Kautschuks ist aus Isoprenresten $-CH_2-C(CH_3)=CH-CH_2-$ aufgebaut, die in ihrer Längsrichtung parallel der *c*-Achse angeordnet sind. Die Kristallite haben eine Größe von $150 \times 500 \times > 600$ Å^3.

Auch über die Beziehung zwischen Struktur und Spaltbarkeit läßt sich quantitativ kaum etwas aussagen. Unter Spaltbarkeit versteht man die Eigentümlichkeit vieler Kristalle, unter mechanischen Einwirkungen nach bestimmten kristallographischen Flächen zu spalten. Allgemein kann nur festgestellt werden, daß die Spaltebenen Netzebenen dichtester Belastungen mit Massenteilchen (Atomen usw.) bevorzugen. Das ist ja auch zu erwarten, da innerhalb relativ dicht besetzter Netzebenen die Atomabstände entsprechend gering sind, während dagegen die Abstände zwischen diesen Ebenen verhältnismäßig groß sind. Die Ebenen werden also in sich fest zusammenhalten, während die Bindung senkrecht zu ihnen nicht so stark sein kann. Ein Musterbeispiel für dieses Verhalten stellt der Graphit dar, dessen Gitter (S. 32) ausgeprägte Schichten aufweist, nach denen die Kristalle vollkommen spalten. Eine ausgesprochene Schichtenstruktur besitzt u. a. auch Glimmer mit parallel übereinandergestapelten Paketen der Zusammensetzung $Al_2[(OH, F)_2 \mid AlSi_3O_{10}]$ bzw. $Mg_3[(OH, F)_2 \mid AlSi_3O_{10}]$. Auch Glimmer besitzt eine vollkommene Spaltbarkeit nach den Strukturschichten. Beim Steinsalz weisen die (100)-, (010)- bzw. (001)-Netzebenen bei hoher Netzdichte größere Abstände auf als die Ebenen (110) oder (111). Sehr anschaulich lassen sich die Verhältnisse für Steinsalz aus der Abbildung 43 entnehmen. Wir brauchen uns nur vorzustellen, daß durch einen Schlag einzelne Gitterblöcke des NaCl-Kristalls so gegeneinander verschoben werden, daß nun senkrecht zu einer Würfelfläche nicht mehr ungleichartige, sondern gleichartige Ionen einander gegenüberliegen. Jetzt müssen sich derartige Flächen bzw. Flächenstücke abstoßen, so daß es zu einer plötzlichen Trennung parallel den Würfelflächen kommt (STARKsche Hypothese).

Beim Flußspat liegt die Spaltfläche parallel der Oktaederfläche (111). Betrachten wir die Anordnung der Netzebenenscharen parallel (111), so fällt dabei auf, daß sich immer Schichten von je drei verschiedenen Netzebenen wiederholen (S. 97): Einer Netzebene, die nur mit positiv geladenen Calciumionen besetzt ist, folgt oben und unten je eine Netzebene, die nur aus negativ geladenen Fluorionen besteht. Mit STARK kann man auch hier annehmen, daß eine Verschiebung zweier Gitterteile parallel (111) zu einer Abstoßungsstellung benachbarter Netzebenen führt, wobei die Trennungsebene zwischen zwei Fluorionen-Netzebenen hindurchläuft. Noch ausgeprägter wird die Spaltbarkeit sein, wenn eine typische Schichtenbildung vorliegt, wie es beim Bruzit $Mg(OH)_2$ der Fall ist. In diesem Gitter sind scharf voneinander getrennt jeweils Schichtenpakete mit 3 Netzebenen: eine Mg-Netzebene, die oben und unten von je einer (OH)-Schicht abgeschirmt wird.

Auch die bemerkenswerten Unterschiede in der Spaltbarkeit bei den Pyroxenen (Augiten) und Amphibolen (Hornblenden) lassen sich ohne Schwierigkeit aus den Struktureigentümlichkeiten der beiden Mineralarten ablesen. Hornblenden und Augite spalten nach den Flächen (110). In einem Schnitt senkrecht zur *c*-Achse bilden die Spaltrisse beim Augit Winkel von 87°, bei der Hornblende dagegen 124°. Bei der mikroskopischen Bestimmung der beiden Mineralarten im Dünnschliff ist dieser Spaltwinkel ein wichtiges Unterscheidungsmerkmal. Die Verschiedenheit des Spaltwinkels liegt in folgendem Umstand begründet:

Beim Augit bilden die SiO_4-Tetraeder einfache Ketten parallel der *c*-Achse, während bei der Hornblende Doppelketten vorliegen (S. 38). Es ist klar, daß die Bindung zwischen Silicium und Sauerstoff die stärkste in diesen Kristallgittern darstellt. Die Bindung Si–O liegt aber nur innerhalb der Ketten vor. Es ist somit schon von vornherein zu vermuten, daß die Spaltbarkeit nicht irgendwie durch die Ketten hindurchgeht, sondern parallel zu ihnen verläuft, wie es ja auch tatsächlich der Fall ist. Abbildung 45 gibt die Verhältnisse in schematischer Darstellung wieder. Die SiO_4-Ketten sind in eine Ebene senkrecht zur c-Achse projiziert. Die Projektionen der Ketten sind in leicht verständlicher Weise als Vierecke dargestellt (Abb. 45 links). Die Spuren der Spaltebenen sind durch starke Linien angedeutet. Man erkennt sofort, wie die unterschiedlichen Winkel in den beiden Fällen herauskommen. In Abbildung 45 wurde von der Annahme ausgegangen (STRUNZ), daß die Spaltbarkeit im „Rükken" der Ketten vorbeiläuft, da dort offenbar die geringeren Bindungen zu benachbarten Kationen vorliegen. Tatsächlich ist diese Anschauung plausibler als die ältere von WARREN. Besonders bei den Amphibolen fallen diese Verhältnisse unmittelbar ins Auge.

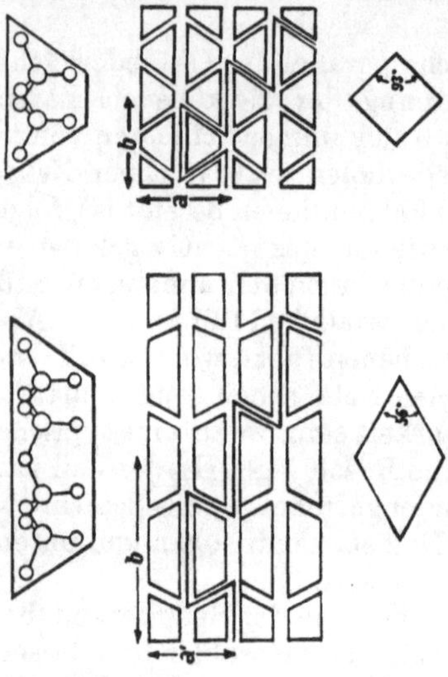

Abb. 45. Strukturelle Deutung der Spaltbarkeit bei den Pyroxenen und Amphibolen (nach WARREN und STRUNZ)

Die Idealgittertheorie der Spaltbarkeit, die von der STARKschen Hypothese ihren Ausgang genommen hat, ist nicht unwidersprochen geblieben. H. JAGODZINSKI lehnt mit folgenden Argumenten die STARKsche Hypothese ab: Die Spaltung führt den Zustand I des Kristalls in den Zustand II zweier Kristalle über, deren Energiedifferenz unabhängig davon ist, auf welche Weise sie erreicht wird (Annahme konservativer Kräfte). Da beim STARKschen Vorgange eine Energieschwelle überwunden werden muß, ist nicht einzusehen, daß die Spaltung in der Regel so verläuft. Vielmehr ist anzunehmen, daß der Spaltprozeß im STARKschen Sinne relativ unwahrscheinlich und daher nicht typisch für die Anisotropie der Spaltbarkeit ist.

Nach JAGODZINSKI sind Spiegelebenen und Gleitspiegelebenen

sowie aufeinanderfolgende Netzebenen mit gleichartig geladenen Ionen für die Beurteilung der Spaltbarkeit eines Kristalls besonders wichtig. Liegt beispielsweise zwischen den Ionennetzen eine Spiegel- oder Gleitspiegelebene, so müssen die Oberflächennetzebenen nach der Spaltung notwendig die gleiche Ionenbelegung besitzen. Bei der Spaltung kann auch eine gleichionige Schicht zu gleichen Teilen aufgerissen werden (z. B. bei Glimmer). Dieses Aufreißen kann aber nur dann zu gleichen Teilen erfolgen, wenn die Schicht zu beiden Seiten gleich gebunden ist, sonst müßte das Aufreißen unsymmetrisch erfolgen. Hinreichende Bedingung ist auch hierfür, daß die gleichionige Netzebene eine Spiegel- oder Gleitspiegelebene der Struktur ist. Im übrigen muß man sich darüber im klaren sein, daß der Spaltvorgang physikalisch gesehen ein äußerst komplizierter Prozeß ist, der keineswegs als geklärt betrachtet werden kann.

Eine weitere sehr wesentliche, aber physikalisch nur schwer faßbare Kohäsionseigenschaft ist die Härte. Man pflegt verschiedene Arten von Härten zu unterscheiden:

Bohrhärte, Schleifhärte und Ritzhärte und versteht darunter jeweils den Widerstand, den ein Kristall dem Bohren, Schleifen oder Ritzen entgegensetzt. Die größte Bedeutung, vor allem auch in der Praxis, hat die Ritzhärte erlangt. Qualitativ bestimmt man die Ritzhärte eines Minerals, indem man es mit Vergleichsmineralien (Mohssche Härteskala) zu ritzen versucht. Auch die Härte ist selbstverständlich bedingt durch die Bindungsfestigkeit zwischen den einzelnen Kristallbausteinen. Es müssen sich daher Zusammenhänge zwischen Ritzhärte und Kristallstruktur erkennen lassen, wenn diese zunächst auch noch nicht quantitativ zu erfassen sind. Man wird vor allem vermuten, daß Ritzhärte und Gitterenergie zusammenhängen. Nach S. 58 ist die Gitterenergie eines binären Kristalls:

$$-U = N \cdot a \cdot \frac{z^2 \cdot e^2}{2r}.$$

Als möglicher Weg wäre daher vorgezeichnet zu versuchen, eine Abhängigkeit der Ritzhärte vom Abstand der Kristallbausteine (r), von der Ladung ($z \cdot e$) und vom Gittertyp (a) herauszuschälen. Zunächst zeigt sich bei den Alkalihalogenidkristallen vom NaCl-Typ im allgemeinen, daß die Härte mit zunehmendem Abstand zwischen Kation und Anion abnimmt. Bezüglich der Ritzhärte ergibt sich folgende Rangordnung (unter der chemischen Formel ist jeweils der entsprechende Partikelabstand angeschrieben):

$$\begin{array}{llllll}
\mathrm{LiF} > & \mathrm{NaF} > & \mathrm{LiCl} \geqq & \mathrm{KF} > & \mathrm{LiBr} & \leqq ?\,\mathrm{NaCl} > \\
2{,}02 & 2{,}31 & 2{,}57 & 2{,}66 & 2{,}75 & 2{,}81 \\
\mathrm{NaBr} > & \mathrm{KCl} \leqq & \mathrm{NaJ} > & \mathrm{KBr} \leqq ? & \mathrm{RbCl} > & \mathrm{KJ} \\
2{,}98 & 3{,}14 & 3{,}23 & 3{,}29 & 3{,}29 & 3{,}53
\end{array}$$

Man erkennt, daß wohl in den weitaus meisten Fällen, aber nicht immer, Härte und Partikelabstand entgegengesetzt laufen. Der Abstand ist demnach innerhalb des gleichen Strukturtypus nicht allein maßgebend, es müssen vielmehr noch andere Eigenschaften der Ionen eine Rolle spielen. Es werden dies in erster Linie wohl die Polarisationseigenschaften sein (S. 67). Für Verbindungen zweiwertiger Elemente vom NaCl-Typus sind in folgender Tabelle Ritzhärte (nach MOHS) und Partikelabstand in Å zusammengestellt:

		Mg	Ca	Sr	Ba
O	Abstand	2,10	2,40	2,57	2,77
	Härte	6,5	4,5	3,5	3,3
S	Abstand	2,59	2,84	3,00	3,18
	Härte	4,5—5	4,0	3,3	3
Se	Abstand	2,74	2,96	3,12	3,31
	Härte	3,5	3,2	2,9	2,7
Te	Abstand	—	3,17	3,32	3,49
	Härte	—	2,9	2,8	2,6

Auch hier ist im allgemeinen eine Abnahme der Ritzhärte mit steigendem Abstand Anion—Kation bei Substitution in homologen Reihen zu beobachten, und zwar sowohl beim Ersatz des Kations als auch beim Ersatz des Anions durch die höheren Homologen. Auch bei Kristallen mit Fluoritstruktur ist die gleiche Gesetzmäßigkeit zu beobachten, z. B.

	CaF_2	SrF_2	BaF_2	$SrCl_2$
Abstand	2,36	2,50	2,68	3,02
Härte	4	3,5	3	2,7

Um die Abhängigkeit der Ritzhärte von der Wertigkeit zu untersuchen, müssen wir als Beispiele Kristalle vom gleichen Gittertyp und nahezu gleichem Gitterabstand wählen. Solche Beispiele sind von V. M. GOLDSCMIDT zusammengestellt worden. Folgende Reihe soll die vorliegenden Gesetzmäßigkeiten erläutern (NaCl-Typus):

Kristallart	NaF	MgO	ScN	TiC
Wertigkeit	1	2	3	4
Partikelabstand ...	2,31	2,10	2,23	2,23
Härte	3,2	6,5	7—8	8—9

Man sieht deutlich, daß mit zunehmender Valenz der Kristallbausteine die Härte beträchtlich ansteigt. Als weiteres Beispiel sei eine Vergleichsreihe mit Kristallen des Zinkblende- und Wurtzittypus angeführt:

Kristallart	CuCl	ZnS	GaP	AsAl
Wertigkeit	1	2	3	3
Partikelabstand	2,34	2,35	2,35	2,44
Härte	2,5	4	5	5

Von V. M. GOLDSCHMIDT wurde für Kristalle der chemischen Zusammensetzung AX bei konstantem Strukturtypus folgender Ausdruck für die Härte angegeben:

$$H = s \cdot \frac{e_A \cdot e_X}{r^m}.$$

e_A bzw. e_X bedeuten die Valenzen der Ionen A bzw. X, s ist eine Konstante, die vom Strukturtypus abhängt, und r der Partikelabstand. Der Exponent m hängt ebenfalls vom Typus ab und beträgt beim NaCl-Typ 4 bis 6, beim Wurtzit-Zinkblende-Diamanttypus liegt er zwischen 5 und 15. Man sieht, daß diese Beziehung dem Ausdruck für die Gitterenergie durchaus analog aufgebaut ist.

Erwartungsgemäß besteht eine deutliche Abhängigkeit der Ritzhärte vom Strukturtypus. Es ist klar, daß diese Beziehung wesentlich komplizierter zu übersehen ist. Beispielsweise zeigt es sich, daß Kristalle mit Wurtzit-Zinkblendestrukturen, bezogen auf gleichen Partikelabstand und auf gleiche Wertigkeit der Partikeln, eine geringere Härte besitzen als Kristalle vom NaCl-Typus. Folgende Fälle sollen diese Zusammenhänge erläutern:

1. BaO (Partikelabstand 2,77) ist wenig härter (3,3) als CdS (Abstand 2,52, Härte 3,2, Wurtzittypus).

2. SrTe (Partikelabstand 3,32) ist gleich hart (2,8) wie CdTe (Partikelabstand 2,80), obwohl ein Unterschied im Abstand von 16% vorliegt. SrTe kristallisiert im NaCl-, CdTe im Wurtzitgitter.

2. Thermische Eigenschaften

Bei unseren bisherigen Betrachtungen hatten wir allgemein angenommen, daß sich die Bausteine des Gitters in Ruhe befinden. Dies gilt in Wirklichkeit naturgemäß nur für den absoluten Nullpunkt. Mit steigender Temperatur beginnen sich die Atome, Ionen u. dgl. im Gitter zu bewegen, indem sie um ihre Schwerpunktlagen Schwingungen ausführen. Diese Schwingungen bestimmen z. B. den Schmelzpunkt, die spezifische Wärme, die Wärmeausdehnung und selbstverständlich auch die Temperaturabhängigkeit aller physikalischen Eigenschaften (wie Elastizität, Plastizität usw.). Wir können annehmen, daß es sich dabei zunächst um harmonische Schwingungen handelt, d. h., wir setzen voraus, daß die rücktreibende Kraft bei einer Verschiebung eines Atoms aus seiner Ruhelage in erster Näherung proportional zu dieser Verschiebung gesetzt werden kann (quasielastische Kraft).

Um uns die Schwingungsvorgänge in einem Gitter anschaulich klarzumachen, wollen wir einmal die Schwingungen einer Kette aneinandergereihter gleicher Partikeln (eindimensionales Gitter) untersuchen. In der Ruhelage sind die Partikeln auf einer Geraden im konstanten Abstand r_0 angeordnet. Werden die Partikeln aus ihrer Ruhelage herausgebracht, so führen sie um diese Bewegungen aus. Solche Bewegungen können wir jeweils in 3 Komponenten zerlegen:

Verschiebungen in Richtung der Kette (longitudinale Schwingung), Verschiebungen in zwei Richtungen senkrecht zur Richtung der Kette (transversale Schwingungen). Wir nehmen an, daß die zur Ruhelage rücktreibende Kraft quasielastisch ist und proportional den Verschiebungen benachbarter Partikeln gesetzt werden kann. Ferner nehmen wir zunächst an, daß die Kette nicht begrenzt sei. Wir denken uns die einzelnen Atome, von irgendeinem als Nullpunkt ausgehend, fortlaufend numeriert. Die Verschiebung des n-ten Atoms aus der Ruhelage sei u_n, seine Masse sei m und die Direktionskraft (also die rücktreibende Kraft für die Verschiebung 1) α. Die Bewegungsgleichungen erhalten dann folgende Form, wenn wir annehmen, daß nur benachbarte Atome aufeinander einwirken:

$$m\ddot{u}_n = \alpha\,(u_{n+1} - u_n) + \alpha\,(u_{n-1} - u_n) \text{ mit } \ddot{u} = \frac{d^2 u}{d t^2}\,.$$

Der Ansatz zur Lösung dieser Differentialgleichung lautet:

$$u_n = U \cdot e^{i\,(2\pi\nu t - \varphi \cdot n)}.$$

Hierin bedeuten ν die Frequenz der Schwingung, φ die Phasendifferenz zwischen zwei benachbarten Partikeln und U die Amplitude der Schwingung. Setzt man diesen Ausdruck für u_n in die Differentialgleichung ein, so ergibt sich:

$$\nu = \frac{1}{\pi}\sqrt{\frac{\alpha}{m}} \cdot \sin\frac{\varphi}{2}\,.$$

Für $\varphi = \pi$ erreicht die Frequenz ν ein Maximum, und es ist:

$$\nu_{\max} = \frac{1}{\pi}\sqrt{\frac{\alpha}{m}}\,.$$

Die Bedingung $\varphi = \pi$ bedeutet, daß zwei benachbarte Atome mit entgegengesetzter Phase schwingen, die rücktreibende Kraft erreicht in diesem Falle ihren Höchstwert.

Betrachten wir eine Kette mit zwei verschiedenen Teilchenarten (etwa positive und negative Ionen), die abwechselnd angeordnet sind, so gelangen wir in diesem Falle zu einer größeren Anzahl von Schwingungsmöglichkeiten. Ist $\varphi = 0$, so ist wie bei der einatomigen Kette $\nu = 0$, d. h. die ganze Kette bewegt sich starr, und eine rücktreibende Kraft tritt nicht auf („akustischer“ Schwingungstypus). Weiter besteht die Möglichkeit, daß die Schwingungsrichtung der beiden Teilchen gleichgerichtet ist, wenn auch die Amplitude jeweils verschieden sein kann. Dann ordnen sich die Teilchen der beiden Arten in die gleiche Welle ein. Ein dritter Fall wird dadurch charakterisiert, daß die Partikeln der einen Art vollständig in Ruhe bleiben, während die Teilchen der anderen Art abwechselnd nach entgegengesetzten Seiten schwingen. Schwingen benachbarte Partikeln verschiedener Art mit entgegengesetzter Phase, so entsteht dadurch ein neuer Schwingungstypus. Schließlich können die Teilchen der einen Art zusammen in starrer Linie Schwingungen um die Ruhelage ausüben, während die Partikeln der anderen Art in gleicher Weise, aber mit entgegengesetzter Phase schwingen.

Wollen wir lange Wellen in einem Kristall bzw. in unserem Kettenmodell mit einbeziehen, so dürfen wir nicht mehr voraussetzen, daß die Kette unendlich lang ist, sondern wir müssen eine endliche Zahl von Atomen annehmen. Bei den langen Wellen wird daher auch die äußere Kristallform von Bedeutung sein.

Wir betrachten jetzt zunächst als eindimensionales Modell eine mit N Atomen besetzte Gittergerade endlicher Länge. Es liegt dabei nahe, als Randbedingung festzulegen, daß die Grenzpunkte des Gitters an der Schwingung nicht teilnehmen. Es zeigt sich aber, daß dadurch der mathematische Aufwand beträchtlich vermehrt wird. Man ersetzt daher diese Bedingung durch die physikalisch gleichwertige Voraussetzung, daß im unendlich ausgedehnten Gitter 2 Atome, zwischen denen $N-2$ Atome liegen, stets den gleichen Abstand haben sollen. Die Eigenschaften eines unendlich ausgedehnten Gitters mit dieser Periodizitätsbedingung sind die gleichen wie die eines endlichen Gitters mit N Atomen, dessen Endpunkte in Ruhe bleiben sollen.

Wir gehen wieder von unserer Bewegungsgleichung aus:

$$m\,\ddot{u}_n = a\,(u_{n+1} - u_n) + a\,(u_{n-1} - u_n) = a\,(u_{n+1} + u_{n-1} - 2\,u_n)\,.$$

Jetzt machen wir zur Lösung dieses Gleichungssystems den Ansatz:

$$u_n = \eta_n \cdot \cos\,(2\,\pi\,\nu\,t + \beta)\,.$$

ν ist dabei eine der Eigenfrequenzen und η_n eine zeitunabhängige Größe, die der Periodizitätsbedingung $\eta_n = \eta_{n+N}$ genügen muß. Gehen wir mit diesem Ansatz in die Differentialgleichung ein, so ergibt sich:

$$-4\,\pi^2\,\nu^2\,m\,\eta_n = a\,(\eta_{n+1} + \eta_{n-1} - 2\,\eta_n)\,.$$

Durch die Ausdrücke

$$\eta_n = \cos\frac{n\,\varphi}{2} \quad \text{bzw.} \quad \eta_n = \sin\frac{n\,\varphi}{2}$$

wird diese Gleichung gelöst, wenn gleichzeitig

$$\nu = \frac{1}{\pi}\sqrt{\frac{a}{m}} \cdot \sin\frac{\varphi}{2}$$

gilt. Jede lineare Kombination der beiden Funktionen für η_n stellt somit eine Lösung dar. Damit die Bedingungen $\eta_n = \eta_{n+N}$ gilt, muß $\frac{\varphi}{2\pi} \cdot N = 2k$ sein, worin k eine ganze Zahl ist. Damit wird:

$$\eta_n = \cos \frac{2\pi k}{N} \cdot n \quad \text{bzw.} \quad \eta_n = \sin \frac{2\pi k}{N} n .$$

Für jeden Wert von k existieren demnach zwei Lösungen. Für zwei Werte von k, deren Summe oder Differenz gleich einem ganzzahligen Vielfachen von N ist, findet man gleiche und entgegengesetzt gleiche Lösungen. Demnach erhält man sämtliche Lösungen, wenn man für gerades N die Werte $k = 0, 1, 2 \ldots \frac{N}{2}$ und für ungerades N die Werte $k = 0, 1, 2 \ldots \frac{N-1}{2}$ berücksichtigt. Für $k = 0$ bzw. $k = \frac{N}{2}$ gibt es nur eine Lösung, die andere verschwindet. Jedem anderen k-Wert entsprechen zwei unabhängige Lösungen, so daß die Gesamtzahl der Lösungen stets gleich N ist. Für die Frequenz erhält man schließlich:

$$\nu = \frac{1}{\pi} \sqrt{\frac{a}{m}} \cdot \sin \frac{2\pi k}{N} .$$

Für das eindimensionale Gitter gibt es also N Eigenfrequenzen. Die Gesamtzahl der Eigenschwingungen für ein dreidimensionales Gitter beträgt entsprechend $3N$, wenn die Zahl der Atome in dem (einfachen) Kristallgitter N ist.

In heteropolaren Gittern sind es Ionen, also elektrisch geladene Partikeln, die in Wärmeschwingung geraten. Bei Schwingungen elektrisch geladener Teilchen entstehen elektromagnetische Wellen. So senden die polaren Kristalle durch Schwingungen der Ionen elektromagnetische Wellen großer Wellenlängen (20—200 μ) aus. Diese liefern charakteristische Spektren im Ultrarot, die man als Reststrahlenspektren bezeichnet. Kubische heteropolare Salze vom Typus AX, z. B. NaCl, zeigen in ihren Reststrahlenspektren nur ein einziges, scharf ausgeprägtes Maximum. Dieses Maximum entspricht einer Schwingung der beiden Teilgitter (z. B. Na-Gitter und Cl-Gitter) gegeneinander. Diese Schwingungen liegen für NaCl, KCl, KJ, TlCl, TlJ entsprechend bei 52, 63, 94, 100 und 150 μ. Bei komplizierter gebauten Gittern treten entsprechend kompliziertere Schwingungen auf. Insbesondere können charakteristische Schwingungen in einem Gitter mit komplexen Radikalen (z. B. SO_4, CO_3 usw.) auftreten. Die Ionen innerhalb eines Radikals können dann in bezug auf dessen Schwerpunkt Schwingungen ausführen. Beispielsweise bilden im $CaCO_3$-Gitter die CO_3-Gruppen gleichseitige Dreiecke, bei denen die O-Teilchen die Ecken und die C-Teilchen die Mittelpunkte besetzen. Hierbei können nun die O-Partikeln in der Richtung C—O Schwingungen ausführen, die zu einer Frequenz von 9 μ Veranlassung geben. Schließlich können die C-Partikeln einerseits und die O-Partikeln andererseits mit entgegengesetzter Phase senkrecht zur Dreiecksebene schwingen. Dadurch wird eine Frequenz bei 11 μ erzeugt. Es ist mehrfach gezeigt worden, daß sich diese Frequenzen im Spektrum, die Radikalionen zugeordnet werden können, nur wenig ändern, wenn das gleiche Radikal in verschiedenen Kristallgittern untersucht wird.

Das Verfahren, die ungeordnete Wärmebewegung in einem binären, polaren Gitter durch eine Schwingung zweier in sich starrer „Teilgitter" (z. B. aller positiven Ionen einerseits und aller negativen Ionen andererseits) zu ersetzen, hat auch zu einem wenigstens näherungsweise gültigen Bild vom S c h m e l z v o r g a n g geführt (BRAUNBECK). Es wird also angenommen, daß die beiden Gitter (etwa das Na^+- und das Cl^--Gitter) als starre Gebilde gegeneinander schwingen, und zwar soll diese Schwingung längs einer Translationsrichtung erfolgen, wobei eine möglichst geringe Energieschwelle überschritten wird. Das geschieht für NaCl längs der Richtung [110]. Die Koordinate in Richtung der Verschiebung sei u. Das gegenseitige Potential für eine solche Verschiebung sei eine periodische Funktion von u, also $P = f(u)$, wobei $P = 0$ für $u = 0$. Die kinetische Energie L beträgt für den Fall, daß der gemeinsame Schwerpunkt der beiden Teilgitter mit den Atomgewichten M_1 und M_2 ihrer Bestandteile in Ruhe bleiben soll:

$$L = \frac{\mu}{2} \cdot \dot{u}^2 = U - P = U - f(u),$$

wenn $\frac{1}{\mu} = \frac{1}{M_1} + \frac{1}{M_2}$ und U die Gesamtenergie des Systems ist $\left(\dot{u} = \frac{du}{dt}\right)$.

Daraus:

$$\dot{u} = \sqrt{\frac{2}{\mu}\,(U - f\,(u))}$$

oder

$$dt = \frac{du}{\sqrt{\frac{2}{\mu}\,(U - f\,(u))}}$$

Die zeitlich mittlere kinetische Energie $\overline{L}$ ist dann:

$$\overline{L} = \frac{\int L\,dt}{\int dt} = \frac{\int \sqrt{U - f(u)}\,du}{\int \frac{du}{\sqrt{U - f(u)}}} = \varphi(U).$$

Es wird nun entsprechend der kinetischen Theorie der Materie gesetzt:

$$\overline{L} = n \cdot \frac{3\,R}{2} \cdot T$$

(n = Anzahl der Atome in der Molekel, T = abs. Temperatur) oder

$$T = \frac{2}{3\,n\,R} \cdot \varphi\,(U).$$

Dies ist also eine Beziehung zwischen der absoluten Temperatur und der inneren Energie, die auswertbar wird, wenn die Funktion $P = f\,(u)$ bekannt ist. Wir setzen:

$$P = f(u) = A \sin^2 \frac{\pi\,u}{s},$$

worin A der Schwellenwert der potentiellen Energie ist, den die beiden Teilgitter bei ihrer gegenseitigen Verschiebung überwinden müssen, und s die Verschiebung ist, die das Gitter in der Richtung u mit sich selbst zur Deckung bringt (Identitätsperiode). Nun kann man integrieren und kommt so schließlich zu einer Beziehung:

$$\overline{L} = A \cdot \psi\left(\frac{U}{A}\right) \quad \text{oder} \quad \frac{T}{A} = \frac{2}{3\,n\,R} \cdot \psi\left(\frac{U}{A}\right),$$

wo ψ eine spezielle auswertbare Funktion bedeutet, die sich aber nicht in einfacher Weise darstellen läßt.

Für kleine Werte von $\frac{U}{A}$ ist $\psi = \frac{U}{2A}$, also

$$\bar{L} = \frac{U}{2} \quad \text{oder} \quad \frac{T}{A} = \frac{2}{3nR} \cdot \frac{U}{2A}.$$

Das heißt für kleine Schwingungen ($U \gg A$) ist die mittlere kinetische Energie gleich der halben Gesamtenergie.

Für $U = A$ wird $\psi = 0$. Das heißt: Die zeitlich mittlere Energie ist gleich Null, da hier die kinetische Energie gerade ausreicht, das System auf das Maximum der potentiellen Energie zu bringen. Das System wird in diesem Grenzfall unendlich lange auf dem Energiemaximum verweilen, wo es die Geschwindigkeit Null besitzt. Für $\frac{U}{A} > 1$ tritt eine monotone Bewegung des Systems ein. Für $U \gg A$ wird $\psi = \frac{U}{A} - \frac{1}{2}$ und damit

$$\bar{L} = U - \frac{A}{2}.$$

Durch Elimination von A können nun Beziehungen zwischen verschiedenen thermischen Größen gewonnen werden, die sich mit der Erfahrung vergleichen lassen. Es sind dies folgende bekannte Zusammenhänge:

1. Proportionalität zwischen absoluter Schmelztemperatur und Schmelzwärme,
2. Abweichung der Atomwärme C vom Wert $3R$ bei hohen Temperaturen,
3. eine Beziehung zwischen $\frac{dC}{dT}$ bei hohen Temperaturen und der absoluten Schmelztemperatur,
4. eine Beziehung zwischen dem Schmelzpunkt und der ultraroten Eigenfrequenz.

Zusammenfassend können wir feststellen, daß auf Grund stark idealisierter Annahmen ein qualitativ richtiges Bild des Schmelzvorganges gittertheoretisch abgeleitet werden kann.

Im einzelnen ist zu erwarten, daß mit steigenden Bindungskräften die Schmelztemperatur ansteigt. Dies läßt sich in der Tat erfahrungsgemäß belegen. Man kann in einigen Reihen zeigen, daß der Schmelzpunkt mit steigendem Atom- bzw. Ionenabstand fällt, z. B.

Substanz	NaF	NaCl	NaBr	NaJ
Abstand $A-X$	2,31	2,81	2,98	3,23
Schmelzpunkt °C ...	988	801	740	660

oder

Substanz	NaF	KF	RbF	CsF
Abstand $A-X$	2,31	2,66	2,82	3,00
Schmelzpunkt °C	988	846	775	684

Der Einfluß der Ionenladung kommt im folgenden Vergleich zum Ausdruck:

Substanz	NaF	CaO
Wertigkeit	1	2
Abstand $A-X$	2,31	2,40
Schmelzpunkt °C	988	2570

Auch die Flüchtigkeit kristallisierter Substanzen muß in ähnlicher Weise vom strukturellen Aufbau abhängen. Das Verdampfen eines Salzes bedeutet ja die Abtrennung von Einzelmolekeln aus dem Gitterverband. Dafür muß offenbar eine Energie aufgewandt werden, die einen bestimmten Bruchteil derjenigen Energie ausmacht, die bei der Vereinigung der freien Ionen zum Kristall gewonnen wird. Danach also müßte die Sublimationswärme einer Reihe von Salzen gleichen Gittertyps einen konstanten Bruchteil der Gitterenergie betragen. Das heißt, die Sublimationswärmen müßten parallel mit den Gitterenergien verlaufen. So ist zu erwarten, daß Kristalle, die aus zwei doppelt geladenen Ionen aufgebaut sind, weit weniger flüchtig sind als solche, die aus einfach geladenen Ionen bestehen. Beispielsweise siedet NaF bei 1700° C, MgO dagegen bei 2800° C. Auch die Abhängigkeit vom Ionenabstand im Gitter kommt deutlich zum Ausdruck. Da für die Sublimationswärme keine genauen Daten vorliegen, betrachten wir die gemessenen Siedepunkte der geschmolzenen Substanzen (vgl. Tabelle), die uns immerhin einen gewissen Anhalt für die gesuchte Beziehung geben werden.

Siedepunkte der Alkalihalogenide bei 760 mm in °C

		Li	Na	K	Rb	Cs
F	A—X	2,01	2,31	2,66	2,82	3,00
	Sp.	1676	1695	1505	1410	1251
Cl	A—X	2,57	2,81	3,14	3,27	3,57
	Sp.	1382	1441	1417	1383	1303
Br	A—X	2,75	2,98	3,29	3,43	3,71
	Sp.	1310	1393	1381	1351	1300
J	A—X	3,00	3,23	3,53	3,66	3,95
	Sp.	1170	1300	1331	1305	1280

Für die Halogenide des Na, K, Rb und Cs fallen in der Tat mit steigendem Ionenradius (fallender Gitterenergie) die Siedepunkte. Doch sind auch Abweichungen von dieser Gesetzmäßigkeit vorhanden, insbesondere bei den Li-Salzen.

Die spezifische Wärme eines Kristalls ergibt sich mit Hilfe der oben abgeleiteten Beziehung. Es ist:

$$C_v = \frac{dU}{dT}.$$

Es wurde abgeleitet:

$$T = A \cdot \frac{2}{3nR} \cdot \psi\left(\frac{U}{A}\right),$$

also:

$$\frac{dT}{dU} = A\,\frac{2}{3nR} \cdot \frac{d\psi}{dq} \cdot \frac{1}{A},$$

wobei $q = \frac{U}{A}$ ist.

Demnach:

$$C_v = \frac{3nR}{2} \cdot \frac{1}{\frac{d\psi}{dq}}.$$

Da für kleine q nun $\psi = \frac{q}{2}$ ist, wird $\lim_{q \to 0} \left(\frac{d\psi}{dq}\right) = \frac{1}{2}$.

Für niedrige q-Werte (also $U \ll A$ oder für niedrige Temperaturen) erhält man dann:

$$C_v = 3 \cdot n \cdot R.$$

Man gewinnt also das DULONG-PETITsche Gesetz. Bei hohen Temperaturen kommt man aber zu Abweichungen von diesem Gesetz, und zwar in dem Maße, wie $\frac{d\psi}{dq}$ vom Wert ½ abweicht. In der Tat zeigt für höhere Temperaturen die spezifische Wärme C_v eine lineare Abhängigkeit von der Temperatur und nähert sich bei fallender Temperatur dem DULONG-PETITschen Wert.

Große Abweichungen des DULONG-PETITschen Gesetzes treten bei tiefen Temperaturen in Erscheinung. Versuche haben gezeigt, daß die spezifische Wärme kristallisierter Elemente von dem bei mittleren Temperaturen gültigen Wert $3\,R$ zunächst langsam, dann steil abfällt und schließlich beim absoluten Nullpunkt verschwindet. Auf der Quantentheorie aufbauend, hat DEBYE eine Theorie der spezifischen Wärme entwickelt. Zunächst wird der feste Körper als Kontinuum betrachtet, das mit unendlich vielen Frequenzen schwingen kann. In Wirklichkeit besteht ein Kristall aber aus einer endlichen Zahl von Atomen ($= N$). Der feste Körper hat demnach nicht unendlich viele Freiheitsgrade, sondern nur $3N$ Freiheitsgrade, und die Höchstzahl seiner Eigenfrequenzen ist $3N$. Infolge des gitterartigen Aufbaus der Kristalle kommt demnach ein Teil der Frequenzen des Kontinuums in Wegfall. Es sind dies notwendigerweise die hohen Frequenzen, da für elastische Wellen, deren Wellenlängen von der Größenordnung der Gitterabstände sind, die Gesetze des Kontinuums nicht mehr anwendbar sind. Diesem Gedankengang folgend, nimmt DEBYE an, daß für einen Kristall eine bestimmte Maximalfrequenz ν_{max} existiert derart, daß Frequenzen größer als ν_{max} überhaupt nicht vorhanden sind. Nach der klassischen Theorie kommt jeder Eigenfrequenz die Energie $k\,T$ zu. Anders ist dies aber in der Quantentheorie. Hier hängt die mittlere Energie w einer Schwingung von der Temperatur nach folgendem Gesetz ab:

$$w = \frac{h \cdot \nu}{e^{\frac{h\nu}{kT}} - 1}.$$

Die thermische Energie eines Kristalls mit N Atomen erhält man, wenn man jeder der $3N$ Frequenzen den entsprechenden Energiebetrag w zuordnet und über alle Frequenzen, die kleiner als ν_{max} sind, summiert. Differenziert man diese Gesamtenergie nach T, so erhält man für die spezifische Wärme den Ausdruck:

$$C_v = 3\,N\,k\,D\left(\frac{T}{\Theta}\right) = 3\,R\,D\left(\frac{T}{\Theta}\right).$$

$D\left(\frac{T}{\Theta}\right)$ ist eine spezielle Funktion („DEBYEsche Funktion"). Θ wird als „charakteristische Temperatur" bezeichnet. Es ist: $\Theta = \frac{h \cdot \nu_{\max}}{k}$. Für hohe Temperaturen ($T \gg \Theta$) wird $D = 1$, also $C = 3\,R$, in Übereinstimmung mit dem DULONG-PETITschen Gesetz. Für hinreichend tiefe Temperaturen ($T \ll \Theta$) wird

$$C_v = \frac{12\,\pi^4}{5} \cdot \frac{R}{\Theta^3} \cdot T^3.$$

Das heißt, in der Nähe des absoluten Nullpunktes wächst die spezifische Wärme mit der 3. Potenz der Temperatur. Das stimmt mit der Erfahrung recht gut überein.

Wollten wir nun einmal versuchen, auf Grund entsprechender Verfahren etwa die **Wärmeausdehnung** der Kristalle zu bestimmen, so würden sich dabei zunächst prinzipielle Schwierigkeiten ergeben. Es zeigt sich, daß auf Grund der vereinfachten Annahmen die Lösung dieses Problems unmöglich ist. Eine einfache Betrachtung lehrt das sofort:

Verfolgt man eine quasielastische Schwingung zweier Teilchen, so erkennt man, daß der Abstand zwischen den Teilchen ebensooft verkleinert wie vergrößert wird. Die Teilchen schwingen ja symmetrisch um ihre Ruhelagen. Der mittlere Abstand zwischen den beiden Teilchen ist demnach von der Amplitude der Schwingung vollständig unabhängig, so daß also insbesondere keine Abhängigkeit dieses Abstandes von der Temperatur bestehen kann. Damit wir eine Beziehung zwischen Abstand und Amplitude erhalten, müssen wir annehmen, daß die Schwingungen unsymmetrisch erfolgen, und zwar so, daß die Auswärtsschwingung größer ist als die Einwärtsschwingung. Die rücktreibende Kraft ist daher nicht mehr symmetrisch in bezug auf die Ruhelage. Sie ist geringer, wenn sich die Partikeln entfernen, größer, wenn sie sich annähern. Nehmen wir einmal an, die potentielle Energie zwischen zwei Partikeln verlaufe in Abhängigkeit vom Partikelabstand gemäß der Kurve in Abb. 46. Man kann sich dann die Bewegung eines Teilchens klarmachen, wenn man sich vorstellt, daß eine Kugel auf einer festen Bahn, wie sie die Kurve in vertikaler Lage darstellt, abrollt. Die potentielle Energie der Kugel entspricht dann jeweils der potentiellen Energie zwischen den beiden Partikeln. Die Horizontalkomponente der Bewegung der Kugel würde dann der Schwingungsbewegung der Teilchen entsprechen. Ist keine Temperaturbewegung vorhanden, die kinetische Energie also gleich Null, so ruht die Kugel im untersten Punkt A, dem Minimum der potentiellen Energie. Erteilt man der Kugel kinetische Energie, so rollt sie an beiden Ästen der Kurve empor, und zwar immer in die gleiche Höhe. Wäre die Kurve symmetrisch, d. h., wäre die Bindung quasielastisch, so würden die beiden Punkte, nach denen die Kugel maximal ausschwingt, gleich weit von der Ruhelage entfernt sein. Die mittlere Lage der Kugel wäre immer noch A. Ist dagegen, wie bei der Kurve Abbildung 46, der Anstieg mit wachsendem Abstand r flacher, so sieht man sofort, daß die Ausschläge unsymmetrisch werden und daß insbesondere der maximale Ausschlag in Richtung des wachsenden Abstandes größer ist. Also $BA' < A'C$. Die mittlere Lage der Kugel ist nun nicht mehr A. sondern D. Sie liegt jetzt bei einem größeren Partikelabstand. Demnach werden mit steigender Temperatur die mittleren Lagen zweier schwingender Partikeln einen immer größer werdenden Abstand erhalten. Nur auf diese Weise kommt die Ausdehnung eines Kristalls bei Erwärmung zustande.

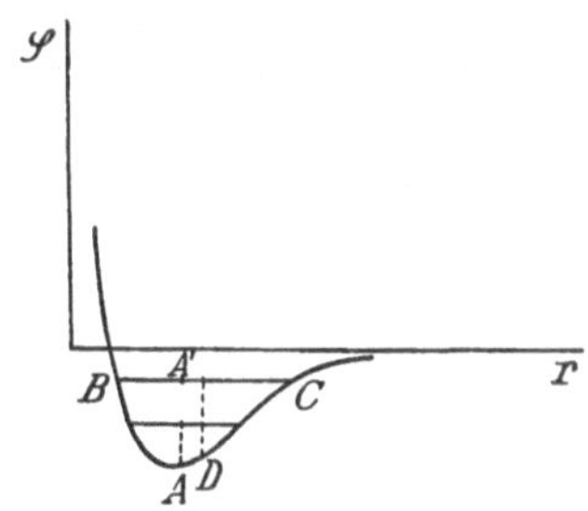

Abb. 46. Verlauf der potentiellen Energie φ in Abhängigkeit vom Partikelabstand r

Auch für die Wärmeausdehnung wollen wir unsere Betrachtung auf ein stark vereinfachtes Modell, das diesmal nur aus zwei benachbarten Atomen bestehen soll, beschränken. Wie wir gesehen haben, muß sich dabei zeigen, daß der mittlere Abstand der Atome mit der Temperatur größer wird. Dann können wir schließen, daß auch in einem Kristallgitter die Temperaturerhöhung eine Vergrößerung des mittleren Atomabstandes bewirkt, d. h., der Kristall muß sich ausdehnen. Die Entfernung zwischen zwei Atomen A und B sei im Gleichgewicht gleich r_0. Die Atome führen längs der

Verbindungslinie Schwingungen aus. In einem bestimmten Zeitpunkt sei die Entfernung der Atome $r_0 + x$. Die Atome werden dann durch die Kraft $K = -\alpha x + \beta x^2$ zurückgetrieben, wenn man nur noch das Glied zweiter Ordnung berücksichtigt. Nur das erste Glied ist der Verrückung einfach proportional, entspricht also einer elastischen Kraft, die, wie wir bereits besprochen haben, allein für das vorliegende Problem nicht genügt. Das Glied βx^2 gibt uns also die Abweichungen vom elastischen Kraftgesetz. Berücksichtigen wir vorübergehend nur das erste Glied, so ergibt sich als potentielle Energie für das schwingende Atom der Betrag $\frac{1}{2}\alpha x^2$. Bei der Temperatur T muß der Schwingungsenergie des Atoms die mittlere kinetische Energie $\frac{1}{2} kT$ zukommen. Dieser Energiebetrag muß aber auch gleich der mittleren potentiellen Energie sein. Es muß also gelten:

$$\frac{1}{2}\alpha\,\overline{x^2} = \frac{1}{2} k \cdot T,$$

worin $\overline{x^2}$ den Mittelwert von x^2 darstellen soll. Damit wird:

$$\overline{x^2} = \frac{k \cdot T}{\alpha}.$$

Andererseits muß der Mittelwert der zurücktreibenden Kraft K gleich Null sein. Also gilt:

$$-\alpha\,\overline{x} + \beta\,\overline{x^2} = 0 \quad \text{oder} \quad \overline{x} = \frac{\beta}{\alpha}\,\overline{x^2}.$$

Setzen wir hier den oben gewonnenen Mittelwert für x^2 ein, so erhalten wir schließlich

$$\overline{x} = \frac{\beta \cdot k}{\alpha^2} \cdot T.$$

Der mittlere Abstand zweier Atome ändert sich demnach infolge der thermischen Bewegung proportional zur absoluten Temperatur. Nun ist der Ausdehnungskoeffizient γ bekanntlich gleich der Längenänderung pro Längeneinheit und pro Grad. Danach wird

$$\gamma = \frac{\overline{x}}{r_0 \cdot T} = \frac{\beta k}{r_0 \cdot \alpha^2}.$$

Nehmen wir nun an, die Partikeln A und B seien entgegengesetzt geladene einwertige Ionen! Nach unserem Potentialansatz S. 59 gilt entsprechend für die Kraft K, die zwischen zwei entgegengesetzt geladenen Ionen im Abstand r wirkt, der Ausdruck

$$K = -\frac{e^2}{r^2} + \frac{b}{r^{n+1}}.$$

Für den Gleichgewichtsabstand r_0 muß $K = 0$ sein, also $\frac{e^2}{r_0^2} = \frac{b}{r_0^{n+1}}$. Setzen wir für $n = 9$ (NaCl-Typ!), so erhalten wir

$$b = e^2 \cdot r_0^8.$$

Daher wird:

$$K = -\frac{e^2}{r^2} + \frac{e^2 r_0^8}{r^{10}}.$$

Wenn wir nun noch $r = r_0 + x$ setzen und nach Potenzen von x entwickeln, erhalten wir

$$K = -\frac{8e^2}{r_0^3}x + \frac{52e^2}{r_0^4}x^2 + \cdots.$$

Wir finden somit für die beiden Konstanten α und β:

$$\alpha = \frac{8e^2}{r_0^3}; \qquad \beta = \frac{52e^2}{r_0^4}.$$

Schließlich gewinnt man:

$$\gamma = \frac{\beta \cdot k}{r_0 \alpha^2} = \frac{52}{64} \frac{r_0 \cdot k}{e^2}.$$

Mit $k = 1{,}36 \cdot 10^{-16}$ (Boltzmann-Konstante), $e = 4{,}80 \cdot 10^{-10}$ elektrostatische Einheiten und $r_0 = 3 \cdot 10^{-8}$ cm erhalten wir den Wert $\gamma = 1{,}4 \cdot 10^{-5}$. Dieser Wert stimmt größenordnungsmäßig durchaus mit der Erfahrung überein (z. B. ist für NaCl $\gamma = 4{,}039 \cdot 10^{-5}$).

Die Gleichung für den Ausdehnungskoeffizienten zeigt zunächst eine direkte Proportionalität zum Gleichgewichtsabstand r_0. Inwieweit diese Beziehung erfüllt ist, soll durch folgende Tabelle (S. 160) dargestellt werden (Klemm).

Wir sehen, daß bei gleichem Kation die Ausdehnungskoeffizienten tatsächlich mit wachsendem Ionenabstand (also vom F zum J) ansteigen. Dagegen ergibt sich schlechte Übereinstimmung mit der theoretischen Forderung, wenn man die Änderung bei gleichem Anion vom Na zum Rb betrachtet (abgesehen von LiF, NaF, KF und den Rb- und Cs-Verbindungen).

		Li	Na	K	Rb	Cs
F	r_0 in Å	2,01	2,31	2,66	2,82	3,00
	$\gamma \cdot 10^6$	102	108	110	—	—
Cl	r_0 in Å	2,57	2,81	3,14	3,27	3,57
	$\gamma \cdot 10^6$	132	120	115	108	136
Br	r_0 in Å	2,75	2,98	3,29	3,43	3,71
	$\gamma \cdot 10^6$	150	129	120	114	139
J	r_0 in Å	3,00	3,23	3,53	3,66	3,95
	$\gamma \cdot 10^6$	177	145	135	129	146

Wollen wir die Abhängigkeit des Ausdehnungskoeffizienten von der Wertigkeit betrachten, so müssen wir an Stelle von e in unserer Gleichung $z \cdot e$ setzen, wobei z die Zahl der Elementarladungen der bei den Ionenarten des betrachteten binären Gitters bedeutet. Daraus folgt ohne weiteres, daß die thermische Ausdehnung umgekehrt proportional ist zum Quadrat der Wertigkeit. Für Ionenkristalle, die im gleichen Gittertypus kristallisieren, muß die Beziehung gelten: $\gamma_1/\gamma_2 = z_2^2/z_1^2$ oder $\gamma_1 \cdot z_1^2 = \gamma_2 \cdot z_2^2 = \text{const.}$ Inwieweit diese Beziehung günstigsten Falls erfüllt ist, sollen folgende ausgesuchte Beispiele demonstrieren (MEGAW):

Kristallart	Gittertyp	z	$\gamma \cdot 10^6$	$z^2 \cdot \gamma \cdot 10^6$
NaCl	Steinsalz	1	40	44
MgO		2	10	40
CaF_2	Flußspat	2	19	76
ZrO_2		4	4,5	72
CuBr	Zink-	1	19	19
ZnS	blende	2	6,7	27
MgF_2	Rutil	2	11	44
SnO_2		4	3,4	54
$NaNO_3$	Calcit	1	47	47
$MgCO_3$		2	11	44

Die Übereinstimmung der experimentellen Daten mit dem theoretisch gefundenen Gesetz ist ganz befriedigend. Es sei betont, daß sie nicht in allen Fällen so gut ist.

Man gelangt nun auf folgendem Wege zu einer verfeinerten Gesetzmäßigkeit in Hinsicht auf die Wertigkeit. In unserem stark vereinfachten Modell zur Ableitung des thermischen Ausdehnungskoeffizienten haben wir nur zwei benachbarte Ionen betrachtet, die gewissermaßen aus dem Kristallgitter herauspräpariert werden. Im Kristallgitter kommt nun aber nicht die gesamte Ladung eines Ions zur Wirkung auf das benachbarte entgegengesetzt geladene Ion. Die wirksame Ladung auf einen Nachbarn erhält man vielmehr erst, wenn die Gesamtladung durch die Anzahl der umgebenden, anders geladenen Nachbarn, d. i. aber gerade die Koordinationszahl, dividiert wird. Es ist also an Stelle von z der Wert z/p zu setzen, wobei p die Koordinationszahl bedeutet. Der Ausdruck $q = z/p$ wird auch als „elektrostatische Valenz" (PAULING) bezeichnet. Wenn ein Gitter Ionen mit verschiedenen Wertigkeiten enthält, gilt die Regel: $p_1/p_2 = z_1/z_2$ (PAULINGsche Regel). Damit wird $z_1/p_1 = z_2/p_2$ oder q hat für beide Ionenarten den gleichen Wert.

Setzen wir nun in unserer Beziehung für die thermische Ausdehnung q an Stelle der gewöhnlichen Wertigkeit z, so resultiert folgende Regel: Der thermische Ausdehnungskoeffizient ist umgekehrt proportional dem Quadrat der elektrostatischen Valenz oder in Formeln

$$\gamma \sim 1/q^2 \text{ oder } \gamma \cdot q^2 = \text{const.}$$

Entsprechend ihrer Ableitung ist zu erwarten, daß die Regel nur in erster Näherung durch die Erfahrung erfüllt wird. Wir geben in folgender Tabelle einige charakteristische Beispiele (MEGAW):

Kristallart	q	$\gamma \cdot 10^6$	$\gamma \cdot q^2 \cdot 10^6$
$CsCl$	$\frac{1}{8}$	53	0,87
$NaCl$	$\frac{1}{6}$	40	1,11
CaF_2	$\frac{2}{8} = \frac{1}{4}$	19	1,19
$CuBr$	$\frac{1}{4}$	19	1,19
MgO	$\frac{2}{6} = \frac{1}{3}$	10	1,11
ZrO_2	$\frac{4}{8} = \frac{1}{2}$	4,5	1,12
ZnS	$\frac{2}{4} = \frac{1}{2}$	6,7	1,67

Die Übereinstimmung ist auch hier befriedigend.

Um die Abhängigkeit des thermischen Ausdehnungskoeffizienten vom Gittertyp zu gewinnen, müssen die Betrachtungen allgemein für den dreidimensionalen Fall geführt werden. Im Prinzip geschieht das auf dem gleichen Weg, wie er bereits oben gegangen wurde. Es ergibt sich dabei für kubische Kristalle (KLEMM):

$$\gamma = 9 \cdot \frac{n+2}{n-1} \cdot \frac{k \cdot r_0}{a \cdot e^2}.$$

Hierin ist n der Abstoßungsexponent (S. 61) und a die MADELUNGsche Zahl (S. 58). Wir sehen, dieser Ausdruck unterscheidet sich nur im konstanten Faktor von der einfacheren Formel für γ! Der Gittertypus kommt in der MADELUNGschen Zahl a zur Geltung, die im Nenner steht. Folgende Zusammenstellung gibt uns einen anschaulichen Eindruck vom Gültigkeitsbereich der Formel:

NaCl: $\gamma = 120 \cdot 10^{-6}$ ber., $121 \cdot 10^{-6}$ beob.
PbS: $\gamma = 34 \cdot 10^{-6}$ ber., $60 \cdot 10^{-6}$ beob.
CaF_2: $\gamma = 52 \cdot 10^{-6}$ ber., $56 \cdot 10^{-6}$ beob.

Daß gerade beim PbS größere Diskrepanzen vorliegen, das darf uns nicht wundern. Denn beim PbS liegt sicher keine reine heteropolare Bindung vor, so daß für diesen Fall die obige Formel streng nicht mehr gültig ist.

Es ist zu erwarten, daß die thermische Ausdehnung auch allgemein vom jeweiligen Bauplan einer Kristallstruktur abhängt. Am auffallendsten wird eine derartige Abhängigkeit in Gittern mit ausgeprägten Schicht- oder Kettenbildungen zum Ausdruck kommen. Deutliche Schichtgitter weisen z. B. die Elemente As, Sb und Bi auf. Hier liegen die kürzesten Verbindungslinien zwischen den einzelnen Atomen der Gitter etwa in der Basisebene, also senkrecht zur trigonalen Achse. Die Ausdehnungskoeffizienten für Sb parallel und senkrecht zur Achse z. B. haben die Werte $\gamma_{\parallel} = 17 \cdot 10^{-6}$, $\gamma_{\perp} = 8 \cdot 10^{-6}$. Typische Schichtengitter zeigen z. B. auch die Substanzen $Ca(OH)_2$ und $Mg(OH)_2$, letztere Verbindung als Mineral Bruzit genannt. Die Schichten bestehen aus einer Netzebene von Ca- bzw. Mg-Atomen, die beiderseits von je einer OH-Netzebene bedeckt ist. Die Schichten dieser hexagonalen Gitter liegen parallel (0001). Für $Ca(OH)_2$ betragen die Ausdehnungskoeffizienten parallel bzw. senkrecht zur Hauptachse: $\gamma_{\parallel} = 33 \cdot 10^{-6}$, $\gamma_{\perp} = 10 \cdot 10^{-6}$ für $Mg(OH)_2$: $\gamma_{\parallel} = 45 \cdot 10^{-6}$, $\gamma_{\perp} = 11 \cdot 10^{-6}$. Man erkennt daraus, daß im allgemeinen der Ausdehnungskoeffizient senkrecht zu den Schichten größer ist als jener parallel zu den Schichten.

Interessant sind die Beziehungen zwischen Ausdehnung und Gitterbau, wie man sie beim Kalkspat gewinnen kann: Beim Kalkspat ist $\gamma_{\parallel} = 25 \cdot 10^{-6}$, $\gamma_{\perp} = -6 \cdot 10^{-6}$. Danach ist eine bemerkenswerte thermische Ausdehnung in Richtung der Hauptachse möglich. Es ergeben sich folgende Zusammenhänge mit der Struktur:

Die CO_3-Ionen liegen in Ebenen senkrecht zur Hauptachse. Die CO_3-Gruppen werden durch starke homöopolare Kräfte zusammengehalten. Entsprechend ist die Ausdehnung in diesen Ebenen gering, während die größte Ausdehnungsmöglichkeit senkrecht dazu, also in Richtung der Hauptachse, liegt.

Im Gegensatz zu den angeführten Beispielen sind die Ausdehnungskoeffizienten bei Kristallen, deren Strukturen keine ausgeprägten Anisotropien aufweisen, nicht stark voneinander verschieden. In der Tat ist der Ausdehnungskoeffizient bei Kristallen mit Strukturen, die der dichtesten Kugelpackung entsprechen, nicht nennenswert von der Richtung abhängig. Dies trifft z. B. für Magnesium zu. Die Ausdehnungskoeffizienten von Magnesium senkrecht bzw. parallel zur Hauptachse haben die Werte: $\gamma_{\perp} = 25 \cdot 10^{-6}$ bzw. $\gamma_{\parallel} = 27 \cdot 10^{-6}$. Beim Chrysoberyll, Al_2BeO_4, und beim Topas, $Al_2[F_2 \mid SiO_4]$, bilden die Sauerstoffionen angenähert hexagonal dichteste Kugelpackungen. Auch hier zeigen die Werte für die Ausdehnungskoeffizienten keine große Anisotropie. Für Chrysoberyll ist $\gamma_a = 6{,}0 \cdot 10^{-6}$, $\gamma_b = 6{,}0 \cdot 10^{-6}$, $\gamma_c = 5{,}2 \cdot 10^{-6}$. Für Topas sind die entsprechenden Werte 4,8, 4,1 und $5{,}9 \cdot 10^{-6}$.

Auch die Erscheinung der W ä r m e l e i t u n g in Kristallen kann keine Erklärung finden, wenn man nur rein quasielastische Kräfte zwischen den Partikeln voraussetzt. Im Falle der quasielastischen Kräfte erscheint die Wärmebewegung im Kristall in Form harmonischer Wellen. Eine solche Bewegung aber würde eher einer Wärmes t r a h l u n g, nicht aber der Erscheinung der Wärmel e i t u n g entsprechen. Die Wärmewellen schreiten mit Schallgeschwindigkeit ungestört durch den Kristall von einem Ende zum anderen Ende hindurch, so daß also kein Temperaturgefälle entstehen kann. Um zu einer Deutung der Wärmeleitfähigkeit zu gelangen, müssen ebenso wie bei der Theorie der Wärmeausdehnung n i c h t lineare Glieder berücksichtigt werden. Diese Abweichungen von den quasielastischen Bindungskräften verhindern eine ungestörte Fortpflanzung der Wellen. Dadurch wird eine Energiezerstreuung bewirkt, die eben das langsame Vorrücken der mittleren Energie zur Folge hat. In dieser Tatsache aber hat die Erscheinung der Wärmeleitfähigkeit ihre Ursache. Man hat sich diese etwas komplizierten Vorgänge etwa folgendermaßen vorzustellen:

Durch die sich kreuzenden Wellenzüge, die durch die Atombewegungen im Kristallgitter erzeugt sind, entstehen Dichteschwankungen. Da sich nun die Wellen nicht mehr störungsfrei überlagern, wenn das elastische Kraftgesetz nicht mehr gilt, erfährt jeder Wellenzug an den Verdichtungsstellen eine Zerstreuung, so daß die Amplitude der Welle abnimmt, d. h. ihre Energie wird kleiner. Man kann, um diese Streuung zu berücksichtigen, für jeden Wellenzug eine Art „mittlere freie Weglänge" einführen derart, daß eine Welle nach Durchlaufen einer bestimmten Strecke plötzlich abbricht und eine neue mit anderer Richtung und Frequenz an ihrer Stelle entsteht. Ähnlich wie die Bewegung der Molekeln in einem Gase würden auf diese Weise die Wellen im Kristallgitter gewissermaßen Zickzackwege zurücklegen, die natürlich die Fortpflanzungsgeschwindigkeit der thermischen Bewegungen von warmen zu kälteren Gitterbereichen stark herabsetzen. Die erwähnte „mittlere freie Weglänge" ergibt sich proportional der Temperatur, und damit gilt das gleiche auch für den Wärmestrom. In der Tat wächst nach experimentellen Untersuchungen die Wärmeleitfähigkeit von Kristallen bei abnehmender absoluter Temperatur ungefähr umgekehrt proportional zu dieser an. Sie sollte demnach am absoluten Nullpunkt unendlich groß werden. Auch diese Erscheinung würde mit der Vorstellung der Gittertheorie durchaus übereinstimmen. Denn wir müssen ja annehmen, daß in der Nähe des absoluten Nullpunktes die Schwingungsamplituden außerordentlich klein werden. In diesem Falle wird man die quasielastischen Bindungskräfte zwischen den Atomen den Ausschlägen derselben genau proportional setzen können. Am absoluten Nullpunkt haben wir dann tatsächlich den Fall, daß die Wärmebewegung in Form harmonischer Wellen durch den Kristall wandert, so daß der Transport der thermischen Energie mit Schallgeschwindigkeit, d. h. aber praktisch unendlich schnell, durchgeführt wird.

Es sei abschließend bemerkt, daß diese in ihren Grundzügen umrissene Theorie der Wärmeleitung in Kristallen, die von Debye entwickelt worden ist, in ihrer exakten mathematischen Durchführung recht kompliziert ist. Da sie außerdem nicht unangefochten geblieben ist, können wir um so eher auf ihre genauere Darstellung verzichten. Ein Versuch, des Wärmeleitproblems auf quantenmechanischem Wege Herr zu werden, stammt von v. KÁRMÁN. Der Ausgangspunkt ist hier auch wieder das einfachste Modell, das aus zwei Massenpunkten besteht, zwischen denen eine elastische Kraft wirkt. Für hohe Temperaturen ergibt sich der Wärmeübergang proportional dem reziproken Wert der absoluten Temperatur.

In Analogie zur kinetischen Theorie des Transportmechanismus in Gasen kann man nach unseren Ausführungen den Gitterwellen – hier kann auch anschaulich von *Phononen* gesprochen werden – eine mittlere freie Weglänge Λ zuordnen. Für das thermische Leitvermögen k dielektrischer Kristalle ergibt sich dann der Ausdruck:

$$k = \frac{1}{3} \cdot C \cdot v \cdot \Lambda,$$

wobei C die spezifische Wärme pro Volumeneinheit und v die mittlere Schallgeschwindigkeit bedeuten. Aus dieser Gleichung kann die mittlere freie Weglänge der Phononen berechnet werden. Z. B. ergibt sich für β-Quarz parallel zur optischen Achse bei 0° C $\Lambda = 40$ Å und für NaCl 21 Å. Wie oben dargelegt wurde, nimmt das Wärmeleitvermögen und damit Λ mit abnehmender Temperatur zu. Entsprechend ergeben sich für β-Quarz bei -190° C 540 Å und für NaCl 150 Å als Werte für die mittlere freie Weglänge der Phononen. Für Gläser liegen die mittleren freien Weglängen ceteris paribus niedriger als für kristallisierte Zustände. So beträgt beispielsweise der Λ-Wert von SiO_2-Glas bei Zimmertemperatur nur 8 Å und ist damit von der Größenordnung der Lineardimensionen eines $[SiO_4]$-Tetraeders. Nebenbei sei in diesem Zusammenhang erwähnt, daß auch die Phononenstreuung an Gitterstörungen (insbesondere Verunreinigungen) das Wärmeleitvermögen beeinflußt.

Es ist zu erwarten, daß die Anisotropie der thermischen Leitfähigkeit auch wiederum aus dem allgemeinen Aufbau der Kristallgitter in großen Zügen wenigstens abgeleitet werden kann. Derartige Beziehungen müssen am augenfälligsten bei Schichtenstrukturen oder schichtartigen Strukturen sowie bei Gittern mit Kettenbildungen zu beobachten sein. Beim Graphit ist z. B. das Verhältnis des Wärmeleitvermögens senkrecht zur Hauptachse zum

Wärmeleitvermögen parallel zur Hauptachse $k_{\perp}/k_{\parallel} = 4{,}0$. Beim Glimmer ist $k_{[100]}/k_{[001]} = 5{,}8$, $k_{[010]}/k_{[001]} = 6{,}3$. Die Schichten liegen beim Glimmer parallel (001), die Richtungen [100] und [010] liegen in dieser Ebene. Bei der Hornblende (Tremolit) haben wir bekanntlich eine Kettenbildung von SiO_4-Tetraedern parallel [001] (vgl. S. 39). Es ist für Tremolit $k_{[100]}/k_{[001]} = 0{,}36$; $k_{[010]}/k_{[001]} = 0{,}57$. Im allgemeinen läßt sich, wohl erwartungsgemäß, feststellen, daß bei Schichtengittern das Wärmeleitvermögen innerhalb der Schichten größer ist als senkrecht dazu. Bei Gittern mit Kettenbildungen liegt die maximale Leitfähigkeit in der Kette.

3. Optische Eigenschaften

Wie wir gesehen haben, werden Gitterschwingungen in einem Kristall einmal durch die Wärmebewegung angeregt. In diesem Falle gerät das Gitter durch unregelmäßige, wechselseitige Stöße benachbarter Molekeln oder Atome in Schwingung. Eine weitere Möglichkeit, die Schwingungen eines Kristallgitters anzuregen, besteht in der Einwirkung periodischer, elektromagnetischer Felder, also insbesondere fortschreitender Lichtwellen. Die Lichtwellen, die auf das Gitter auftreffen, erzeugen in diesem eine erzwungene Schwingung. Man kann ähnlich wie auf S. 147 die Differentialgleichung für die erzwungene Schwingung aufstellen, daraus die Polarisation im Gitter berechnen und schließlich den Brechungsindex bestimmen.

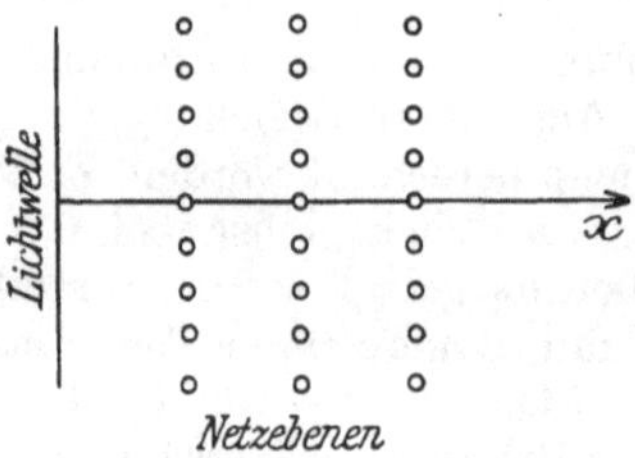

Abb. 47. Bewegung einer Lichtwelle in einem Kristallgitter. Schematische Darstellung nach BUCHWALD

Wir können uns hier nur auf folgende, stark vereinfachte Betrachtungsweise stützen (BUCHWALD): Eine ebene Lichtwelle treffe auf ein Kristallgitter auf, und zwar senkrecht zu einer Netzebenenschar. Die Ebene der Elementarwelle verlaufe also parallel zu den Netzebenen. Die Richtung, in der die Welle fortschreitet, sei die x-Richtung (Abb. 47). Eine solche Welle wird bekanntlich durch folgende Beziehung dargestellt:

$$s = A \cdot e^{2\pi i \left(\nu t - \frac{x}{\lambda}\right)}.$$

Hierin ist s der Lichtvektor, A die Amplitude, ν die Frequenz, λ die Wellenlänge und t die Zeit. Durch diese Welle soll nun das Gitter zu Schwingungen angeregt werden. Von den Netzebenen gehen danach neue, sekundäre Wellen aus, und zwar nach beiden Seiten der x-Richtung. Diese Sekundärwelle habe die Amplitude:

$$\varrho \cdot A\, e^{i\varphi}.$$

Hierin sind ϱ im allgemeinen ein kleiner positiver Faktor, der um so kleiner sein wird, je weniger intensiv die angeregte Schwingung ist. φ bedeutet eine Phasendifferenz, die gegenüber der Primärwelle besteht. Man muß ja annehmen, daß die erzwungene Welle mit der Primärwelle nicht notwendig in Phase schwingt.

Betrachten wir nun einmal die Vorgänge an einer einzelnen Netzebene! Die Primärwellen treffen auf diese Netzebene auf, und diese selbst erzeugt eine neue Welle, die in beiden Richtungen der x-Achse fortschreitet. Nach dem Energieprinzip muß nun die Energie der auftreffenden Welle gleich sein der Energie der von der Netzebene ausgehenden Wellen. Die Amplitude der auftreffenden Welle ist gleich A, von der Netzebene geht in Richtung der positiven x-Achse eine neue Welle mit der Amplitude $A + \varrho \cdot A\, e^{i\varphi}$ aus. In entgegengesetzter Richtung bewegt sich eine Welle mit der Amplitude $\varrho \cdot A\, e^{i\varphi}$ (reflektierte Welle), da ja die Primärwelle nicht mehr zurückläuft. Die Energie einer Wellenbewegung ist nun bekanntlich gleich dem absoluten Betrag der Amplitude im Quadrat. Ist z. B. A die Amplitude einer Schwingung, so ist ihre Energie A^2. Wenden wir nun das Energieprinzip an, so folgt:

$$A^2 = |A + \varrho A\, e^{i\varphi}|^2 + |\varrho \cdot A\, e^{i\varphi}|^2.$$

A^2	$=$	$\lvert A + \varrho A\, e^{i\varphi}\rvert^2$	$+$	$\lvert\varrho \cdot A\, e^{i\varphi}\rvert^2$.
(Energie der Primärwelle)		(Energie der weiterlaufenden Welle)		(Energie der rücklaufenden Welle)

Für irgendeine komplexe Zahl $\alpha + i\beta$ ist der absolute Betrag

$$|\alpha + i\beta| = \sqrt{\alpha^2 + \beta^2}.$$

Also wird:

$$A^2 = (A + \varrho A \cdot \cos\varphi)^2 + (\varrho A \sin\varphi)^2 + (\varrho A \cos\varphi)^2 + (\varrho \cdot A \sin\varphi)^2$$
$$= A^2 + 2\,\varrho\, A^2 \cdot \cos\varphi + 2\,\varrho^2 A^2$$

oder

$$2\,\varrho\, A^2 \cdot \cos\varphi + 2\,\varrho^2 A^2 = 0$$

und schließlich:

$$\cos\varphi = -\varrho.$$

Ist ϱ klein, so muß $\cos\varphi$ ein kleiner negativer Wert sein, φ also etwas größer als 90°. Die angeregte Welle schwingt also in einer Phase, die um etwas mehr als 90° gegen die einfallende Welle verschoben ist. Betrachten wir Abb. 48! Von links komme die primäre Welle P. Ohne Netzebene N ginge sie (vgl. die punktierte Welle) ohne Änderung weiter. Nun wird durch die Netzebene N eine neue Welle erregt, die Sekundärwelle S. Diese besitzt die gleiche Wellenlänge, ist nur in der Phase verschoben und hat im allgemeinen eine wesentlich geringere Amplitude. Nun überlagern sich die Wellen, d. h., in jedem Punkt addieren sich die Ausschläge. Das ergibt als Resultante K eine Welle, deren Maximum um einen geringen Betrag gegenüber dem Maximum der Primärwelle P zurückversetzt ist.

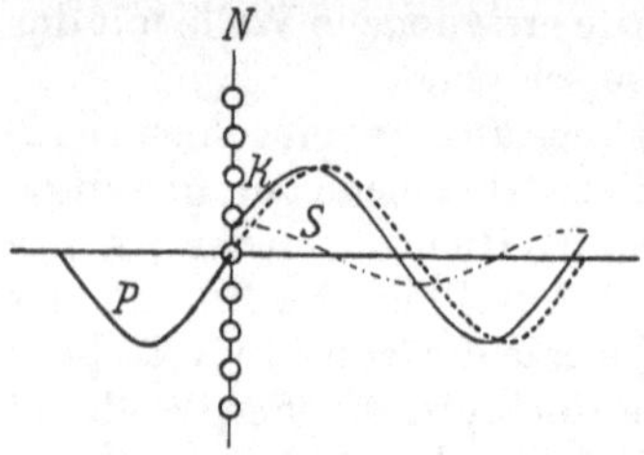

Abb. 48. Entstehung der Resultante K aus der Primärwelle P und der Sekundärwelle S (nach BUCHWALD)

Zusammenfassend können wir feststellen: Trifft eine ebene Lichtwelle auf eine Netzebene auf (Fortpflanzungsrichtung || Ebenennormale), so wird „hinter" der Netzebene eine neue, resultierende Welle erzeugt, die um eine kleine Phasendifferenz gegen die Primärwelle nach rückwärts verschoben ist und deren Amplitude um einen geringen Bruchteil kleiner ist als jene der einfallenden Welle. Die Betrachtung zeigt allerdings auch, daß die Wellenlänge der Resultante gleich ist der Länge der Primärwelle.

Wir gehen nun zum dreidimensionalen Kristallgitter über, indem wir voraussetzen, daß die ebene, elektromagnetische Welle auf viele, in stets konstantem Abstande a aufeinander folgende, parallele Netzebenen nacheinander auftrifft. An jeder Netzebene wird dabei die Welle um die gleiche Differenz zurückversetzt. Beim Wiederverlassen des Kristalls ist der ganze Wellenzug um einen bestimmten Betrag zurückversetzt, die Wellenlänge also „scheinbar" verkürzt. Es sei Δ der Gangunterschied, um den die Welle jeweils beim Auftreffen auf eine Netzebene zurückversetzt wird, N die Zahl der Netzebenen, die die Welle insgesamt passiert. Dann ist die Dicke der Kristallschicht: $(N-1)\,a$. Die Zahl der Wellen, die ohne Kristall auf die Strecke $(N-1)\cdot a$ kommen, ist $\frac{(N-1)\cdot a}{\lambda}$, wenn λ die

Wellenlänge im Vakuum (bzw. in Luft) bedeutet. Der Wellenzug wird insgesamt um die Strecke $N \cdot \Delta$ zurückversetzt, d. h., der Wellenzug hat im Kristall eine scheinbare Länge von nur $(N-1) \cdot a - N \cdot \Delta$. Nach dem Verlassen des Kristalls zeigt also die Welle einen Gangunterschied von $N \cdot \Delta$ gegenüber der Welle im Vakuum. Die „scheinbare" Wellenlänge λ' des Wellenzuges im Kristall ist dann:

$$\lambda' = \left\{(N-1)\, a - N \cdot \Delta\right\} : \frac{(N-1) \cdot a}{\lambda}$$

oder

$$\lambda' = \frac{(N-1) \cdot a - N \cdot \Delta}{(N-1) \cdot a} \cdot \lambda .$$

Da N eine große Zahl ist, wird

$$\lambda' = \frac{(N-1)(a-\Delta)}{(N-1) \cdot a} \cdot \lambda$$

oder

$$\lambda' = \frac{a-\Delta}{a} \cdot \lambda .$$

Nun gilt für den Brechungsindex $n = \frac{c_0}{c_1}$, wobei c_0 die Lichtgeschwindigkeit im Vakuum, c_1 die Lichtgeschwindigkeit im Kristall bedeuten. Wegen $c = \nu \cdot \lambda$ (ν = Frequenz) wird also: $n = \frac{\lambda}{\lambda'}$ und demnach: $n = \frac{a}{a-\Delta}$.

Setzen wir Δ bei gegebener Wellenlänge als konstant voraus, so ergibt sich n als stetig fallende Funktion von a in der Halbebene $a > \Delta$, wobei a und Δ selbstverständlich als positiv anzunehmen sind. n fällt demnach mit wachsendem a, d. h. wachsendem Netzebenenabstand, und nähert sich dem Wert 1 (Vakuum!). Diese Schlußfolgerung dürfte insoweit bestätigt werden, als allgemein Kristallgitter mit dichten Packungen höhere Brechungsindizes aufweisen. Bei den Nesosilikaten, z. B. Olivin, liegen annähernd dichtest gepackte Sauerstoffanordnungen vor. Entsprechend ist bei diesen Silikaten die Lichtbrechung hoch. Die Silikate vom Feldspattypus (Tektosilikate) dagegen weisen eine lockere Struktur und demnach geringe Lichtbrechung auf (z. B. Quarz, Feldspat, Feldspatvertreter, vgl. auch weiter unten!).

Will man nun ganz systematisch den Brechungsindex eines Kristalls aus der Gittertheorie berechnen, so muß man von dem Ansatz einer erzwungenen Schwingung ausgehen. Wir setzen wiederum ein Gitter vom Steinsalztypus voraus. Die Massen der beiden Partikeln seien m_1 bzw. m_2; u_1 bzw. u_2 seien die Abweichungen aus den Ruhelagen. Dann können wir ähnlich, wie es bereits früher geschehen ist (S. 147), ansetzen:

$$m_1 \ddot{u}_1 + a \cdot 2 (u_1 - u_2) = e \cdot \mathfrak{E},$$
$$m_2 \ddot{u}_2 + a \cdot 2 (u_2 - u_1) = - e \cdot \mathfrak{E}.$$

e ist hierbei die Ladung der Ionen und $\mathfrak{E}$ das elektrische Feld, das dem Gitter aufgezwungen wird. Aus diesen Gleichungen gewinnt man einen Ausdruck für die Polarisation $\mathfrak{P}$ und erhält schließlich den Brechungsindex n aus der Beziehung:

$$n^2 - 1 = \frac{4 \pi \mathfrak{P}}{\mathfrak{E}}.$$

Berücksichtigt man außerdem noch Schwingungen der Elektronen innerhalb eines Atoms oder Ions, so gewinnt man schließlich folgende Gleichung:

$$\frac{n^2 - 1}{n^2 + 2} = \frac{4 e^2}{3 r_0^3 \pi} \left\{ \frac{m_1 + m_2}{m_1 \cdot m_2} \frac{1}{\nu_0^2 - \nu^2} + \sum_i \frac{p_i}{m_e} \frac{1}{\nu_i^2 - \nu^2} \right\}.$$

r_0 bedeutet den Abstand zweier Anionen, ν_0 und die ν_i sind die Eigenfrequenzen des Gitters, p_i gewisse Konstanten und m_e die Masse des Elektrons. Das erste Glied der Gleichung entspricht den Ionenschwingungen, die anderen Glieder den Bewegungen der Elektronen im Ion. Die Gleichung gibt uns die Abhängigkeit des Brechungsindex von der Wellenlänge bzw. von der Frequenz ν. Diese Formel liefert also einen quantitativen Ausdruck für die sogenannte Dispersion, und man bezeichnet daher eine solche Formel als Dispersionsformel. Ganz analog gebaute Dispersionsformeln sind schon früher auf anderen Wegen abgeleitet worden. Der experimentelle Befund läßt sich mit Hilfe dieser Gleichungen mit großer Genauigkeit darstellen.

Auch die Erscheinung der Doppelbrechung läßt sich auf Grund der Gittertheorie anschaulich verständlich machen, ja sogar quantitativ ableiten. Im einfachsten Falle geht man (nach EWALD) von einem einfachen rhombischen Gitter aus, dessen Gitterpunkte die rechtwinkligen Koordinaten x, y, z haben:

$$x = l \cdot a_0, \quad y = m \cdot b_0, \quad z = n \cdot c_0.$$

Hierin sind a_0, b_0, c_0 die Gitterkonstanten und l, m, n ganzzahlig von $-\infty$ bis $+\infty$. An diese Gitterpunkte seien Elektronen quasielastisch gebunden, d. h., die rücktreibende Kraft ist proportional zur Entfernung von der Ruhelage. Außerdem wird vorausgesetzt,

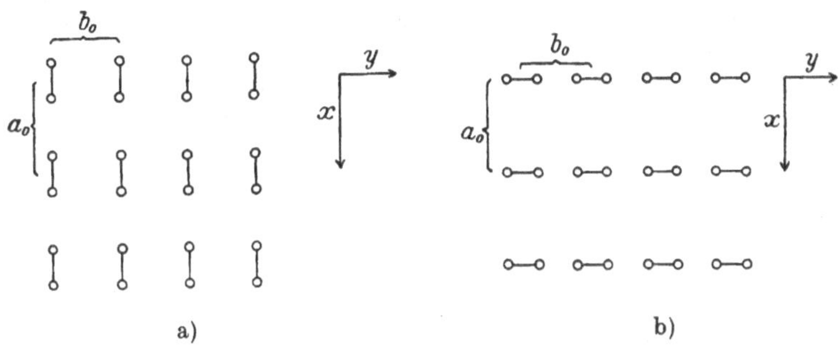

Abb. 49. Schwingungen elektrischer Ladungen $\parallel$ x-Achse (a) und $\parallel$ y-Achse (b) in einem rhombischen Gitter

daß die vom Gitterpunkt auf das Elektron ausgeübte Kraft nur von der Größe der Amplitude, nicht aber von der Schwingungsrichtung abhängt. Für die Rechnung werden die schwingenden Elektronen durch Dipole ersetzt, indem die Ladungen $+e$ und $-e$ in den Gitterpunkten hinzugedacht werden. Die Ladung $+e$ bildet mit dem verschobenen Elektron einen Dipol, während das statische Feld der in den Gitterpunkten ruhenden Ladungen $-e$ nicht beachtet wird. Einen der Hauptbrechungsindizes des rhombischen Gitters erhalten wir, wenn wir die Doppelschwingung ganz in die Richtung einer der drei kristallographischen Achsen legen (z. B. $\parallel$ x in Abb. 49a). Für jede Achse sind nun aber zwei ausgezeichnete Fortpflanzungsrichtungen der Lichtwelle möglich, in der Abb. 49a z. B. die Ausbreitung der Welle in Richtung der y- und der z-Achse. Wegen der Verschiedenheit der y- und z-Richtung im rhombischen Gitter ergeben sich zwei verschiedene Schwingungsvorgänge. Wir erhalten also zunächst 6 Hauptbrechungsindizes:

1. Dipolschwingung	$\parallel x$,	Ausbreitung	längs	$y : n_{xy}$
2. ,,	$\parallel x$,	,,	,,	$z : n_{xz}$
3. ,,	$\parallel y$,	,,	,,	$z : n_{yz}$
4. ,,	$\parallel y$,	,,	,,	$x : n_{yx}$
5. ,,	$\parallel z$,	,,	,,	$x : n_{zx}$
6. ,,	$\parallel z$,	,,	,,	$y : n_{zy}$

Ohne weitere Rechnung ist aber klar, daß der Unterschied der beiden Brechungsindizes n_{xy} und n_{xz} z. B. sehr klein ist. Dieser Unterschied entsteht nämlich dadurch, daß zunächst die in der y-Richtung gelegenen Nachbarn eines Dipols einen Phasenunterschied gegen diesen erhalten. Das andere Mal tritt die gleiche Erscheinung für die z-Richtung auf. Wegen der Länge der optischen Wellen im Vergleich zu den Gitterabständen sind aber diese Phasenunterschiede sehr klein. Erst recht gilt dies dann für die Unterschiede der Brechungsindizes n_{xy} und n_{xz}. Es ist also hinreichend genau, die drei Brechungsindizes n_x, n_y, n_z zu unterscheiden, die für die drei Schwingungsrichtungen $\parallel$ x bzw. y bzw. z gelten. Ihr Unterschied stellt die eigentliche Doppelbrechung dar. Abb. 49a zeigt die nach der x-Achse ausschwingenden Dipole, Abb. 49b die nach der y-Richtung erfolgenden Schwingungen. Durch die Verschiedenheit der Werte a_0 und b_0 ist dann auch die Verschiedenheit der Brechungsindizes n_x und n_y bedingt.

Auf Grund der Gittertheorie kann man die Brechungsindizes quantitativ berechnen. Hylleraas z. B. hat das für den Fall des tetragonalen Hg_2Cl_2-Gitters durchgeführt. Dieses Gitter beschreibt man am einfachsten, indem man vom NaCl-Gitter ausgeht und nun jedes Na-Ion durch einen Hg_2^{++}-Komplex mit der Längserstreckung parallel zur c-Achse ersetzt, so daß der Mittelpunkt den Platz eines Na-Ions einnimmt. Das Cl-Ion wird in analoger Weise durch zwei Halogenionen ersetzt. Das neue Gitter hat natürlich nun andere Dimensionen, und zwar ist es nach der vertikalen Achse gestreckt. Auf diese Weise kommt ein tetragonales Gitter zustande. Hylleraas betrachtet nun die Schwingungen der Elektronen in diesem Gitter. Dabei nimmt er an, daß die Resonanzelektronen, die die Hauptrolle spielen, im Cl-Ion zu suchen sind. Hiermit ergeben sich Brechungsindizes, die überraschend gut mit den beobachteten Werten übereinstimmen. Das zeigt folgende Tabelle, in der die berechneten und die beobachteten Werte einander gegenübergestellt sind

(ω = Brechungsindex des ordentlichen, ε = Brechungsindex des außerordentlichen Strahles):

Lichtart	ω berechnet	ω beobachtet	ε berechnet	ε beobachtet
Li	1,9555	1,9556	2,6007	2,6003
Na	1,9732	1,9733	2,6568	2,6559
Tl	1,9904	1,9908	2,7130	2,7129

Bei diesem Ergebnis muß allerdings beachtet werden, daß bei der Berechnung die Dispersionskurve für mindestens einen Strahl als bekannt vorausgesetzt werden mußte. Die Übereinstimmung bezüglich der Doppelbrechung ist jedenfalls bemerkenswert.

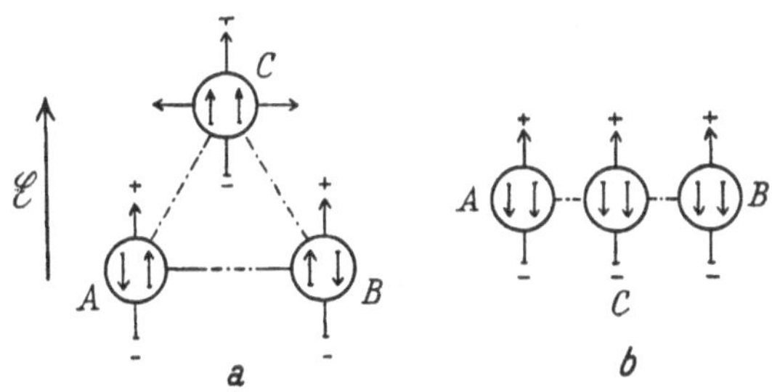

Abb. 50. Die Sauerstoffionen einer CO_3-Gruppe im elektrischen Feld. a Feld ∥ zum CO_3-Dreieck, b Feld ⊥ zum CO_3-Dreieck

Eine weitere, recht anschauliche Methode zur Bestimmung der Doppelbrechung betrachtet die Bausteine des Kristallgitters als elektrische Dipole unter der Einwirkung eines elektrischen Feldes (Lichtwelle). Die Doppelbrechung wird dann erklärt aus der wechselseitigen Einwirkung benachbarter Dipole. Wir wollen das Verfahren rein qualitativ am Beispiel des Calcits erläutern. Beim Calcit, $CaCO_3$, kann in erster Näherung die Doppelbrechung aus der Wechselwirkung der drei Sauerstoffionen der CO_3-Gruppe verstanden werden. Betrachten wir zunächst einmal Abb. 50. Das elektrische Feld 𝔈 liege in der Ebene der drei Sauerstoffatome, die im Calcitgitter bekanntlich (S. 36) ein gleichseitiges Dreieck bilden, das senkrecht zur trigonalen Hauptachse liegt. In den drei Sauerstoffionen wird jeweils ein Moment induziert, das dem Feld 𝔈 parallelgerichtet ist. In den beiden nebeneinander liegenden Ionen *A* und *B* wirken diese induzierten Momente gegeneinander. Es werden also kleinere, dem Feld entgegengerichtete Momente erregt. Das Feld des Dipols *C* erzeugt in *A* und *B* jeweils eine Komponente, die dem primären Feld 𝔈 gleichgerichtet ist, und außerdem jeweils eine Komponente, die senkrecht auf 𝔈 steht. Entsprechend werden auch in *C* durch die Dipole *A* und *B* sekundäre Momente erzeugt, die im gleichen Sinne wie 𝔈 wirken. In Abb. 50 b ist das primäre elektrische Feld senkrecht auf die Ebene des Dreiecks der Sauerstoffionen, also parallel zur trigonalen Achse gerichtet. In bezug auf das Feld 𝔈 liegen die induzierten, parallelgerichteten Dipole nebeneinander. Sie beeinflussen sich also in der Weise, daß ihre Momente gegeneinander wirken und damit insgesamt geschwächt werden. Die resultierende Polarisation ist also in dem Falle, daß 𝔈 parallel zur Hauptachse gerichtet ist, geringer als in dem Falle, daß das Feld 𝔈 senkrecht auf der Hauptachse steht. Wir können annehmen, daß der Brechungsindex mit der Polarisation, die durch das elektrische Feld induziert wird, ansteigt (vgl. die Beziehung zwischen n und 𝔓 auf S. 170), und daß die Doppelbrechung durch die Unterschiede der Polarisation parallel und senkrecht zur Hauptachse bedingt ist. In der Tat ist ja beim Calcit der Brechungsindex parallel zur Hauptachse (ε) kleiner als senkrecht dazu (ω). Es ist $\varepsilon = 1{,}486$, $\omega = 1{,}658$. Genau das gleiche Verhalten zeigt auch die rhombische Modifikation des $CaCO_3$, der Aragonit. Die Richtung des kleinsten Brechungsindex verläuft hier parallel zur c-Achse. Auf dieser Achse stehen andererseits die Ebenen der CO_3-Gruppen senkrecht. $n_\alpha = 1{,}530$, während $n_\beta = 1{,}681$ und $n_\gamma = 1{,}686$ ist.

Eine sehr bemerkenswerte Beziehung zwischen Gitterbau und Lichtbrechung ergibt sich bei den Silikaten. Wie wir bereits festgestellt haben, sind die Silikatstrukturen durch die Verschiedenartigkeit der Verknüpfung von SiO_4-Tetraedern gekennzeichnet (S. 37). Beim Inseltypus der Silikate sind die einzelnen SiO_4-Tetraeder isoliert, sie bilden Inseln mit dichtesten Sauerstoffpackungen. Entsprechend zeigen Olivin und Granat, die zu diesem Typus gehören, eine hohe Lichtbrechung. Beim Olivin liegen die Brechungsindizes etwa im Bereich von 1,65 bis 1,75, beim Granat zwischen 1,70 und 2,00. Beim Melilith sind die SiO_4-Gruppen zu Doppeltetraedern verknüpft. Auch bei diesen Mineralien ist die Lichtbrechung nicht unbeträchtlich. Treten noch mehr Tetraeder zusammen, wie z. B. beim Beryll, in dessen Gitter die SiO_4-Tetraeder Sechserringe bilden, so wird die Lichtbrechung geringer. Schon innerhalb der Silikate vom Inseltypus sehen wir, daß die Lichtbrechung mit zunehmender Verknüpfung der SiO_4-Tetraeder abnimmt. Im allgemeinen ist die Doppelbrechung innerhalb dieser Gruppe schwach. Die Ketten- oder Inosilikate sind dadurch ausgezeichnet, daß die SiO_4-Tetraeder Ketten bilden. Die Lichtbrechung ist noch ziemlich hoch: Für die Pyroxene liegt sie bei etwa 1,70, bei den Hornblenden um 1,65. Auch hier erkennt man schon innerhalb des Silikattypus eine Abnahme der Lichtbrechung mit zunehmender Verknüpfung der Tetraeder. Bei der Hornblende sind zwei nebeneinander liegende Ketten zu einem Band zusammengeschlossen, es liegt demnach eine intensivere Verknüpfung vor. Die Mineralien des Glimmertypus, deren Strukturen durch zweidimensionale Netze von SiO_4-Tetraedern charakterisiert sind, zeigen eine mittlere Lichtbrechung. Beim Glimmer liegt der Brechungsindex um 1,60. Von den Tonmineralien weist der Kaolinit einen Brechungsindex zwischen 1,56 und 1,57, der Halloysit einen Brechungsindex zwischen 1,54 und 1,55 und der Montmorillonit einen Brechungsindex um 1,53 auf. Schließlich sind in den Gittern vom Gerüsttypus die SiO_4-Tetraeder zu einem dreidimensionalen Gerüst zusammengeschlossen. Die Mineralien dieser Gruppe, z. B. Quarz, Feldspat, Nephelin, Leuzit, Zeolithe, sind durch eine ausgesprochen geringe Lichtbrechung auffallend. Für Quarz ist $\omega = 1{,}544$, $\varepsilon = 1{,}553$, beim Natrolith liegt der Brechungsindex bei 1,48. Auch innerhalb dieser Gruppe ist die Doppelbrechung gering. Am kräftigsten ist die Doppelbrechung bei den Mineralien vom Kettentypus und vom Netztypus. Es ist das ja auch zu erwarten, da in diesen Gittern (Kettenbildung und Netzbildung) die Anisotropie am ausgeprägtesten ist. Insgesamt können wir also feststellen, daß die Lichtbrechung bei den Silikaten um so geringer ist, je mehr SiO_4-Tetraeder in den betreffenden Gittern zu Gruppen zusammentreten.

In grober Näherung kann man die mittlere Lichtbrechung mit der Packungsdichte der Ionen im Kristallgitter in Zusammenhang bringen (Fairbairn). Die Packungsdichte (in %) wird dabei definiert durch den Quotienten

$$\frac{\text{Volumen der Ionen pro Elementarzelle}}{\text{Volumen der Elementarzelle}} \times 100 .$$

Im großen und ganzen ergibt sich eine Zunahme der Brechungsindizes mit wachsender Packungsdichte. Natürlich muß man sich darüber im klaren sein, daß die Lichtbrechung auch von der jeweiligen Kationenart stark beeinflußt wird. Beispielsweise wächst allgemein in (Fe, Mg)-Mischkristallreihen der mittlere Brechungsindex mit zunehmendem Fe-Gehalt stark an. Beim Olivin, $(Fe, Mg)_2SiO_4$, nimmt der mittlere Brechungsindex vom reinen Mg_2SiO_4 mit $n = 1{,}651$ zum reinen Fe_2SiO_4 mit $n = 1{,}865$ zu, bei $(Mg, Fe)SiO_3$-Mischkristallen von 1,659 ($MgSiO_3$) bis 1,770 ($FeSiO_3$) (Enstatit-Hypersthen-Orthoferrosilit-Reihe).

Weiterhin kann auch die optische Aktivität der Kristalle vom Standpunkt der Gittertheorie einwandfrei abgeleitet werden. Die zu besprechende Erscheinung besteht darin, daß paralleles, linear polarisiertes Licht, das z. B. in einem Quarz parallel zur optischen Achse fortschreitet, eine Drehung seiner Polarisationsebene erfährt. Ein derartiges Drehvermögen tritt insbesondere bei enantiomorphen Kristallarten in Erscheinung, bei solchen also, die rechte und linke Formen zu bilden imstande sind. Dabei kann man zwei verschiedene Arten optischer Aktivität unterscheiden: Die eine Art ist offenbar durch den Bau der Molekeln bedingt, die andere Art nur durch den Gitterbau. Im ersten Falle zeigt auch eine Lösung der Kristalle optisches Drehvermögen, und aus einer Lösung von Rechtskristallen kristallisieren wiederum nur Rechtskristalle aus. Das gleiche gilt für die Linkskristalle. Dieser Fall liegt z. B. bei den beiden (spiegelbildlichen) Weinsäureformen vor. Wir wissen heute, daß das Drehvermögen dieser Art durch den asymmetrischen Bau der Molekeln (Spiegelbildisomerie) bedingt ist. Im zweiten Falle des optischen Drehvermögens ist die Lösung, die z. B. wiederum nur aus Rechtskristallen hergestellt ist, optisch inaktiv, dreht also die Polarisationsebene nicht mehr. Aus einer derartigen Lösung entstehen dann 50% Rechtskristalle und 50% Linkskristalle. Das optische Drehvermögen ist demnach hier ausschließlich an den Gitteraufbau der betreffenden Kristalle geknüpft. Ein Beispiel für diese Art des Drehvermögens haben wir im Natriumchlorat, $NaClO_3$ (Abb. 52, S. 179). Im Gitter dieser Verbindung zeigen die Ionen die für die optische Aktivität erforderliche schraubenförmige, asymmetrische Anordnung. Das gleiche gilt z. B. auch für den Quarz.

Wenn man die optische Aktivität vom gittertheoretischen Standpunkt aus betrachtet, unterscheiden sich die beiden Fälle im Prinzip naturgemäß nicht. In der Tat ist es gelungen, das optische Drehvermögen bei Kristallen allein auf Grund der Annahme der Asymmetrie des Kristallgitters abzuleiten (OSEEN, BORN). Der Grundgedanke dieser Theorie ist folgender:

1. Die Gitterabstände werden gegenüber der Wellenlänge des Lichts im Kristall nicht vernachlässigt, 2. es sind Koppelungen zwischen den schwingungsfähigen Partikeln (Resonatoren) im Kristallgitter vorhanden. Wegen der mathematischen Schwierigkeiten wollen wir diese Theorie im einzelnen hier nicht entwickeln. Qualitativ können wir uns die besprochene Erscheinung sehr anschaulich mit Hilfe der Modellvorstellung von KUHN klarmachen. Auch diese Vorstellung geht von den beiden Grundannahmen 1 und 2 aus. Wir haben bereits festgestellt, daß infolge der gittermäßigen Anordnung der Partikeln das Mitschwingen und damit die Brechung verschieden ausfällt, je nach der Orientierung des Gitters in bezug auf die Polarisationsrichtung des einfallenden Lichtstrahls. Wenn wir nur eine Molekel oder eine bestimmte Partikelgruppe im Kristallgitter betrachten, können wir das auch folgendermaßen ausdrücken: Das in der Molekel oder im Komplex schwingende elektrische Streumoment, das etwa zu einer bestimmten Absorptionsbande gehört, besitzt in der Molekel eine Vorzugsrichtung. Im Falle der linearen Doppelbrechung können wir annehmen, daß das einer Absorptionsbande zugehörende Streumoment in der Molekel, und damit im Kristallgitter, nach einer bestimmten Richtung orientiert ist. Soll eine optische Drehung der Polarisationsebene möglich sein, so muß vorausgesetzt werden, daß das Streumoment nicht an einem beliebigen Punkt in der Molekel lokalisiert ist, sondern über verschiedene Substituenten ausgebreitet ist. Es ist wesentlich, daß dabei einzelne Komponenten windschief gegeneinander gerichtet sind. Im einfachsten Fall ist die Zahl der Komponenten 2, wobei die optische Aktivität dann am größten ist, wenn die Punkte, wo die Komponenten lokalisiert sind, weit auseinanderliegen und wenn die Schwingungsrichtungen in diesen beiden Punkten senkrecht zueinander orientiert sind. In Abbildung 51 a ist dieses einfache Modell schematisch dargestellt.

Es ist nun leicht zu zeigen, daß eine solche Modellmolekel, die wir uns in ein Kristallgitter eingebaut denken können, ein optisches Drehvermögen besitzen muß. Es genügt dabei nachzuweisen, daß sich ein solches Gitter gegenüber links- und rechtszirkular polarisiertem Licht verschieden verhalten muß. Man kann nämlich einen linear polarisierten Lichtstrahl auffassen als Überlagerung eines rechts- und eines linkszirkular polarisierten Lichtstrahls gleicher Amplitude. Erfahren die zirkular polarisierten Schwingungen, etwa durch eine Verschiedenheit der Brechungsindizes, einen Phasenunterschied, so erhält der resultierende (linear polarisierte) Lichtstrahl eine neue Schwingungsrichtung, d. h., die Polarisationsebene

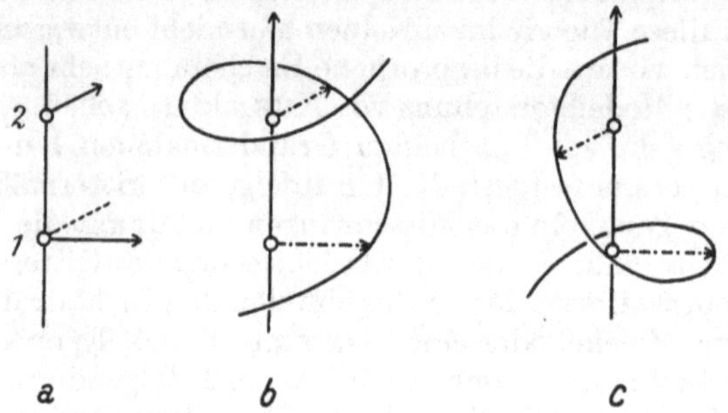

Abb. 51. Zur Erklärung der optischen Aktivität
a Molekelmodell, b rechts-, c linkszirkular polarisierte Welle (nach KUHN)

erscheint gedreht. Wenn man also ein ungleiches Verhalten gegenüber rechts- und linkszirkular polarisiertem Licht nachgewiesen hat, so ist damit eine verschiedene Fortpflanzungsgeschwindigkeit der beiden Strahlen und damit eine Drehung der Polarisationsebene begründet.

Wir nehmen nun an, daß auf unser vereinfachtes Molekelmodell (Abb. 51a) ein rechts- bzw. linkszirkular polarisierter Strahl einwirke. Die Richtungsverteilung des elektrischen Vektors sei durch eine rechts- bzw. linksgewundene Spirale gegeben. Wir nehmen der Einfachheit halber weiter an, daß die Fortpflanzungsrichtung der Strahlen parallel zum Abstand der Punkte 1 und 2 liege und daß dieser Abstand gleich $\frac{1}{4}$ der Wellenlänge des einfallenden Lichtes sei (Abb. 51b, c). Man erkennt unmittelbar, daß im einen Falle (Abb. 51b) im gegebenen Augenblick die Streumomente parallel zum jeweiligen Lichtvektor in 1 und 2 liegen. Im Falle des linkszirkular polarisierten Lichtes (Abb. 51c) ist die Komponente des Lichtvektors in Punkt 2 dem Streumoment entgegengerichtet. Daraus müssen wir schließen, daß das System (Abb. 51 a) auf rechts- und linkszirkular polarisiertes Licht verschieden stark anspricht. Im allgemeinen ergibt sich daraus eine verschiedene Fortpflanzungsgeschwindigkeit für die beiden Strahlen und damit eben eine optische Drehung.

Bei einem Kristall ist die optische Aktivität (mit einseitigem Drehsinn) durch die schraubenförmige, asymmetrische Anordnung der Bausteine bedingt. Aus einer solchen Anordnung folgt eben eine windschiefe Stellung der Streukomponente. Wir wollen uns zur Erläuterung die Struktur des $NaClO_3$ näher ansehen (Abb. 52). Man kann sich dieses Gitter am einfachsten aus dem NaCl-Gitter entstanden denken (S. 33), wenn man eine ClO_3-Gruppe als Baueinheit auffaßt. Beim NaCl besetzen die Na-Ionen die Würfelecken und Flächenmitten der Elementarzelle, die Cl-Ionen die Kantenmitten und die Raummitte des Würfels. Man denke sich nun die Cl-Ionen durch ClO_3-Gruppen ersetzt und beide Ionenarten längs der Würfeldiagonalen verschoben, so daß sie einander genähert sind. Die Verschiebung beträgt dabei $^1/_6$ der Diagonalenlänge. Dadurch erhält selbstverständlich das $NaClO_3$ eine niedrigere Symmetrie als NaCl. Blickt man von einem Na-Ion aus in Richtung der zugehörenden ClO_3-Gruppe, so erkennt man, daß die Verbindungslinien der anderen Ionenpaare um die Blickrichtung schraubenförmig angeordnet sind. Allgemein gilt (SZIVESSY), daß bei Kristallen mit Symmetriezentrum keine optische Aktivität auftreten kann. Dagegen ist im Gegensatz zu früheren Auffassungen für das Auftreten optischer Aktivität das Vorhandensein enantiomorpher Kristallformen nicht notwendige Bedingung. Sie kann also auch bei Kristallen mit einer Spiegelebene oder einer Drehspiegelachse vorliegen. So konnte SOMMERFELDT (z. B. N. Jb. Min. 1908, 1,58) nachweisen, daß die domatisch (m) kristallisierende Substanz Mesityloxydoxalsäuremethylester optisch aktiv ist. In solchen Fällen muß dann allerdings bei ein und demselben Kristall in spiegelbildlichen Richtungen entgegengesetzter Drehsinn vorliegen.

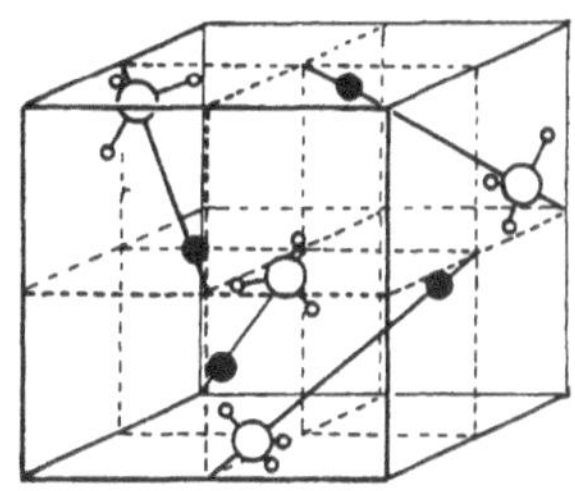

Abb. 52. $NaClO_3$-Gitter

Die von OSEEN und BORN entwickelte Theorie der optischen Aktivität betrachtet den Kristall als System gekoppelter Oszillatoren. Neuerdings wurde von RAMACHANDRAN eine zweite Theorie gegeben („Polarisierbarkeitstheorie“), die von der Annahme ausgeht, daß die Atome (oder Atomgruppen), die den Kristall aufbauen, in Anwesenheit des elektromagnetischen Feldes der Lichtwelle polarisiert sind. Bei Addition der induzierten Momente aller Atome findet man, daß das Moment nicht mit dem Feld der Lichtwelle in Phase ist. Diese Konsequenz ist phänomenologisch äquivalent mit der Feststellung, daß der Kristall ein optisches Drehvermögen besitzt.

Die theoretische Ableitung von RAMACHANDRAN stützt sich auf die elektromagnetische Theorie der Lichtausbreitung in optisch aktiven Kristallen (SZIVESSY). Wenn als Koordinatenachsen die kristallographischen Hauptachsen gewählt werden, sind die Komponenten der dielektrischen Verschiebung $\mathfrak{D}$ durch folgende Beziehungen zu den Komponenten des elektrischen Feldes $\mathfrak{E}$ gegeben:

$$D_x = \varepsilon_x E_x + i\,(\mathfrak{G} \cdot \mathfrak{E})_x \text{ usw.},$$

wobei ε_x, ε_y, ε_z die Haupt-Dielektrizitätskonstanten sind und $\mathfrak{G}$ einen Vektor darstellt, dessen Komponenten durch die Gleichung

$$G_x = g_{11}\, s_x + g_{12}\, s_y + g_{13}\, s_z \text{ usw.}$$

gegeben sind. $\mathfrak{s}$ bedeutet hierbei der Einheitsvektor in Richtung der Fortpflanzung des Lichts. Sind weiter n_0' und n_0'' die beiden Brechungsindizes für diese Fortpflanzungsrichtung bei Abwesenheit der optischen Aktivität, dann werden die beiden entsprechenden Brechungsindizes beim Vorhandensein der optischen Drehung durch die Wurzeln der Gleichung

$$(n^2 - n_0'^2)\,(n^2 - n_0''^2) = \mathfrak{G}^2$$

dargestellt. Hierbei ist

$$\mathfrak{G}^2 = g_{11}\, s_x^2 + g_{22}\, s_y^2 + g_{33}\, s_z^2 + (g_{23} + g_{32})\, s_y\, s_z + (g_{31} + g_{13})\, s_z\, s_x + (g_{12} + g_{21})\, s_x\, s_y\,.$$

Der Tensor g_{ij} wird „Gyrationstensor“ genannt.

In Richtung der beiden optischen Achsen gilt $n_0' = n_0'' = n$. Für das optische Drehvermögen ϱ ergibt sich dann der Ausdruck

$$\varrho = \pi\, G/\lambda_0 \cdot n\,,$$

wobei λ_0 die Wellenlänge des Lichts im Vakuum bedeutet.

Für optisch aktive kubische Kristalle wird $\varepsilon_x = \varepsilon_y = \varepsilon_z = \varepsilon$ und $g_{11} = g_{22} = g_{33} = g$, während alle übrigen g_{ij} verschwinden. Für die Lichtfortpflanzung in der z-Achse ergibt sich dann

$$D_x = \varepsilon E_x - i g E_y$$
$$D_y = \varepsilon E_y + i g E_x .$$

Es sei nun ein Kristall mit p Atomen (oder auch Atomgruppen) in der Elementarzelle betrachtet. Der Index r ($r = 1$ bis p) kennzeichne ein Atom in der Zelle, während s irgendein Atom (einschließlich jener in der Zelle) kennzeichne. Ferner seien α_{ij}^r die Polarisierbarkeiten der verschiedenen Atome, bezogen auf die Hauptachsen der Indikatrix als Koordinatensystem. x_r', y_r', z_r' seien die Koordinaten des r-ten Atoms. Die einfallende polarisierte Welle, die sich in Richtung der z-Achse fortpflanzt, werde durch $E_x \cdot \exp i k (c t - z')$ dargestellt, wenn $k = 2\pi/\lambda$ ist. Für das mittlere elektrische Feld beim Atom r ergibt sich $(E_x + P_x/3) \exp(-i k z'_r)$, wobei das LORENZ-LORENTZ-Feld des umgebenden Mediums in Rechnung gestellt ist. P_x ist das elektrische Moment pro Volumeneinheit.

Nun wird nach dem elektrischen Feld gefragt, das beim Atom r durch seine Nachbaratome induziert wird. Es wird das Atom r als Ursprung gewählt, so daß sich für ein Atom s die Koordinaten $x_s = x_s' - x_r'$ usw. ergeben. Die Komponenten des Moments, das im Atom s durch das Feld der Lichtwelle allein unter Vernachlässigung der Einwirkung der Nachbarn erzeugt wird, sind

$$\mu'_{xs} = \alpha_{11}^s (E_x + P_x/3) \exp(-i k z_s)$$
$$\mu'_{ys} = \alpha_{12}^s (E_x + P_x/3) \exp(-i k z_s)$$
$$\mu'_{zs} = \alpha_{13}^s (E_x + P_x/3) \exp(-i k z_s) .$$

Diese induzierten Momente erzeugen ein Feld $\mathfrak{F}_r$ (F_{xr}, F_{yr}, F_{zr}) beim Atom r ,und es ist:

$$F_{xr} = \frac{1}{4\pi} \sum_s \left(\frac{3x_s^2 - R_s^2}{R_s^5} \mu'_{xs} + \frac{3x_s\, y_s}{R_s^5} \mu'_{ys} + \frac{3x_s\, z_s}{R_s^5} \mu'_{zs} \right) \text{usw.},$$

wo R_s der Abstand zwischen den Atomen r und s bedeutet und die Summation über alle beeinflussenden Atome s durchzuführen ist. Die Komponenten des im Atom r induzierten Moments unter Berücksichtigung der Wechselwirkung mit den Nachbarn sind dann:

$$\mu_{xr} = \alpha_{11}^r (E_x + P_x/3 + F_{xr}) + \alpha_{12}^r F_{yr} + \alpha_{13}^r F_{zr} \text{ usw.}$$

Durch Summation über die p Atome der Elementarzelle und Division durch das Volumen V der Elementarzelle ergeben sich für die Komponenten der Polarisation $\mathfrak{P}$ die Ausdrücke:

$$P_x = \frac{1}{V} \sum_p \mu_{xr} = (E_x + P_x/3)(A_x' + i A_x'').$$

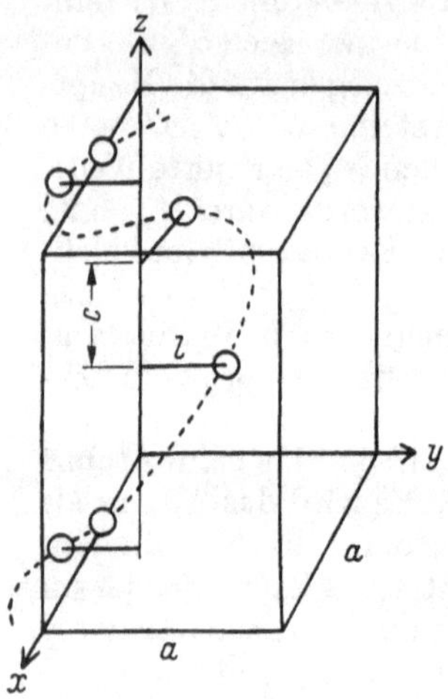

Abb. 53. Elementarzelle eines hypothetischen Kristalls mit tetragonaler Schraubenachse 4_1

Ramachandran spezialisiert seine weiteren Betrachtungen auf einen hypothetischen tetragonalen Kristall mit einer Schraubenachse 4_1 bzw. 4_3 (Abbildung 53). Die Schraubenachse liegt parallel zur c-Achse, die Gitterkonstanten sind a und 4c. Die Atomlagen sind: 1 0 0; 0 1 c; $\bar{1}$, 0, 2c; 0,$\bar{1}$, 3c. Der Kristall ist demnach einachsig mit $\varepsilon_x = \varepsilon_y \neq \varepsilon_z$ und besitzt nur zwei unabhängige Komponenten des Gyrationtensors $g_{11} = g_{22} \neq g_{33}$, alle übrigen Komponenten verschwinden. Es wird voraus gesetzt, daß l im Vergleich zu a klein sei ($l \approx a/4$), so daß die Wechselwirkung von Atomen, die zu benachbarten Spiralen gehören, vernachlässigt werden kann. Außerdem soll nur der Einfluß der zwei nächsten Nachbarn berücksichtigt werden. Ferner wird voraus gesetzt, daß die Atome anisotrop sind, wobei die Hauptachsen des Polarisierbarkeits-Ellipsoids parallel x, y und z liegen sollen. Es seien α_1, α_2, α_3 die Haupt-Polarisierbarkeiten für das Atom in $z = 0$ in den Richtungen x, y, z, dann sind aus Symmetriegründen die entsprechenden Werte für die Atome in $z = 2c$ bzw. 4c dieselben, für die Atome in $z = c$ und $z = 3c$ dagegen α_2, α_1, α_3.

Man betrachtet nun eine Welle mit dem elektrischen Vektor in der x-Richtung, die sich längs z fortpflanzt. Dann ist die Phase für ein Atom $x_r y_r z_r$ gleich $\exp(-ikz_r)$ und die induzierten Momente unter Vernachlässigung der Wechselwirkung der Nachbarn:

$$\mu_{rx} = a_1 (E_x + P_x/3) \exp(-ikz_r) \quad \text{für } r = \text{gerade}$$
$$= a_2 (E_x + P_x/3) \exp(-ikz_r) \quad \text{für } r = \text{ungerade}$$

Damit wird:

$$F_{ox} = \frac{1}{4\pi} \frac{3l^2 - R^2}{R^5} (\mu_{-1x} + \mu_{1x}) = \frac{1}{4\pi} \cdot \frac{3l^2 - R^2}{R^5} \cdot$$
$$2a_2 \cos kc \cdot (E_x + P_x/3)$$

$$F_{oy} = \frac{1}{4\pi} \frac{3l^2}{R^5} (\mu_{-1x} - \mu_{1x}) = \frac{i}{4\pi} \cdot \frac{3l^2}{R^5} 2a_2 \sin kc \cdot (E_x + P_x/3)$$

Ebenso:

$$F_{1x} = \frac{1}{4\pi} \frac{3l^2 - R^2}{R^5} \cdot 2a_1 \cos kc \cdot (E_x + P_x/3),$$

$$F_{1y} = -\frac{i}{4\pi} \cdot \frac{3l^5}{R^5} \cdot 2a_1 \sin kc \cdot (E_x + P_x/3)$$

$$F_{2x} = F_{ox}, \quad F_{2y} = F_{oy}, \quad F_{3x} = F_{1x}, \quad F_{3y} = F_{1y}$$

Hieraus:

$$P_x = \frac{2}{V} \left[(a_1 + a_2) + \frac{1}{\pi} \cdot \frac{3l^2 - R^2}{R^5} \cdot a_1 a_2 \cos kc \right] \cdot (E_x + P_x/3),$$

$$P_y = \frac{i}{V} \cdot \frac{1}{\pi} \cdot \frac{3l^2}{R^5} (a_2^2 - a_1^2) \sin kc \cdot (E_x + P_x/3).$$

Als numerisches Beispiel wählt RAMACHANDRAN den Fall $R = 2 \cdot 35$ Å, $a = 6$ Å, $4c = 4$ Å, $l = 1{,}5$ Å, $a_1 = 2{,}0$, $a_2 = 2{,}5$, $a_3 = 3{,}0 \cdot 10^{-23}$. (Letztere Werte entsprechen etwa dem Sauerstoffatom!) Mit Licht der Wellenlänge 5000 Å im Vakuum wird $kc \sim 1/1000$ und damit $\cos kc = 1$ und $\sin kc = kc$. Dann wird

$P_x = 0{,}664\ (E_x + P_x/3)$ und $P_y = i \cdot 5{,}94 \cdot 10^{-5} . n \cdot (E_x + P_x/3)$. Aus der ersten Beziehung folgt $P_x/E_x = 0{,}853$, $n_\omega^2 = 1{,}853$, $n_\omega = 1{,}361$. Schließlich ergibt sich

$$\frac{g_{33}}{n} = \frac{5{,}94 \cdot 10^{-5}}{0{,}664} \cdot (n^2 - 1) = 0{,}763 \cdot 10^{-4}$$

und somit schließlich $\varrho = 275°$ pro cm.

Aus den Gleichungen für μ'_{xs} usw. und den Gleichungen für F_{xr} usw. kann man ersehen, daß alle Größen – mit Ausnahme von $\exp(-ikz_s)$, das durch $\exp. ikz_s$ ersetzt wird, – ungeändert bleiben, wenn die Fortpflanzungsrichtung entgegengesetzt wird. Die Realteile von F_{xr} usw. bleiben ebenfalls unverändert, während die Imaginärteile entgegengesetztes Vorzeichen erhalten. Da aber der Wellenvektor s ebenfalls sein Vorzeichen ändert, behalten die Komponenten des Tensors g_{ij} ihre Vorzeichen – unabhängig vom Vorzeichen der Fortpflanzungsrichtung. Das bedeutet, daß das Drehvermögen denselben Drehsinn besitzt bei entgegengesetzten Fortpflanzungsrichtungen.

Betrachtet man den enantiomorphen Kristall, so haben die Koordinaten x_s, y_s, z_s eines Atoms s in bezug auf ein Atom r entgegengesetzte Vorzeichen. Die μ_s-Werte der beiden enantiomorphen Kristalle werden daher konjugiert komplex wegen des Terms $\exp(-ikcz_s)$. Es erhalten dann – wie sich leicht zeigen läßt – die Drehvermögen der beiden Antipoden entgegengesetztes Vorzeichen.

Man kann in ganz änlicher Weise, wie es oben ausgeführt wurde, auch das Drehvermögen bei Fortpflanzungsrichtung senkrecht zur optischen Achse ermitteln. Dabei zeigt die numerische Auswertung, daß das Drehvermögen bei Fortpflanzung des Lichts in und senkrecht zur optischen Achse entgegengesetzte Vorzeichen besitzt. Dieses Phänomen findet sich z. B. tatsächlich beim β-Quarz realisiert.

Ramachandran hat seine Theorie auf die Beispiele $NaClO_3$ und $NaBrO_3$ (Abb. 52) angewandt und folgende Ergebnisse enthalten:

$NaClO_3$		
λ	theor.	exp.
5893	30,0°	31,3°
2573	226°	147,3°

$NaBrO_3$		
λ	theor.	exp.
7188	22,1°	13,9°
4047	71,0°	72,0°

Es ist beim β-Quarz (Tieftemperatur-Quarz) gelungen (de Vries) auf Grund röntgenographischer Untersuchungen die absolute Anordnung der Atome in der Struktur festzulegen. Dabei hat sich gezeigt, daß der in Richtung der c-Achse *links*drehende β-Quarz die Raumgruppe $P3_12$ besitzt, d. h. seine Struktur weist *rechts*gewundene Schraubenachsen auf. Linksdrehung bedeutet dabei Drehung der Polarisationsebene des linear polarisierten Lichts im entgegengesetzten Uhrzeigersinn, bezogen auf den Beobachter, zu dem sich die Lichtwelle bewegt. Entsprechendes gilt für die Festlegung der „Rechtsdrehung". Bei allen Quarzen mit rechten positiven Trapezoedern liegt Rechtsdrehung („Rechtsquarze") vor, während die Quarze mit linken positiven Trapezoedern („Linksquarze") links drehen.

Schließlich sei noch auf eine Erscheinung eingegangen, die bei kristallisierten Substanzen eine wesentliche Bedeutung hat: der RAMAN-Effekt. Dieser Effekt beruht auf einer inkohärenten Streuung von sichtbarem Licht, d.h. auf einer Lichtstreuung, bei der die Wellenlänge des gestreuten Lichts eine andere ist als die des einfallenden Lichts. Das Licht trifft auf die Partikeln im Kristall auf, wird an ihnen gestreut, wobei entsprechend der Änderung der Energie der Lichtquanten ($h\,\nu$) auch eine Änderung der Frequenz eintritt. Die Untersuchungsanordnung ist im Prinzip einfach: Der zu untersuchende Kristall wird mit einer intensiven Lichtquelle monochromatisch bestrahlt und das seitlich abgestreute Licht spektral zerlegt. Das gestreute Licht enthält neben den primären Linien einige schwache Begleiter, die gegenüber den ursprünglich vorhandenen Hauptlinien positive bzw. negative Unterschiede aufweisen. Diese Energiedifferenzen sind als Schwingungsquanten der streuenden Partikeln anzusehen, die dann natürlich von der Wellenlänge des Primärlichtes unabhängig sind.

Das Auftreten der verschobenen Linien läßt sich durch periodische Änderungen der Polarisierbarkeit im Kristall erklären. Wir betrachten einen Gitterbereich, der zwar eine große Zahl von Atomen enthalten soll, aber klein ist gegenüber der Wellenlänge des Lichts. Wird nun der betrachtete Gitterbereich vom anregenden Licht getroffen, so befindet er sich damit in einem sehr rasch veränderlichen elektrischen Feld E der Lichtwelle. Dadurch wird in dem angenommenen Gitterbereich ein elektrisches Momont (M) induziert, das der Feldstärke E proportional ist. Dieser Proportionalitätsfaktor sei α. Es ist dann also $M = \alpha \cdot E$. Im allgemeinen wird α nicht unabhängig von der Richtung sein und stellt dann einen Tensor dar. Die Komponenten dieses Tensors sind α_{xy}, α_{yz}, α_{zx}, α_{yx}, α_{zy}, α_{xz}. Beispielsweise ist dann: $M_y = \alpha_{xy} \cdot E_x$, worin M_y die in der y-Richtung induzierte Komponente des Gesamtmomentes $\mathfrak{M}$ und E_x die Feldstärkekomponente in der x-Richtung darstellt. Beginnen nun die einzelnen Partikeln (Atome oder Ionen) im Kristallgitter zu schwingen, so wird das Gitter dabei deformiert. Durch diese Deformation werden die einzelnen Atomkerne zum Teil gegen die Elektronenhüllen verschoben, d. h. aber, es wird sich mit dieser

Deformation auch die Polarisierbarkeit ändern. Daher schwankt die Polarisierbarkeit α, wenn das Gitter schwingt. Man kann aber annehmen, daß die Änderung der Polarisierbarkeit in Punkten entgegengesetzter Schwingungsphasen in erster Näherung entgegengesetzt gleich ist. Der Mittelwert der Polarisierbarkeit über einen größeren Kristallbereich wird in diesem Falle daher konstant bleiben. Eine Änderung der mittleren Polarisierbarkeit tritt nur dann ein, wenn ein ganzes Teilgitter in gleicher Phase schwingt. Diese Art von Schwingungen, die man auch als „Fundamentalschwingungen" bezeichnet, haben wir bereits kennengelernt (S. 149). Sie liefern zum Teil die Ultrarotspektren.

Bezeichnen wir mit u_1, u_2, ... die Koordinaten der einzelnen Fundamentalschwingungen in einem Gitter und mit ν_1, ν_2, ... die entsprechenden Frequenzen, so können wir allgemein schreiben:

$$u_i = \bar{u}_i \cdot \cos(2\pi \nu_i t + \beta_i) .$$

Da, wie wir gesehen haben, sich die Polarisierbarkeit α mit den Schwingungen ändert, können wir also α als Funktion der $u_1, u_2, \ldots$ betrachten und somit in eine Reihe nach Potenzen der u_i entwickeln.

Wir erhalten dann:

$$\alpha = \alpha_0 + \sum_i \alpha_i u_i + \sum_{ik} \alpha_{ik} u_i u_k + \ldots,$$

wenn wir der Einfachheit halber α an Stelle der α_{xy}, α_{yz} usw. setzen.

Es soll nun auf das Kristallgitter eine Lichtwelle mit der Frequenz ν auftreffen. Wir haben demnach eine elektrische Welle zu betrachten, deren Feld E sich periodisch mit der Frequenz ν ändert. Wir können somit die Gleichung aufstellen:

$$E = E_0 \cdot \cos 2\pi \nu t .$$

Nun wird mit $M = \alpha \cdot E$

$$M = \alpha \cdot E_0 \cos 2\pi \nu t .$$

Oder wenn wir die Reihenentwicklung für α unter Vernachlässigung der Glieder mit zweiter und höherer Ordnung berücksichtigen, ergibt sich

$$M = \left\{\alpha_0 + \sum_i \alpha_i u_i\right\} E_0 \cdot \cos 2\pi \nu t$$

und schließlich

$$M = \left\{\alpha_0 + \sum_i [\alpha_i \bar{u}_i \cdot \cos(2\pi \nu_i t + \beta_i)]\right\} E_0 \cdot \cos 2\pi \nu t ,$$

oder

$$M = a_0 \cdot E_0 \cdot \cos 2\pi\nu t + \frac{E_0}{2} \sum_i a_i \bar{u}_i \{\cos[2\pi(\nu+\nu_i)t+\beta_i] + \cos[2\pi(\nu-\nu_i)t-\beta_i]\}$$

Demnach enthält M eine Komponente mit der Frequenz ν des einfallenden Lichtes und zwei Komponenten mit modifizierten Frequenzen, die eine mit der Frequenz $\nu + \nu_i$, die andere mit der Frequenz $\nu - \nu_i$. Die Frequenzen der zweiten Art werden also gewonnen, indem man von der Frequenz des einfallenden Lichts die Fundamentalfrequenzen zuzählt oder abzieht. Bei dem beschriebenen Vorgang entsteht demnach eine Streustrahlung, deren einer Teil eine gegenüber der Primärwelle unveränderte Frequenz aufweist und deren anderer Anteil die Frequenzen $\nu \pm \nu_i$ besitzt. Die erste Art der Streustrahlung nennt man TYNDALL-Effekt, die zweite (inkohärente) Streustrahlung RAMAN-Effekt. Beim RAMAN-Effekt entstehen also je zwei Linien, die symmtrisch zur Primärlinie nach beiden Seiten verschoben sind. Die Linie mit der Frequenz $\nu + \nu_i$ wird als Anti-STOKESsche Linie, die mit der Frequenz $\nu - \nu_i$ als STOKESsche Linie bezeichnet.

Vielfach kommt es nun vor, daß Fundamentalschwingungen von Kristallgittern aus Symmetriegründen nicht als RAMAN-Linien in Erscheinung treten können. Man sagt dann: diese Fundamentalschwingungen sind „RAMAN-inaktiv". Wie wir bereits gesehen haben, erscheint eine Fundamentalfrequenz im RAMAN-Effekt nur dann, wenn die Polarisierbarkeit bei entgegengesetzter Phase der Schwingungen verschieden ist. Nun kann es aber vorkommen, daß wegen der Symmetrie des Kristallgitters die Polarisierbarkeit bei entgegengesetzter Phase in erster Näherung keine Unterschiede aufweist. Betrachten wir z. B. das Flußspatgitter (Abb. 24, S. 35)! Es handelt sich dabei um ein flächenzentriertes kubisches Gitter, und zwar können wir dieses Gitter aus drei einfachen Gittern zusammensetzen: Das eine besteht nur aus Ca-Ionen, das zweite, ebenfalls ein kubisch-flächenzentriertes Gitter, ist um $1/2$ der Raumdiagonale des Elementarwürfels gegen das Ca-Ionengitter verschoben und ist nur aus F-Ionen aufgebaut. Schließlich ist auch das dritte Translationsgitter ein F-Ionengitter, das um $1/4$ der Kantenlänge gegen das andere F-Ionengitter verschoben ist. Beide F-Ionengitter zusammen bilden ein einfach kubisches Gitter mit halber

Kantenlänge. Das CaF_2-Gitter besitzt zwei verschiedene Fundamentalschwingungen: ν_1 und ν_2. Die Frequenz ν_1 entspricht einer Schwingung des gesamten Ca-Gitters gegen das gesamte F-Ionengitter (wobei also das zweite und das dritte Gitter sich nicht gegeneinander bewegen). Die zweite Fundamentalschwingung kommt dadurch zustande, daß nur die beiden F-Ionengitter gegeneinander schwingen, während das Ca-Ionengitter in Ruhe bleibt. Es zeigt sich nun, daß infolge der Symmetrie der Fundamentalschwingung mit der Frequenz ν_1 die Polarisierbarkeit in Lagen mit entgegengesetzter Phase gleich ist. Die Schwingung ist also RAMAN-inaktiv. Dagegen ist die zweite Fundamentalschwingung (ν_2), da sich bei ihr die Polarisierbarkeit entgegengesetzter Phasen ändert, RAMAN-aktiv. Das Experiment hat ergeben, daß diese Schlußfolgerung richtig ist und daß tatsächlich im RAMAN-Spektrum des Fluorits nur eine Linie mit einem Frequenzabstand von 321 cm^{-1} auftritt.

Bei ein und demselben Gittertypus zeigen die RAMAN-Frequenzen, wie GERLACH an einigen Beispielen zeigen konnte, eine bemerkenswerte Abhängigkeit von der Ionengröße. In folgender Tabelle sind die RAMAN-Frequenzen der kristallisierten Nitrate der Alkalien und Erdalkalien mit dem entsprechenden Kationenradius in Vergleich gesetzt:

Substanz	Kationenradius in Å	RAMAN-Frequenz in cm^{-1}
$LiNO_3$	0,78	1086,8
$NaNO_3$	0,98	1067,5
KNO_3	1,33	1048,4
$Ca(NO_3)_2$	1,06	1064,3
$Sr(NO_3)_2$	1,27	1054,4
$Ba(NO_3)_2$	1,43	1046,5

Es zeigt sich demnach mit zunehmendem Kationenradius eine Abnahme der RAMAN-Frequenz.

4. Elektrische Eigenschaften

Eine der interessantesten und praktisch wichtigsten elektrischen Eigenschaften der Kristalle ist die Piezoelektrizität. Unter dieser Erscheinung versteht man den Effekt, daß bei gewissen

Kristallen, auf die ein Druck oder Zug ausgeübt wird, elektrische Ladungen auftreten können. Das bekannteste Material, das diesen Effekt zeigt und auch in diesem Zusammenhang technisch am häufigsten Verwendung findet, ist der β-Quarz. In Abbildung 54 ist ein Quarzprisma abgebildet. Senkrecht zur dreizähligen Hauptachse, die gleichzeitig die optische Achse ist, stehen drei polare, zweizählige Achsen, die man auch als elektrische Achsen bezeichnet. Schneidet man nun eine Quarzplatte senkrecht zu einer der elektrischen Achsen aus (Abb. 54), so ergeben sich an einer derartigen Platte folgende Effekte: Wird die Kristallplatte in Richtung der E_1-Achse zusammengedrückt, so werden dabei die beiden normal zur E_1-Achse liegenden Flächen positiv bzw. negativ aufgeladen (longitudinaler direkter piezoelektrischer Effekt). Wird die Platte in der gleichen Richtung gedehnt, so werden die Vorzeichen der elektrischen Ladungen auf den beiden Flächen vertauscht. Druck und Zug in Richtung senkrecht zur E-Achse und senkrecht zur optischen Achse erzeugen ebenfalls auf den Flächen, die normal zu E liegen, elektrische Ladungen (transversaler direkter piezoelektrischer Effekt). Druck oder Zug in Richtung der optischen Achse ergeben keine gleichartigen piezoelektrischen Effekte. LAVAL hat eine neue Theorie des Piezoeffektes entwickelt, wonach sich auch in Richtung der c-Achse ein gewisser Effekt ergeben sollte. Entsprechende Experimente scheinen dieses Resultat zu bestätigen. Das Entscheidende der piezoelektrischen Erscheinungen ist, daß sie nur bei Kristallen auftreten, die polare Richtungen besitzen, d. h. bei Kristallen, die kein Inversionszentrum besitzen. Von den 32 Kristallklassen sind 21 Klassen in Betracht zu ziehen, die kein Symmetriezentrum aufweisen (1; 2, m; $mm2$, 222; 3, $3m$, 32; 4, $\bar{4}$, $4mm$, $\bar{4}2m$, 422; 6, $\bar{6}$, $6mm$, $62m$, 622; 23, $\bar{4}3m$, 432). Lediglich die Klasse 432 macht beim Piezoeffekt eine Ausnahme: Kristalle dieser Klasse besitzen zwar kein Symmetriezentrum, sie zeigen aber

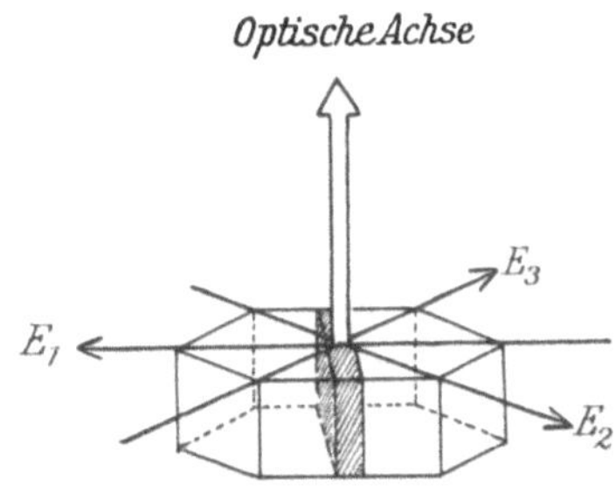

Abb. 54. Die elektrischen Achsen einer Quarzplatte

auch keinen Piezoeffekt. In folgender Tabelle sind einige, auch technisch wichtige Piezokristalle zusammengestellt:

Tabelle einiger Piezoelektrika

Kristallklasse	Substanz	Formel
1	—	—
2	Lithiumsulfat-Monohydrat	$Li_2SO_4 \cdot H_2O$
	Äthylendiamin-Tartrat	$C_2H_4(NH_2)_2 \cdot H_2Tar$
m	—	—
222	Magnesiumsulfat-Heptahydrat	$MgSO_4 \cdot 7H_2O$
	Seignettesalz	$KNaTar \cdot 4H_2O$
$mm2$	Ammoniumdihydrogendihydroniumpentaborat	$(NH_4)H_2(H_3O)_2B_5O_{10}$
4	Bariumantimonyltartrat-Monohydrat	$Ba(SbO)_2(Tar)_2 \cdot H_2O$
$\bar{4}$	—	—
422	Nickelsulfat-Hexahydrat	$NiSO_4 \cdot 6H_2O$
$4mm$	—	—
$\bar{4}2m$	Ammoniumdihydrogenphosphat	$(NH_4)H_2PO_4$
3	—	—
32	β-Quarz	SiO_2
$3m$	Turmalin	$Na(Li,Al,Mg,Fe)_3Al_2[(OH)_4 \mid (BO_3)_3Si_6O_{18}]$
6	Kaliumlithiumsulfat	$KLiSO_4$
$\bar{6}$	—	—
622	α-Quarz	SiO_2
$6mm$	—	—
$\bar{6}m2$	—	—
23	Natriumchlorat	$NaClO_3$
$\bar{4}3m$	Zinkblende	ZnS
	Hexamethylentetramin	$(CH_2)_6N_4$

Die Erscheinung der Piezoelektrizität ist auch umkehrbar, d. h. es ergibt sich folgender Effekt: Bringt man ein Plättchen eines Piezokristalles, das senkrecht zur elektrischen (polaren) Achse geschnitten ist (z. B. Quarz, Abb. 54), in ein elektrisches Feld, so daß die Feldrichtung parallel zur E-Achse verläuft, so wird das Plättchen in Richtung der elektrischen Achse komprimiert oder dilatiert. Diese Erscheinung bezeichnet man als den „reziproken piezoelektrischen Effekt". In analoger Weise wie beim direkten Effekt kann man einen longitudinalen und einen transversalen reziproken piezoelektrischen Effekt unterscheiden.

Die Anwendung der Piezokristalle in der Technik sind außerordentlich zahlreich und mannigfaltig. Es seien erwähnt: in der Hochfrequenztechnik die Steuerung von Röhrensendern zur Konstanthaltung der Schwingungsfrequenz, als piezoelektrischer Oszillograph zur Aufzeichnung rasch wechselnder Spannungen, als piezoelektrischer Lautsprecher, als piezoelektrisches Mikrophon und piezoelektrischer Tonabnehmer, als piezoelektrischer Schallgeber zur Erzeugung von Ultraschallwellen.

Wir wollen nun versuchen, uns die piezoelektrischen Erscheinungen auf Grund der Gittertheorie klarzumachen. Ein Gitter mit polaren Vektoren ist dadurch charakterisiert, daß dieses Gitter keine Symmetriezentrum besitzt. Wird ein Ionengitter ohne Symmetriezentrum elastisch verformt, so verschiebt sich das Kationengitter relativ zum Anionengitter, wobei auch die Abstandsverhältnisse geändert werden. Haben sich die positiven und negativen Ladungen vor der elastischen Verformung nach außen gerade kompensiert, so wird durch die Verschiebung der Ladungen während der Verformung eine Außenseite des Gitters positiv, die gegenüberliegende Seite negativ aufgeladen. Wir wollen uns diese Erscheinung an einem vereinfachten Strukturmodell (MEISSNER, BERGMANN) klarmachen. Das Quarzgitter ist aus SiO_4-Tetraedern als Baueinheiten aufgebaut, die sich zu spiralförmigen Ketten anordnen und so ein dreidimensionales Gerüst aufbauen. Die SiO_4-Tetraeder sind in der Weise miteinander verknüpft, daß jedes Sauerstoffatom zu zwei Tetraedern gehört (S. 40). Stark vereinfacht können wir uns den Aufbau des Quarzgitters so denken, wie es Abbildung 55a in einer Gruppe von drei SiO_4-Tetraedern darstellt. Die großen Kreise sollen die vierfach geladenen Si-Ionen bedeuten, während die kleinen Kreise an Stelle der zwei doppelt negativ geladenen Sauerstoffionen stehen. Eine derartige Gruppe wirkt nach außen neutral. Drücken wir nun diese Gruppe von Ionen parallel einer E-Richtung, z. B. E_3, zusammen, so werden positive und negative Ladungen relativ zueinander verschoben (Abb. 55b). In der positiven E_3-Richtung ist die positive Ladung gegenüber den negativen Ladungen zurückgedrängt, so daß diese Seite der E_3-Richtung negativ aufgeladen ist. In der negativen Richtung der E_3-Achse ist die negative Ladung gegenüber den positiven zurückverschoben, so daß insgesamt eine positive Ladung an diesem Ende der E_3-Achse auftreten muß (longitudinaler direkter piezoelektrischer Effekt). Wird nun die Gruppe senkrecht zur E_3-Achse zusammengedrückt, so wird (Abb. 55c) in der positiven E_3-Richtung die positive Ladung gegen die negativen vorgeschoben, in der negativen E_3-Richtung gilt das gleiche für die negative Ladung. Demnach wird, da ursprünglich die ganze Gruppe nach außen neutral war, in der positiven Richtung der E_3-Achse eine positive Ladung auftreten, in der negativen Richtung entsprechend eine negative (transversaler direkter piezoelektrischer Effekt) oder auf den longitudinalen Effekt angewandt können wir sagen: Wird der Kristall in der E-Richtung gedehnt, so tritt eine Umkehrung der Ladungsvorzeichen ein. Es ist ohne weiteres einzusehen, daß dabei senkrecht zur E-Richtung keine Verschiebungen der Ionen erfolgen und daher in diesen Richtungen auch keine elektrischen Ladungen nach außen auftreten können. Schließlich kann man aus dem einfachen Modell entnehmen, daß mechanische Beanspruchungen parallel zur optischen Achse (senkrecht zu den elektrischen Achsen E_1, E_2, E_3) keine unsymmetrischen Ladungsverschiebungen erzeugen können, daß also in diesem Falle kein Piezoeffekt zu erwarten ist. Wir sehen, daß auf diese Weise wenigstens qualitativ der direkte piezoelektrische Effekt abgeleitet werden kann.

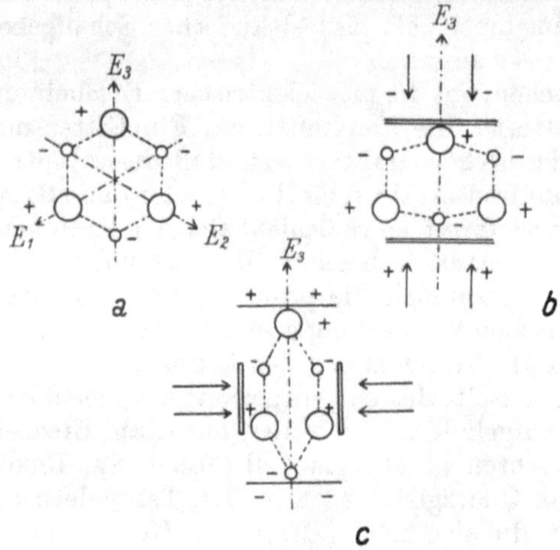

Abb. 55. Schmatische Darstellung der Entstehung des Piezoeffektes. a Vereinfachtes Quarzgitter, b Druck in Richtung der elektrischen Achse, c Druck senkrecht zur elektrischen Achse

Auch der reziproke Piezoeffekt läßt sich anschaulich aus dem beschriebenen Modell erklären. Wird parallel zur E-Richtung ein elektrisches Feld angelegt, und zwar so, daß die negative Elektrode auf der positiven Seite der E-Achse, die positive Elektrode also auf der negativen Seite der E-Achse liegt (Abb. 55b), so müssen sich die Ladungen derart verschieben, daß das positive Ion am positiven Ende der E-Achse nach außen bewegt wird, ebenso das negative Ion am negativen Ende der E-Achse. Das heißt aber, die Ionengruppe oder das Kristallgitter wird in Richtung der E-Achse auseinandergezogen (longitudinaler reziproker piezoelektrischer Effekt). Wird das Feld umgepolt, so daß die positive Elektrode auf der positiven Seite, die negative Elektrode auf der negativen Seite der E-Achse liegt, dann werden die Ladungen in Richtung der E-Achse nach dem Innern der Gruppe verschoben, d. h. das Kristallgitter wird in der E-Richtung komprimiert. Man erkennt auch, daß in einem Falle eine Kontraktion senkrecht zur E-Achse und senkrecht zur optischen Achse stattfindet, im anderen Falle aber eine Dilatation (transversaler reziproker piezoelektrischer Effekt).

Man kann selbstverständlich den Piezoeffekt auch quantitativ aus der Gittertheorie ableiten. Entsprechend dem früheren Verfahren (S. 126) wird die potentielle Energie in Abhängigkeit von den Verschiebungen entwickelt. Daraus lassen sich dann Formeln für die Spannungen als Funktion der Verzerrung gewinnen. In einem Kristallgitter, das kein Symmetriezentrum besitzt, z. B. im Gitter des β-Quarzes, ist von vornherein ein elektrisches Moment vorhanden. Bezeichnen wir mit x_k^+, y_k^+, z_k^+ die Koordinaten der positiven Partikeln innerhalb einer Elementarzelle, mit x_l^-, y_l^-, z_l^- die Koordinaten der negativen Partikeln, so ergibt sich die x-Komponente des elektrischen Moments zu

$$\mathfrak{P}_{0x} = e \cdot N \cdot (\sum_k x_k^+ - \sum_l x_l^-) .$$

Darin ist $\sum_k$ über alle positiven Ionen, $\sum_l$ über alle negativen Ionen der Elementarzelle zu erstrecken. N ist die Zahl der Molekeln im cm^3. Dieses natürliche Moment, das also schon ohne äußere Beanspruchung besteht, ist im allgemeinen nicht meßbar. Wir müssen annehmen, daß die Ladungen, die durch dieses Moment auf der Kristalloberfläche erzeugt werden, durch Ladungen aus der Luft kompensiert werden. Unterwirft man nun den Kristall einer äußeren mechanischen Beanspruchung, so treten innere Verrückungen auf, die das elektrische Moment der Volumeinheit verändern. Diese

Veränderung des Moments kann offenbar aber nicht schnell genug durch äußere Ladungen kompensiert werden, so daß die entstandenen Ladungen, als Piezoelektrizität, meßbar werden. Diese Zusatzpolarisation ergibt sich dann zu

$$\mathfrak{P}_x = e \cdot N \cdot (\mathfrak{u}^+ - \mathfrak{u}^-)_x .$$

wenn $\mathfrak{u}^+$ die Verrückung des positiven, $\mathfrak{u}^-$ die Verrückung des negativen Gitters bedeutet ($\mathfrak{u}^+ - \mathfrak{u}^-$, also die gegenseitige Verrückung der beiden Gitter). Nimmt man umgekehrt an, daß ein äußeres elektrisches Feld vorhanden ist, so werden dadurch innere elastische Verzerrungen hervorgerufen (reziproker Piezoeffekt).

Ein weiteres elektrisches Phänomen ist die Erscheinung der Pyroelektrizität. Darunter versteht man folgende Vorgänge: Werden Kristalle mit polaren Achsen (z. B. Turmalin) erwärmt oder abgekühlt, so treten an den Enden der polaren Achsen elektrische Ladungen auf, und zwar erscheint das eine Ende als positiver, das andere als negativer Pol (beim Erwärmen als analoger bzw. antiloger Pol bezeichnet). Die Ladungen an den Polen sind beim Abkühlen entgegengesetzt den Ladungen, die beim Erwärmen auftreten. Auch dieser Effekt kann mit Hilfe unseres stark vereinfachten Modells (Abb. 55) leicht verstanden werden, wenn man mit MEISSNER annimmt, daß sich beim Erwärmen die Atome aus der elektrischen Gleichgewichtslage nach außen verschieben, wobei die Verschiebungen der beiden polaren Bausteine verschieden sein werden. Beim Vorgang der Abkühlung wandern die Partikeln dagegen zum Zentrum hin. Damit erhält die Einheitszelle und schließlich der ganze Kristall nach außen ein elektrisches Moment. Dieses Moment ist um so größer, je größer die Atomverschiebungen sind, d. h. aber, je höher die Temperatur des Kristalls ist.

Im Gegensatz zur Piezoelektrizität ist das Fehlen des Symmetriezentrums für das Auftreten des Pyroeffektes nur notwendige Bedingung. Nur Kristalle, die singuläre polare Richtungen besitzen, sind pyroelektrisch. Es gibt insgesamt 10 Kristallklassen („pyroelektrische Klassen"), die diese Voraussetzungen erfüllen: 1, 2, *m*, *mm*2, 3, 3*m*, 4, 4*mm*, 6, 6*mm*. Als weitere Beispiele seien Rohrzucker, $C_{12}H_{22}O_{11}$ (2) und Kieselzinkerz, $Zn_4[(OH)_2 \cdot Si_2O_7]$ (*m m* 2), erwähnt.

Verschwinden in einem Kristallgitter die Verzerrungen, d. h., ist also der Kristall nicht beansprucht, so kann man mit Hilfe des

Ansatzes für die Polarisation die Dielektrizitätskonstante berechnen.

Die Dielektrizitätskonstante ε ist definiert durch den Ausdruck

$$\varepsilon = D/E = 1 + 4\pi P/E = 1 + 4\pi\chi .$$

Hierin sind E die elektrische Feldstärke, D die dielektrische Verschiebung, P die dielektrische Polarisation und χ die dielektrische Suszeptibilität. Im anisotropen Medium sind D und E Vektoren, ε ein Tensor zweiter Ordnung. Das dielektrische Verhalten wird deshalb durch ein Ellipsoid charakterisiert, das durch Lage und Größe der drei Haupt-Dielektrizitätskonstanten als Hauptachsen bestimmt wird. Unter Verzicht auf tensorielle Schreibweise (etwa RICCI-Kalkül) ergibt sich auch folgender Zusammenhang:

$$\frac{\varepsilon - 1}{\varepsilon + 2} = \frac{4\pi}{3} N \cdot \alpha ,$$

worin N die Zahl der Baueinheiten im Gitter pro cm^3 und α die „molare" Polarisierbarkeit bedeuten. Sind permanente Dipole mit dem Moment μ vorhanden, dann lautet dieser Ausdruck genauer:

$$\frac{\varepsilon - 1}{\varepsilon + 2} \cdot V = \frac{4\pi}{3} N \left(\alpha + \frac{\mu^2}{3kT}\right)$$

mit V = Volumen der N Baueinheiten, k = BOLTZMANN-Konstante und T = absolute Temperatur. Die Polarisierbarkeit läßt sich noch in einzelne Anteile aufspalten: Die erste Komponente ist bedingt durch eine Verschiebung der Elektronen im Atom oder Ion (α_e). Es handelt sich hier also um die Atom- oder Ionenpolarisierbarkeit. Der zweite Anteil ist durch eine Verschiebung polarer Bausteine (z. B. verschiedenartig geladener Ionen) im Gitter bedingt (α_i). Schließlich sind gegebenenfalls permanente Dipole zu berücksichtigen (α_d). Somit ergibt sich insgesamt für die Polarisierbarkeit:

$$\alpha = \alpha_e + \alpha_i + \alpha_d .$$

Damit sind folgende Zusammenhänge zwischen Dielektrizitätskonstante und Struktur zu erwarten:

1. Zusammenhang mit der Polarisation der Gitterbausteine,
2. Zusammenhang mit der Anisotropie des Gitterbaus,
3. Einfluß in der Struktur vorhandener permanenter Dipole.

Beispielsweise besitzen Kristalle mit stark polarisierenden Kationen im allgemeinen eine höhere Dielektrizitätskonstante als solche mit schwach polarisierenden Ionen: Für AgCl ist $\varepsilon = 11{,}2$, für AgBr 12,17, dagegen für KCl $\varepsilon = 4{,}76$ und für KBr $\varepsilon = 4{,}78$. Auffallend sind auch die Werte für TlCl und TlBr mit 46,9 bzw. 53,8. Wegen der stark deformierenden Wirkung des Bleis sind bei Bleiverbindungen allgemein hohe Dielektrizitätskonstanten zu erwarten; so ist z. B. für $Pb(NO_3)_2$ $\varepsilon = 16{,}8$, für Pyromorphit 90,5 bzw. 26,0 (im Gegensatz zu dem isotypen Apatit – mit Ca statt Pb! – $\varepsilon = 7{,}40$ bzw. 9,50).

Nimmt man zunächst an, daß keine permanenten Dipole vorliegen, so werden durch das äußere elektrische Feld Dipole induziert, wobei eine Wechselwirkung benachbarter Dipole stattfindet (Abb. 56). Diese Wechselwirkung wird umso stärker sein, je dichter die Atome oder Ionen im Gitter gepackt sind.

Summarisch betrachtet scheint tatsächlich, daß für die Größe der Dielektrizitätskonstante die Packungsdichte der Bausteine wesentlich verantwortlich zu machen ist. Wir vergleichen einmal die Alkalihalogenide AX! In der folgenden Tabelle sind die Dielektrizitätskonstanten ε und die Radienquotienten $R_A : R_X$ zusammengestellt. Die Anionen (X-Ionen) sind in einem Gitter vom NaCl-Typus dann am dichtesten gepackt, wenn das Radienverhältnis

		F	Cl	Br	J
Li	ε	9,2	11,05	12,1	11,03
	$R_A : R_X$	0,59	0,43	0,40	0,35
Na	ε	4,9	5,77	5,99	6,60
	$R_A : R_X$	0,74	0,54	0,50	0,44
K	ε	6,05	4,76	4,78	4,94
	$R_A : R_X$	1,00	0,73	0,68	0,60
Rb	ε	5,91	5,20	4,70	4,81
	$R_A : R_X$	1,12	0,82	0,76	0,68

$R_A : R_X = \sqrt{2} - 1 = 0{,}41$ ist. Man erkennt, daß bei den Li- und Na-Halogeniden diejenigen Kristallarten die größten Dielektrizitätskonstanten zeigen, bei denen das Verhältnis der Ionenradien des Kations zum Anion am nächsten der dichtesten Packung, also dem Wert 0,41 entspricht. Bei den Li-Halogeniden zeigen die Kristalle mit einem Radienquotienten von etwa 0,41 oder kleiner ungefähr die gleiche Dielektrizitätskonstante. Auch bei den Na-Salzen läßt sich klar und deutlich erkennen, wie die Dielektrizitätskonstante mit wachsender Annäherung an den Wert 0,41 ansteigt. Allerdings hängt die Dielektrizitätskonstante nicht ausschließlich von dem Radienquotienten ab, was sich daraus ergibt, daß z. B. LiCl mit $R_A/R_X = 0{,}43$ einen ε-Wert von 11,05 besitzt, während die Dielektrizitätskonstante von NaJ mit $R_A/R_X = 0{,}44$ nur 6,60 beträgt. Besonders deutlich ist der Einfluß der Packungsdichte dann zu verfolgen, wenn ein und dieselbe Verbindung in verschiedenen Modifikationen betrachtet wird. Für TiO_2 ist diese Beziehung in folgender Tabelle gezeigt (WOOSTER):

TiO_2-Modifikation	Dichte	ε (Mittelwert)
Rutil	4,21	114
Brookit	4,11	78
Anatas	3,87	48

Demnach ist im allgemeinen zu erwarten, daß Richtungen mit dichtester Packung der Partikeln auch Richtungen größter Dielektrizitätskonstanten darstellen. Diese Erwartung ist in der Tat auch bis zu einem gewissen Grad erfüllt. Als Beispiel wollen wir die rhomboedrischen Karbonate anführen. Für das Verhältnis der Dielektrizitätskonstanten parallel und senkrecht zur trigonalen Achse ergeben sich für Calcit, $CaCO_3$, Dolomit $CaMg(CO_3)_2$, Rhodochrosit, $MnCO_3$, Siderit, $FeCO_3$ und Smithsonit, $ZnCO_3$, folgende Werte für $\varepsilon_{\parallel}/\varepsilon_{\perp} = 0{,}89$, 0,87, 0,86, 0,87, und 0,99. (Magnesit, $MgCO_3$, macht mit einem Wert von 1,17 eine Ausnahme.) Die Ebenen der CO_3-Gruppen, die in den Karbonatgittern vorliegen, stehen alle senkrecht zur trigonalen Achse, daher sind auch die Sauerstoffionen in diesen Ebenen (also senkrecht zur trigonalen Achse) am dichtesten gepackt. Im allgemeinen ist daher die Dielektrizitätskonstante senkrecht zur Achse größer als parallel dazu. Das gleiche gilt auch für die rhombischen Karbonate. Die rhombischen Sulfate, wie Cölestin, $SrSO_4$, Baryt, $BaSO_4$ und Anglesit, $PbSO_4$, besitzen eine wesentlich größere Dielektrizitätskonstante in der b-Richtung als in den anderen Hauptrichtungen (vgl. Tabelle).

Mineral	ε_a	ε_b	ε_c
$SrSO_4$ (Cölestin) ...	7,7	18,5	8,3
$BaSO_4$ (Baryt)	7,65	12,6	7,7
$PbSO_4$ (Anglesit) ..	27,5	54,6	27,3

Man kann diese Beobachtung damit in Verbindung bringen, daß in dem Gitterbau dieser isomorphen Sulfate Sauerstoffketten parallel der *b*-Achse liegen.

Qualitativ ist die Beziehung zwischen Packungsdichte und Dielektrizitätskonstante ohne Schwierigkeit verständlich. In einem isolierten Ion wird ein gegebenes elektrisches Feld ein bestimmtes elektrisches Moment erzeugen. Liegt ein weiteres Ion in der Richtung des elektrischen Feldes unmittelbar daneben, so wird das in dem zweiten Ion induzierte Moment das Moment des ersten verstärken und umgekehrt (Abb. 56a). Auf diese Weise wird längs einer Ionenkette, die parallel zum Feld liegt, das induzierte Moment in den einzelnen Ionen wechselseitig verstärkt. Wenn andererseits zwei Ionen in Richtung senkrecht zum Feld nebeneinanderliegen (Abb. 56b), dann wirken die beiden induzierten Momente gegeneinander und schwächen sich auf diese Weise.

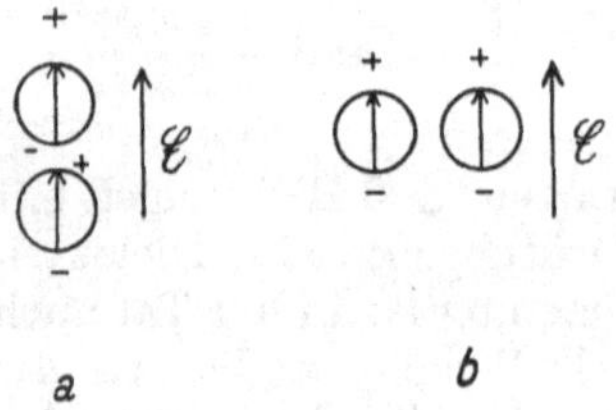

Abb. 56. Induzierte Momente in einem Atompaar. a Die Atome liegen bezüglich des elektrischen Feldes hintereinander. b Die Atome liegen bezüglich des elektrischen Feldes nebeneinander

Existiert für eine Kristallart ein Temperaturgebiet (CURIE-Gebiet) spontaner Polarisation, so können extrem hohe Werte für die Dielektrizitätskonstante erreicht werden. Der Verlauf der Dielektrizitätskonstante für Seignettesalz, KNa(COO · CHOH · CHOH · COO) · $4\,H_2O$, ist in Abbildung 57 in Abhängigkeit von der Temperatur längs der a-Achse dargestellt. Der obere CURIE-Punkt liegt bei $+24°$ C, der untere bei $-18°$ C. Die Spitzenwerte der Dielektrizitätskonstante in den CURIE-Punkten erreichen etwa 4000. In Richtung der *b*- und der *c*-Achse des rhombisch kristallisierenden Seignettesalzes (Klasse: 222) zeigen die Dielektrizitätskonstanten nur eine geringfügige Anomalität, im übrigen weisen sie normale

Werte auf. Bei tiefen Temperaturen – unterhalb des CURIE-Gebietes – sind alle drei Konstanten von derselben Größenordnung. Oberhalb des CURIE-Punktes nimmt die Dielektrizitätskonstante nach einem CURIE-WEISS-Gesetz ab. Es ist:

$$\varepsilon - 1 = \frac{C}{T - T_c},$$

wobei T_c die CURIE-Temperatur und C eine Konstante bedeuten.

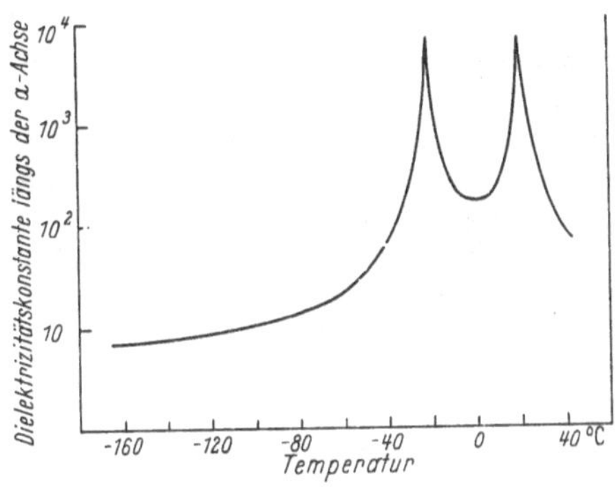

Abb. 57. Dielektrizitätskonstante in Richtung der a-Achse für Seignettesalz (HABLÜTZEL)

Seignettesalz zeigt außerdem parallel zur a-Achse eine charakteristische Hysterese. Die dielektrische Verschiebung D wird danach nicht allein durch das angelegte elektrische Feld E bestimmt, sondern hängt noch von der Vorgeschichte ab:

In der Abhängigkeit der Verschiebung D bzw. der Polarisation P vom äußeren Feld E ergibt sich eine Hysteresis-Schleife (Abb.

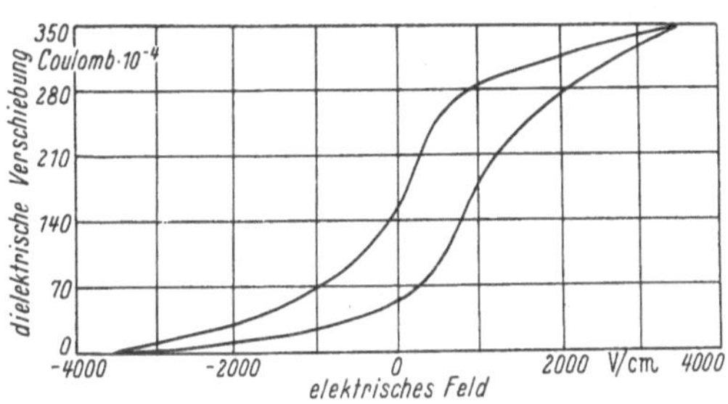

Abb. 58. Hysteresisschleife für Seignettesalz (nach MEGAW)

58). Die Existenz einer Hysteresisschleife bedeutet, daß die betreffende Kristallart eine spontane Polarisation besitzt, d. h. eine Polarisation, die auch dann vorhanden ist, wenn das äußere Feld verschwindet. Um die Polarisation zum Verschwinden zu bringen, muß ein äußeres Feld (Koerzitivkraft) mit entgegengesetzter Richtung angelegt werden.

Die Ähnlichkeit einer dielektrischen Hysteresisschleife mit einer ferromagnetischen ist offenbar. Man hat daher für diese Erscheinung den Namen „Ferroelektrizität" vorgeschlagen. Es ist klar, daß dieser Ausdruck unlogisch ist, — außerdem ist die Analogie zum Ferromagnetismus nicht vollständig. Daher ist auch die Bezeichnung „Seignetteelektrizität" vorgeschlagen worden. Jedoch — nach MEGAW — „‚ferroelektrisch' ist wohlklingend, während ‚seignetteelektrisch' im Ohr kratzt".

Im Konnex mit der Kristallsymmetrie ist es von entscheidender Bedeutung, daß spontane Polarisation nur in polaren Klassen möglich ist. Das hängt mit der Tatsache zusammen, daß die spontane Polarisation als resultierender Vektor dargestellt werden muß. Ein beliebiger Vektor in einem Kristall wird bekanntlich durch das Ensemble der Symmetrieoperationen der entsprechenden Kristallklasse in eine bestimmte Zahl von symmetrisch äquivalenten Vektoren vervielfacht. Beispielsweise gehören zu einem beliebigen Vektor eines Kristalls der Klasse 222 (= drei aufeinander senkrecht stehende zweizählige Achsen) insgesamt 4 äquivalente (polare) Vektoren. Bildet man die Summe der Komponenten aller äquivalenten Vektoren längs einer der drei Achsen, so ergibt sich der Wert Null, d. h. die vier äquivalenten Vektoren liefern keinen resultierenden Vektor. Anders ist dies, wenn nur eine zweizählige Achse vorhanden ist (Klasse: 2). Dann ergibt sich stets eine Resultante aus äquivalenten Vektoren, d. h. die Summe ihrer Komponenten ist von Null verschieden. Auf diese Weise lassen sich die 32 Kristallklassen in zwei Gruppen einteilen:

Solche, die einen resultierenden Vektor besitzen und solche, für die das nicht zutrifft. Man sieht sofort ein, daß die Kristallklassen der ersten Gruppe diejenigen sind, die auf S. 194 im Zusammenhang mit dem Pyroeffekt aufgezählt wurden. Man nennt diese Klassen polare oder auch pyroelektrische Klassen.

Aus unserer Betrachtung folgt, daß Seignetteelektrika stets Pyroelektrika sind. Das Umgekehrte gilt allerdings nicht. Selbstverständlich ist auch für das Auftreten der Seignetteelektrizität notwendige — nicht hinreichende — Bedingung, daß kein Symmetriezentrum vorhanden ist. Deshalb sind alle Seignetteelektrika auch piezoelektrisch. Auch hierbei gilt nicht die Umkehrung (z. B. β-Quarz).

Da die Kristallklasse 222 nicht „polar" ist, ergibt sich notwendigerweise, daß Seignettesalz im CURIE-Gebiet eine niedrigere Symmetrie annimmt. Tatsächlich erfährt Seignettesalz an dem CURIE-Punkt eine Umwandlung in eine monokline Modifikation der Symmetrie 2. (Man beachte dabei, daß die zweizählige Achse der monoklinen Modifikation der a-Achse der rhombischen Modifikation entspricht, denn diese ist ja die Richtung der spontanen Polarisation!) Die Unterschiede zwischen der monoklinen und rhombischen Modifikation sind nur gering, so daß die monokline Struktur als pseudorhombisch bezeichnet werden kann. Eine Folge dieser Beziehung ist der Umstand, daß es bei der monoklinen Modifikation zur polysynthetischen Zwillingsbildung (Zwillingslamellen) kommt. Einkristallbereiche mit einheitlicher Polarisationsrichtung werden als „Domänen" bezeichnet.

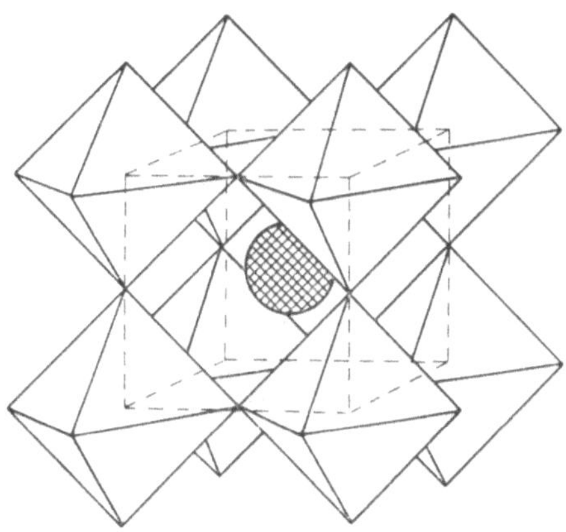

Abb. 59. Perowskitstruktur. Ti-Atome in den Zentren der Oktaeder, O-Atom in deren Ecken; schraffierter Kreis: Barium

Eine weitere, insbesondere auch technisch wichtige seignetteelektrische Kristallart ist Bariumtitanat, $BaTiO_3$. Über +120° C besitzt $BaTiO_3$ ideale Perowskitstruktur (Abb. 59). Diese Struktur ist kubisch ($m3m$), wobei jedes Titanatom von 6 Sauerstoffatomen oktaedrisch umgeben ist. Die Oktaeder sind jeweils über gemeinsame Ecken miteinander verknüpft. Das Bariumatom ist 12fach von Sauerstoff koordiniert.

Beim CURIE-Punkt (+120° C) tritt eine Modifikationsänderung auf:

Die neue Struktur ist – bei geringfügigen Atomverschiebungen – tetragonal ($4mm$). Bei dieser Umwandlung wird aus einer der drei kubischen (vierzähligen) Achsen die singuläre tetragonale Achse der seignetteelektrischen Modifikation. Dabei treten im allgemeinen Zwillinge auf, da verschiedene der kubischen Achsen zur singulären tetragonalen Achse werden. Das bedeutet aber auch, daß verschiedene Bereiche verschiedene Richtungen spontaner Polarisation – also verschiedene Domänen – besitzen. Eine schematische Darstellung eines solchen „Domänengefüges" gibt Abbildung 60.

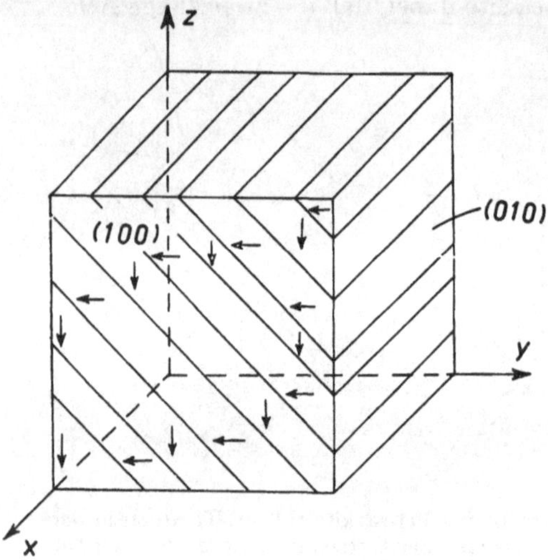

Abb. 60. „Domänengefüge" von Bariumtitanat (Pfeile = Richtungen der spontanen Polarisation)

Ein weiteres seignetteelektrisches Material ist Kaliumdihydrogenphosphat, KH_2PO_4. Der obere Curie-Punkt liegt bei – 150° C, in dessen Nähe die Dielektrizitätskonstante auf 32000 ansteigt. Über dem Curie-Punkt ist die Struktur tetragonal ($42m$), darunter – im Curie-Gebiet – rhombisch ($mm\,2$).

Es kann angenommen werden, daß beim Seignettesalz und beim KH_2PO_4 die Möglichkeit der spontanen Polarisation an das Vorhandensein von Wasserstoffbindungen geknüpft ist. Nach bekannter Vorstellung zeigt die Potentialkurve einer O–H–O-Brücke zwei Minima, wobei in der Mitte zwischen den beiden Sauerstoffatomen ein Potentialberg liegt. Das Proton kann eines der beiden Minima besetzen. So bildet sich eine unsymmetrische O–H...O-Bindung, der ein Dipolmoment zukommt. Kann der H-Kern von der einen in die andere Potentialmulde springen, so ändert das Dipolmoment sein Vorzeichen.

Die Besetzung der Potentialmulden durch ein Proton müßte in charakteristischer Weise von der thermischen Energie abhängen. Bei tiefer Temperatur sind die O–H...O-Brücken spontan polarisiert, aber die Vorzeichen wechseln statistisch im ganzen Kristallgitter. Die Protonen können infolge der geringen thermischen Energie den Potentialwall nicht überspringen, bleiben also in ihren zufälligen Lagen fest sitzen, d. h. aber die Dipole können sich nicht nach dem äußeren Feld einstellen, sie sind „eingefroren". Erst bei höherer Temperatur ist eine Umlagerung der H-Kerne möglich, und der untere CURIE-Punkt ist erreicht (Seignettesalz). Wird die thermische Energie noch höher – Überschreiten des oberen CURIE-Punktes –, dann wechseln die Protonen so rasch ihre Lagen, daß keine Polarisation mehr auftreten wird.

Werden in Seignettesalz der Wasserstoff der Hydroxylgruppe durch Deuterium und das Kristallwasser durch schweres Wasser ersetzt, dann verschiebt sich der untere CURIE-Punkt von −18° C auf −21° C und der obere CURIE-Punkt von 24° C auf 35° C.

Dipolbildung durch Hydrogenbindung wurde von SLATER auch zur Deutung der Seignetteelektrizität von KH_2PO_4 herangezogen. In der Struktur des Kaliumhydrogenphosphats liegen die $[PO_4]$-Gruppen als Tetraeder vor, in deren Mitte jeweils ein P-Atom und in deren Ecken die Sauerstoffatome sitzen. Die Ecken (O-Atome) benachbarter Tetraeder sind jeweils durch Wasserstoffbrücken miteinander verknüpft, wobei angenommen werden kann, daß zwischen den Sauerstoffatomen je zwei gleiche und symmetrisch gelegene Potential„töpfe" vorhanden sind. Die Verteilung der H-Kerne auf diese Minima wird durch zwei Bedingungen reguliert:

a) Ein und nur ein H steht für jede Bindung zur Verfügung,

b) jeweils sind 2 Wasserstoffe an ein $[PO_4]$-Tetraeder gebunden.

Aus b) folgt, daß für jedes $[PO_4]$-Tetraeder insgesamt $\binom{4}{2} = 6$ Konfigurationen möglich sind. Zwei von diesen Anordnungen ergeben eine O–H-Komponente parallel zur tetragonalen c-Achse. Die Komponenten der anderen beiden Zuordnungen liegen senkrecht zur c-Achse. Die Richtung der O–H-Komponente entspricht der Richtung des Dipolmomentes einer $[PO_4]$-Gruppe bzw. $[H_2PO_4]^-$-Gruppe. Es ist plausibel, daß den beiden Orientierungen der Dipole – parallel und senkrecht zur c-Achse – verschiedene Energien zukommen. SLATER nimmt an, daß das Tetraeder, dessen Dipol parallel zur c-Achse liegt, eine geringere Energie besitzt als dasjenige mit dem Dipolmoment senkrecht [001]. Aus den Bedingungen a) und b) resultiert, daß die Orientierung einer $[H_2PO_4]$-

Gruppe nicht unabhängig von der Orientierung seiner Nachbarn sein kann. In bestimmten Gitterbereichen dürfte die Polarisation immer nur entweder in Richtung der positiven oder der negativen c-Achse orientiert sein. Eine genauere Betrachtung muß allerdings berücksichtigen, daß bei der Polarisation durch die H auch eine Verschiebung der P-Atome und K-Ionen stattfindet. Diese Verschiebungen liegen längs der c-Achse und tragen mehr zu dem Dipolmoment bei als die Verschiebungen der H-Kerne. – Es muß erwähnt werden, daß die Theorie SLATERS nicht unwidersprochen geblieben ist.

Über die theoretischen Grundlagen der Ferroelektrizität von Bariumtitanat ist bereits vielfältig und nicht ohne Widersprüche diskutiert worden. Diese Erörterungen können auch keineswegs als abgeschlossen angesehen werden. Es soll im folgenden eine Darstellung eines anschaulichen Modells gegeben werden. Zunächst ist für die Geometrie des Perowskitgitters (Abb. 59) das Ba-Ion etwas zu groß, so daß eine Auflockerung der gesamten Struktur bedingt ist. Damit werden auch die O_6-Oktaeder für das zentrale Ti-Ion etwas zu groß, wodurch eine gewisse Verschiebbarkeit des Titans aus der Zentrallage heraus resultiert. Hieraus ergibt sich bereits eine Polarisierbarkeit der $[TiO_6]$-Oktaeder. Es hat sich jedoch gezeigt, daß man nicht ohne Berücksichtigung der Polarisierbarkeit bzw. der Verschiebbarkeit der Sauerstoffionen auskommt. Es ist röntgenographisch direkt nachgewiesen worden, daß die Verschiebungen des Sauerstoffs größer sind als für Titan. Andererseits ist von SLATER gezeigt worden, daß die Elektronenpolarisation aller Ionen der $BaTiO_3$-Struktur einen wesentlichen Beitrag zur Gesamtpolarisation liefert. Dabei kommt man zu dem wichtigen Ergebnis, daß die Polarisation der Ionen die Wirkung der Verschiebungspolarisation des Titans entscheidend verstärkt.

Bei allen diesen Betrachtungen darf nicht übersehen werden, daß Bariumtitanat nicht als reiner Ionenkristall angesehen werden kann. Ohne Zweifel spielen bei der Ferroelektrizität Probleme der Resonanzbindung eine nicht untergeordnete Rolle. Gerade vom kristallchemischen Standpunkt aus ist es eine wesentliche Erkenntnis, daß solche Kristallarten mit Perowskitstruktur ferroelektrisch sind, deren Oktaederkomplexe ganz oder teilweise von Atomen zentriert werden, die nicht abgeschlossene Schalen der langen bzw. Übergangsperiode besitzen.

Zum Abschluß der Betrachtungen über Seignetteelektrizität sei noch auf das Phänomen der Antiferroelektrizität hingewiesen. Antiferroelektrische Kristallarten zeigen keine spontane Polarisation, weil die individuellen Bereiche des Kristalls Dipolmomente in antiparalleler Anordnung besitzen. Kittel hatte diese Erscheinung bereits vor der Entdeckung ferroelektrischer Kristallarten theoretisch vorausgesagt. Als erstes Beispiel wurde Bleizirkonat, $PbZrO_3$, gefunden. Diese Kristallart besitzt einen Umwandlungspunkt, bei dem eine Anomalie in der Dielektrizitätskonstante auftritt. Die Tieftemperatur-Modifikation zeigt keine dielektrische Hysteresisschleife. Das experimentelle Resultat, daß WO_3 bei tiefen Temperaturen ferroelektrisch und bei höheren Temperaturen ($> 740°$ C) antiferroelektrisch ist, erweist, daß die Bedingungen für diese beiden kristallisierten Zustandsarten perowskitartiger Strukturen nicht sehr verschieden sind (Kittel).

Ferroelektrika finden praktische Anwendungen als dielektrische Werkstoffe (Kondensatorwerkstoffe), bei dielektrischen Verstärkern, bei Frequenzvervielfachern, als elektromechanische Wandler, zur Speicherung von Informationen und als thermische Wandler (Sachse).

5. Magnetische Eigenschaften

Wenn ein Kristall in ein magnetisches Feld der Feldstärke H gebracht wird, so wird er „magnetisiert", d. h. es wird in ihm ein magnetische Moment pro Volumeneinheit M erzeugt (*Magnetisierung*). Man definiert als Quotienten aus Magnetisierung und Feldstärke die *magnetische Suszeptibilität* χ. Es ist also:

$$\chi = M/H$$

Die Suszeptibilität variiert stark von Kristallart zu Kristallart. Außerdem ist sie im Kristall selbstverständlich richtungsabhängig. Da M und H Vektoren darstellen, ist χ – analog wie die Dielektrizitätskonstante – ein Tensor zweiter Ordnung, der durch Richtung und Größe von drei Haupt-Suszeptibilitäten festgelegt ist.

Man pflegt die Kristalle hinsichtlich ihres magnetischen Verhaltens in drei Gruppen zu gliedern:

1. *Diamagnetische Kristalle*: Für sie ist χ klein und negativ. Diamagnetische Körper werden durch ein Magnetfeld schwach abgestoßen. Beispiele: Kupfer, Silber, Gold, Wismut, Steinsalz, Calcit,

Natriumnitrat, Wulfenit ($PbMoO_4$). Die Bausteine eines diamagnetischen Kristalls besitzen von Haus aus kein magnetisches Moment. Dies wird erst durch Induktion im Magnetfeld erzeugt.

2. *Paramagnetische Kristalle*: χ ist klein und positiv. Paramagnetische Stoffe werden vom Magnetfeld angezogen. Die meisten Metalle gehören hierher: Aluminium, Chrom, Magnesium, Zinn, ferner Eisenspat ($FeCO_3$), Beryll, Dioptas ($Cu_6\,[Si_6O_{18}] \cdot 6\,H_2O$).

Die Atome oder Ionen paramagnetischer Kristallarten besitzen schon ursprünglich in der Struktur ein magnetisches Moment. Wegen der Wärmebewegung sind jedoch die Momente nicht geordnet, so daß der Kristall als Ganzes keine Magnetisierung aufweist. Erst bei angelegtem äußerem Magnetfeld werden die Einzelmomente orientiert.

In folgender Tabelle sind Suszeptibilitätswerte für einige paramagnetische und diamagnetische Kristallarten zusammengestellt (nach NYE).

Kristallart	Formel	Kristallsystem	χ_a	χ_b	χ_c
Aragonit	$CaCO_3$	rhombisch	—1,44	—1,42	—1,63
β-Quarz	SiO_2	trigonal	—1,51		—1,52
Cadmium	Cd	hexagonal	—1,24		—1,38
Beryll	$Al_2Be_3[Si_6O_{18}]$	hexagonal	+2,76		+1,29
Rutil	TiO_2	tetragonal	+10,5		+11,2
Fluorit	CaF_2	kubisch		—1,14	
Steinsalz	NaCl	kubisch		—1,36	

(Die Zahlen sind mit 10^{-5} zu multiplizieren und sind Volumsuszeptilibitäten).

In der Aragonitstruktur sind die CO_3-Gruppen parallel (001) angeordnet, so daß sich auch die Anisotropie von χ vor allem in den Werten $\parallel$ und $\perp$ (001) äußert. Cadmium weist eine hexagonal dichteste Kugelpackung auf, wobei die dichtest gepackten Netzebenen parallel (0001) liegen. Die Beryllstruktur besitzt parallel (0001) $[Si_6O_{18}]$-Ringe; in diesen Ebenen hat χ einen größeren (positiven) Wert als senkrecht dazu. Beim Rutil liegen Ketten von $[TiO_6]$-Oktaeder parallel zur c-Achse vor, wobei in dieser Richtung auch der größte χ-Wert erreicht wird. Die Struktur von β-Quarz bildet ein dreidimensionales Gerüst von $[SiO_4]$-Tetraedern ohne ausgesprochene Anisotropie im Aufbau, so daß auch die χ-Werte sich in Abhängigkeit von der Richtung nur unwesentlich ändern.

3. *Ferromagnetische Kristalle* (Ferromagnetika). Für diese ist χ positiv und erreicht hohe Werte. Entscheidend für die Ferromagnetika ist der Umstand, daß ihre Magnetisierung auch nach Entfernung des äußeren Feldes erhalten bleibt, so daß sie permanente Magnete bilden. Beispiele sind Eisen, Kobalt, Nickel, Gadolinium, verschiedene Legierungen, die entweder die genannten Metalle oder Mangan oder Chrom enthalten.

Die Ursache des Ferromagnetismus liegt letzten Endes in der Spin-Eigenschaft der Elektronen. Bei der Magnetisation muß es zu einer Parallelstellung der Elektronen-Spins kommen. Es fragt sich nun aber, wie die Parallelorientierung der Spins möglich ist. Zwar wirken zwischen den „Elementarmagneten" magnetische Kräfte, aber es zeigt sich, daß diese viel zu schwach sind, um ihre Parallelorientierung aufrechtzuerhalten. Zum Verständnis dieses Effektes sind quantenmechanische Betrachtungen notwendig, wie sie von HEISENBERG entwickelt worden sind. Danach liefert die Austausch-Wechselwirkung die zur Orientierung der Spins notwendigen Kräfte. Die Austauschenergie, d. h. die Wechselwirkung zwischen den Momenten der Elektronen, ist aus der Unterscheidbarkeit und Austauschbarkeit der Elektronen benachbarter Atome und aus dem PAULI-Prinzip abzuleiten. Sie ist für die Elektronen, die zum Ferromagnetismus führen, positiv und nimmt bei Parallelstellung der Spins ab. Eine positive Austauschenergie wird begünstigt, wenn das Verhältnis des Atomabstandes zum mittleren Bahnradius der für den Ferromagnetismus maßgebenden Schale (nicht viel) größer als 3 ist. Das hängt damit zusammen, daß die Wechselwirkungsenergie zu schwach ist, um der thermischen Bewegungsenergie entgegenzuwirken, wenn die Atome zu weit voneinander entfernt sind. Ferromagnetismus ist ferner an die Bedingung geknüpft, daß in den Atomen eine unvollständig besetzte Schale mit höherer azimutaler Quantenzahl (d- oder f-Schale) vorhanden sein muß.

Diesen Bedingungen genügen die Übergangselemente Fe, Co und Ni mit ihren unvollständig besetzten 3d-Schalen. Das Verhältnis von Atomradius und Radius der 3d-Schale ist aus folgender Zusammenstellung zu entnehmen:

Metall:	Ti	Cr	Mn	Fe	Co	Ni
Quotient:	1,12	1,18	1,47	1,63	1,82	1,98

Für das Auftreten des Ferromagnetismus ist es am günstigsten, wenn der Atomradius 1,5- bis 2mal größer ist als der Bahnradius der d-Schale.

Aus diesen theoretischen Grundlagen des Ferromagnetismus, die hier nur angedeutet werden konnten, geht als sehr wesentliches Ergebnis hervor, daß der Ferromagnetismus keine Eigenschaft der Atome, sondern eine Eigenschaft der Kristallstruktur darstellt.

Nun scheint die Vorstellung von der spontanen Parallelorientierung der Elektronenspins zunächst mit der Beobachtung in

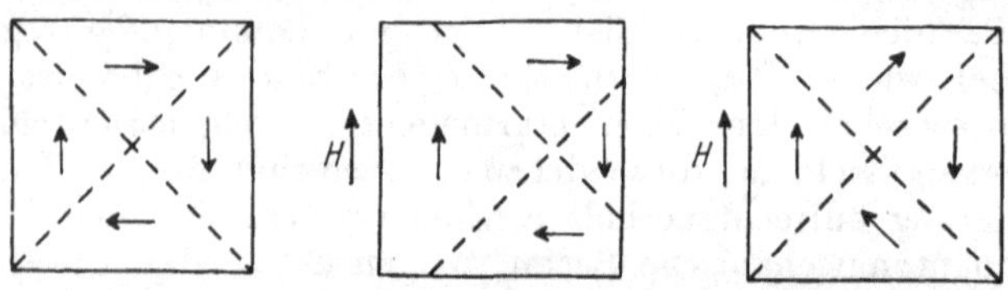

a b c

Abb. 61. Schema des Magnetisierungsprozesses
a Nicht magnetischer Zustand, b magnetisiert durch Wandverschiebung
c Magnetisierung durch Rotation

Widerspruch zu stehen, daß etwa ein Eisenstab im unmagnetisierten Zustand existieren kann. Die Klärung dieses Widerspruchs ergibt sich aus der Tatsache, daß in einem Ferromagnetikum Bereiche – sog. „Domänen" – vorhanden sind, in denen die Elektronenspins parallel orientiert sind. In verschiedenen Domänen sind die Magnetisierungs-Richtungen verschieden. Erst wenn ein äußeres magnetisches Feld angelegt wird, wachsen die günstig orientierten Domänen auf Kosten der ungünstig orientierten durch Verschiebung der Grenzen – der sogenannten Blochwände. Es ist auch möglich, daß bei starken äußeren Feldern die magnetischen Momente in ungünstig orientierten Domänen plötzlich in eine günstigere Orientierung umspringen (Abb. 61). Es ist offensichtlich, daß die Domänen eines Ferromagnetikums in einer gewissen Analogie zu den Domänen der Ferroelektrika stehen. Man muß das Domänengefüge sehr deutlich von dem Korngefüge eines ferroelektrischen Materials unterscheiden: Auch ein *Einkristall* eines ferromagnetischen Metalls wird im allgemeinen eine größere Zahl von Domänen besitzen. Nach KITTEL ist die Bildung von Domänen auf das allgemeine thermodynamische Prinzip zurückzuführen, daß die freie Energie eines Kristalls ein Minium anstrebt. In Abbildung

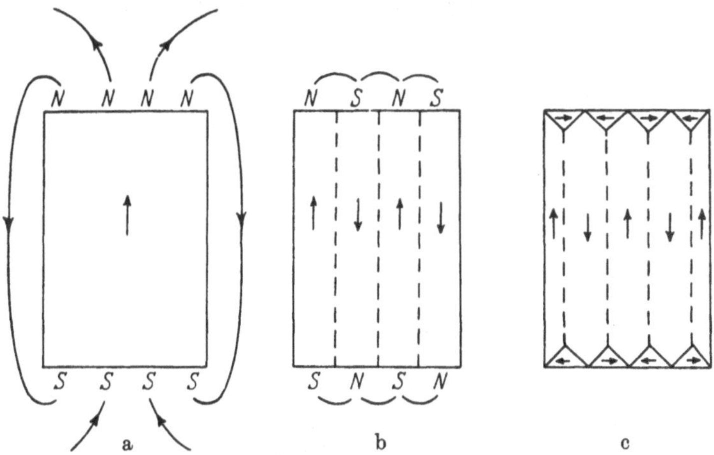

Abb. 62. Die Bildung von Domänen (nach KITTEL)

62a ist schematisch ein ferromagnetischer Einkristall, der eine einzige Domäne bildet, im Zustand der Sättigungsmagnetisierung dargestellt. Er besitzt ein starkes äußeres Magnetfeld. Bei der Bildung mehrerer Domänen (Abb. 62b) wird die Ausdehnung des äußeren Feldes und damit die Feldstärke wesentlich herabgesetzt. Wenn schließlich an den ursprünglichen Polen des Einkristalls weitere Domänen existieren, wobei die Magnetisierungsrichtungen senkrecht aufeinanderstehen (Abb. 62c), dann sind überhaupt keine freien Pole mehr vorhanden, und die Energie des äußeren Feldes ist gleich Null.

Es ist wichtig, daß die Magnetisierung in ferromagnetischen Einkristallen eine anisotrope Eigenschaft darstellt. Beispielsweise ist die Reihenfolge der Magnetisierbarkeit für das kubische Eisen

[100] > [110] > [111] (Abb. 63). Beim Ni (kubisch) liegt die Richtung leichter Magnetisierung parallel [111] und beim hexagonalen Co in Richtung der hexagonalen Achse.

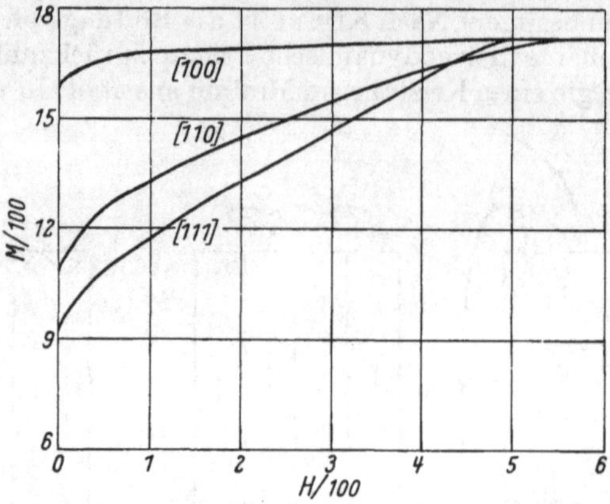

Abb. 63. Magnetisierungskurven für Fe-Einkristalle bei 18° C mit äußerem Feld in Richtung [100], [110] und [111] (nach PIETY)

Hinsichtlich der Begrenzungen der Domänen („Blochwände") ist es von grundsätzlicher Bedeutung, daß die Änderung in der Spin-Richtung zwischen den in verschiedenen Richtungen magnetisierten Domänen nicht in einem diskontinuierlichen Sprung erfolgt. Vielmehr vollzieht sich der Wechsel in der Spin-Richtung allmählich und erstreckt sich über zahlreiche Netzebenen (Abb. 64).

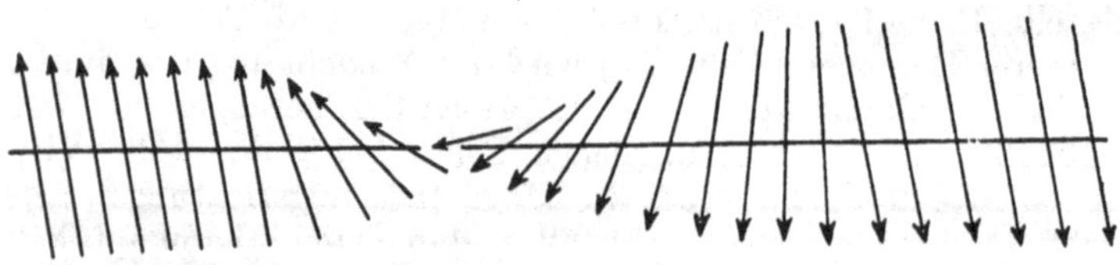

Abb. 64. Änderung der Spin-Richtungen an einer BLOCH-Wand (schematisch)

Beim Eisen z. B. beträgt die Dicke der Übergangsschicht etwa 300 Gitterkonstanten. Der Grund für diese Erscheinung ist der, daß für eine gegebene Gesamtänderung der Spinrichtung die Wechselwirkungsenergie kleiner für eine allmähliche als für eine plötzliche Richtungsänderung ist. Eine Blochwand ist demnach in Wirklichkeit eine Übergangsschicht zwischen zwei in verschiedenen Richtungen magnetisierten Domänen.

Die Theorie des Ferromagnetismus beruht auf der Annahme, daß das Austauschintegral positiv ist. Wird es negativ, so stellen sich benachbarte Spins antiparallel ein (Abb. 65).

Der Zustand eines Kristalls, bei dem sich die Elektronen-Spins in einer geordneten antiparallelen Konfiguration befinden, wird als *Antiferromagnetismus* bezeichnet. Charakteristisch für den antiferromagnetischen Zustand ist die Tatsache, daß die Suszeptibilität als Funktion der Temperatur ein Maximum zeigt. Qualitativ kann man sich diese Erscheinung in folgender Weise klarmachen: Nehmen wir etwa eine Struktur vom B2-Typ (CsCl-Typ, S. 34) an, bei dem die Atome A dazu neigen, einen antiparallelen Spin zu den Atomen B auszubilden. Dann kommt bei geringen Temperaturen die Wechselwirkung stark zur Geltung, und deshalb wird bei angelegtem äußerem Feld die resultierende Magnetisierung klein bleiben. Mit steigender Temperatur wird die Wechselwirkung weniger ausgesprochen, so daß die Suszeptibilität ansteigt. Bei einer kritischen Temperatur („NÉEL-Temperatur") schließlich werden infolge der thermischen Bewegungen die Spins „frei", und der antiferromagnetische Kristall wird oberhalb dieser Temperatur paramagnetisch, d. h., die Suszeptibilität fällt bei weiterem Temperaturanstieg.

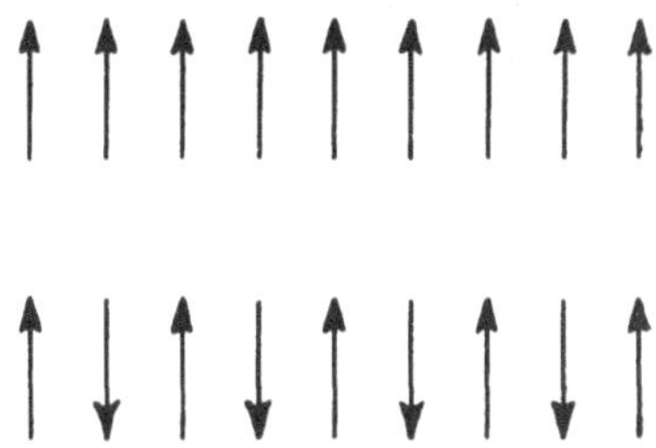

Abb. 65. Spinanordnung
a Beim ferromagnetischen, b beim antiferromagnetischen Kristall (schematisch)

Das Phänomen des Antiferromagnetismus ist zuerst am MnO festgestellt worden. Die Anordnung der Elektronen-Spins konnte mit Hilfe von Neutronenbeugungsversuchen ermittelt werden. Dabei ergab sich für MnO eine Spinanordnung, wie sie in Abbildung 66 dargestellt ist. Man beachte, daß MnO eine Steinsalzstruktur

(B1-Typ, Abb. 23, S. 32) aufbaut und daß in Abbildung 66 nur die Mn^{2+}-Ionen eingezeichnet sind, die ein kubisch flächenzentriertes Gitter bilden. In (111)-Ebenen liegen die Spins parallel zueinander. Es ist gezeigt worden, daß die stärkste negative Wechselwirkung nicht über zwei nächst benachbarte Mn^{2+}-Ionen erfolgt, sondern zwischen zwei Mn^{2+}-Ionen, die von einem O^{2-}-Ion getrennt werden. Das O^{2-}-Ion spielt eine Art Vermittlerrolle derart, daß die benachbarten Manganionen einen antiparallelen Spin aufweisen, d. h., die Austauschwechselwirkung zwischen den Manganionen vollzieht sich diametral durch das Anion.

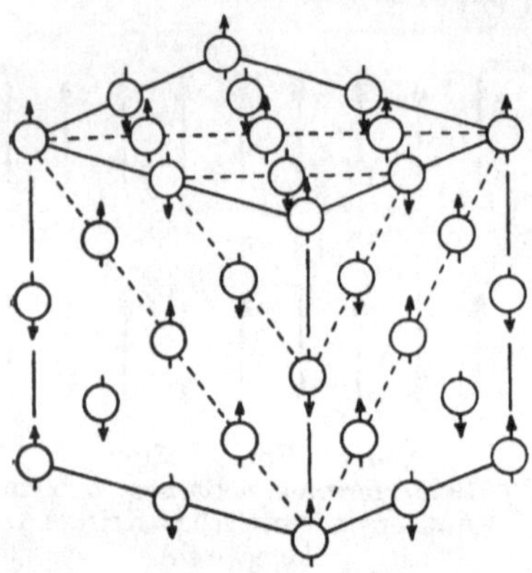

Abb. 66. Spinanordnung der Mn^{2+}-Ionen im MnO-Gitter. (Nur die Mn^{2+}-Ionen sind dargestellt! Kantenlänge der Elementarzelle ist verdoppelt)

Besonders interessant bezüglich ihres magnetischen Verhaltens sind die *Ferrite*. Es handelt sich dabei um Kristallarten der Zusammensetzung AFe_2O_4, wobei A ein zweiwertiges Kation (z. B. Mn, Co, Ni, Cu, Mg, Zn, Cd, Fe^{2+}) darstellt. Die Ferrite kristallisieren kubisch und bauen eine Spinellstruktur auf. In der sogenannten „normalen" Spinellstruktur AB_2O_4 bilden die Sauerstoffionen eine kubisch dichteste Kugelpackung, wobei die A-Kationen in tetraedrischen Lücken (4-Koordination), die B-Kationen in oktaedrischen Lücken (6-Koordination) eingelagert sind. Eine Variante dieser Struktur – die „inverse" Spinellstruktur – zeigt die eine Hälfte der B-Kationen in den vierfachkoordinierten Plätzen der normalen Struktur, während die andere Hälfte der B-Kationen zusammen mit den A-Kationen statistisch die sechsfach koordinierten Positionen besetzen. Die Formel für den „inversen" Spinell kann in der Form $B(AB)O_4$ geschrieben werden.

Nimmt man an, daß die Ferrite im wesentlichen Ionenkristalle darstellen, so kann die Sättigungsmagnetisierung aus der Zahl gepaarter Spins der Ionen berechnet werden. Beim Magnetit,

$Fe^{2+}Fe_2^{3+}O_4$, ergeben sich hierbei – unter Berücksichtigung von sechs bzw. fünf 3d-Elektronen – vier bzw. fünf ungepaarte Spins oder insgesamt $4 + 2 \cdot 5 = 14$ BOHRsche Magnetonen pro Fe_3O_4. Demgegenüber liefert das Experiment nur 4 Magnetonen! Die Erklärung für diese Diskrepanz liegt in der Annahme, daß zwischen den Ionen in tetraedrischer Koordination und jenen in oktaedrischer Koordination eine negative Wechselwirkung besteht. Damit stellen sich in den Ionen der verschiedenen Gitterplätze antiparallele Spins ein. Beachtet man noch, daß Magnetit einen „inversen" Spinell der Zusammensetzung $Fe^{3+}(Fe^{2+}Fe^{3+})O_4$ aufbaut, so errechnen sich pro Fe_3O_4 insgesamt $-5 + (4 + 5) = 4$ BOHRsche Magnetonen – in völliger Übereinstimmung mit der Erfahrung. Der Ferromagnetismus folgt hier also aus antiferromagnetischer Wechselwirkung. Man hat dieses Verhalten als *Ferrimagnetismus* bezeichnet.

Die Ferrite besitzen wegen ihrer geringen elektrischen Leitfähigkeit nur geringe Wirbelstromverluste und werden daher in der Technik als Kerne von Hochfrequenzspulen verwendet. Zur Erhöhung der Trennschärfe benutzt man in Rundfunkempfangsgeräten Ferritantennen.

Zur Untersuchung der Wechselwirkungen in Kristallen und des magnetischen Verhaltens der Atomkerne hat sich die Methode der magnetischen Resonanzabsorption bewährt. Der Kristall wird bei diesem Verfahren in ein statisches Magnetfeld gebracht. Ein magnetisches Wechselfeld mit konstanter Frequenz (Mikrowellen) wird senkrecht zum statischen Feld angelegt. Durch elektrische Messungen wird die im Kristall absorbierte Feldstärke ermittelt. Auf diesem Wege kann die Kern- und Elektronenspinresonanz paramagnetischer und ferromagnetischer Kristalle registriert werden. Kernresonanzversuche sind von größter Bedeutung zur Lösung bestimmter Strukturprobleme, z. B. Ordnung-Unordnungs-Fragen, Rotation von Atomgruppen in Kristallen usw., geworden.

III. Die Realstruktur der Kristalle und ihre physikalische Bedeutung

1. Vorbemerkungen

Bei dem Versuch, die physikalischen und die physikochemischen Eigenschaften aus dem Gitterbau quantitativ abzuleiten, begegnen uns vielfach Schwierigkeiten, die offenbar prinzipieller Natur sind. So waren wir bereits in einzelnen Fällen gezwungen, zusätzliche, von der Idealstruktur abweichende Störungen im Kristallbau anzunehmen. Wir erinnern uns beispielsweise, daß wir zur Deutung der Ätzfigurenbildung das Vorhandensein von Rissen u. dgl. auf der Kristalloberfläche voraussetzen mußten (S. 116). Aber auch andere Eigenschaften sind nicht auf Grund der idealen Gittertheorie zu verstehen, ja es ist oft nicht einmal möglich, solche Fragen einer qualitativ richtigen Lösung zuzuführen. Die Eigenschaften, die wir bis jetzt im wesentlichen betrachtet haben (z. B. Elastizität, spezifische Wärme, Lichtbrechung u. a.), lassen sich ohne prinzipielle Schwierigkeiten mit Hilfe der klassischen Gittertheorie behandeln. Hinzu kommt, daß sich diese Eigenschaften im allgemeinen recht genau quantitativ auf experimentellem Wege erfassen lassen. Gewöhnliche Bestimmungen des Brechungsindex können auf rund $^1/_{30}$% genau durchgeführt werden. Außer den optischen Konstanten kann man zu dieser Gruppe von Kristalleigenschaften die Gitterdimensionen stellen, die im Durchschnitt mit einer Genauigkeit von $\pm 0{,}004$ bis 0,002% experimentell zu erfassen sind. Straumanis und Jevinš ist es mit Hilfe eines besonderen Präzisionsverfahrens sogar gelungen, die Gitterkonstante des reinsten Aluminiums auf 0,0005% genau zu bestimmen (4,04078 $\pm$ 0,00002 Å). Anders ist das Verhalten jener Kristalleigenschaften, die sich nicht ohne weiteres aus der idealen Gittertheorie ableiten lassen. Bei diesen Eigenschaften ist es kaum möglich, die empirisch bestimmten Daten als Materialkonstanten zu betrachten. Beispielsweise schwanken die experimentell ermittelten Werte für die Zerreißfestigkeit beim synthetischen KCl zwischen 15 und 55 kg/cm^2, beim Steinsalz liegen die Werte innerhalb ähnlicher Grenzen (10 bis 60 kg/cm^2).

Die erste Gruppe von Kristalleigenschaften ist also dadurch ausgezeichnet, daß die Zahlengrößen mit beträchtlicher Genauigkeit experimentell festzulegen sind, daß sie aus der Gittertheorie zumindest größenordnungsmäßig richtig abgeleitet werden können und daß sie durch geringfügige Verunreinigungen, durch Entstehungsbedingungen und Herkunft sowie durch kleine mechanische Verformungen u. a. nicht wesentlich geändert werden können. Man bezeichnet diese Eigenschaften als störungsunempfindliche Eigenschaften (NIGGLI). Demgegenüber steht die zweite Gruppe von Eigenschaften, die in ihren Zahlengrößen beträchtliche Schwankungen aufweisen, die nicht mehr mit Hilfe der Idealgittertheorie gedeutet werden können und die wesentlich von kleinen Verunreinigungen, mechanischen Einflüssen, von Herkunft und Entstehungsbedingungen abhängen. Diese Eigenschaften bezeichnet man als störungsempfindliche Eigenschaften.

Wir wollen im folgenden nun die Eigenschaften der Kristalle betrachten, die nicht auf Grund der idealen Gittertheorie gedeutet werden können, zu deren Erklärung vielmehr zusätzliche Annahmen notwendig sind. Prinzipiell definieren wir alle Abweichungen von der idealen Struktur als „Kristallbaufehler" oder kurz „Baufehler" und sprechen dann von „Realstruktur", wenn das Vorhandensein von Baufehlern ein kennzeichnendes Merkmal des betrachteten Gitters ist. Unter „*Idealstruktur*" soll die vollkommen regelmäßige (geometrische) Anordnung der Atomschwerpunkte zu verstehen sein. Die thermischen Schwingungen der Atome und die Kristallbegrenzungen stellen bereits Baufehler dar, die allerdings als relativ milde Störungen der Idealstruktur angesehen werden können.

Hinsichtlich ihrer Größenordnung wollen wir folgende Gruppen von Kristallbaufehlern unterscheiden:

I. Makroskopische Kristallbaufehler. Ihre linearen Ausdehnungen liegen größenordnungsmäßig über 10^{-3} cm. Hierher gehören insbesondere gröbere Abweichungen vom idealen Gitterbau, makroskopische Verwerfungen und Verzweigungen („lineages" nach BUERGER).

II. Mikroskopische Kristallbaufehler. Ihre Lineardimensionen liegen im Bereich von 10^{-5} bis 10^{-3} cm. Sie sind demnach gegebenenfalls mit dem Mikroskop nachweisbar.

III. Submikroskopische Kristallbaufehler. Die lineare Größenordnung liegt für sie unterhalb 10^{-5} cm. Sie können weiter unterteilt werden in:

1. Ultramikroskopische Kristallbaufehler, deren Größenbereich zwischen $4 \cdot 10^{-7}$ und 10^{-5} cm liegt. Ihr Nachweis kann mit dem Ultramikroskop geführt werden. Zu dieser Untergruppe von Baufehlern ist auch die sog. Mosaikstruktur zu rechnen, deren Nachweis mit Hilfe röntgenographischer Methoden durchgeführt werden kann. Man versteht darunter den Aufbau eines Kristallindividuums aus kleinen, ideal gebauten Gitterblöcken, die geringe Orientierungsverschiedenheiten aufweisen können. Die Mosaikstruktur läßt sich nur röntgenographisch durch ihren Einfluß auf die Winkelbreite und die Intensität der an Netzebenen gebeugten Röntgenstrahlen erfassen. Geht man nämlich von der Annahme aus, daß die Beugung der Röntgenstrahlen an sehr kleinen kohärenten Gitterbereichen, also an Mosaikblöckchen, erfolgt, so ergeben sowohl die Reflexionsintensität als auch die Breite der Reflexionskurve viel größere Werte, als wenn man ein unendlich großes Gitter voraussetzt. Graf hat angenommen, daß die Mosaikstruktur nicht primärer Natur ist, d. h., nicht schon beim Wachstum der Kristalle vorhanden ist. Sie scheint vielmehr eine hauptsächlich sekundäre Erscheinung zu sein, verursacht durch äußere Einflüsse nach dem Wachstum, und zwar ausschließlich durch plastische Verformung. Graf nimmt demgegenüber eine Lamellenstruktur von der Größenordnung 10^{-4} bis 10^{-5} cm Lamellendicke als grundsätzliche Kristalleigenschaft an.

2. Amikroskopische Kristallbaufehler mit einer linearen Größenordnung von 10^{-7} bis $4 \cdot 10^{-7}$ cm. – Schließlich wären zu nennen als Baufehler kleinster Dimensionen die

3. Atomaren Kristallbaufehler („Defekte"), deren Lineardimensionen kleiner als 10^{-7} cm sind. Es handelt sich dabei um Gitterlücken oder falsch eingebaute Atome, die wiederum gittereigen oder gitterfremd sein können. Es erweist sich als zweckmäßig, die atomaren Baufehler in einatomare und mehratomare Baufehler zu gliedern. Zu den einatomaren Baufehlern gehören folgende Fehlordnungen (Wagner und Schottky): Leerstellen im Kristallgitter, Ionen oder Atome, die in dem Raum zwischen den regulären Gitterplätzen eingelagert sind (Zwischengitterplätze)

und Ionen oder Atome, die auf „falschen" Gitterplätzen eingebaut sind (Substitution), vgl. weiter unten!

Die einatomaren Kristallbaufehler sind vielfach noch in anderer Hinsicht gegen die übrigen Arten von Fehlstellen ausgezeichnet. Es handelt sich dabei meist um reversible Störungen des idealen Gitterbaues, die sich im thermischen Gleichgewicht mit dem Gitter befinden. Für die anderen Baufehlerarten, insbesondere etwa für die makroskopischen Verwerfungen und Spalten, trifft dies nicht zu. Sie befinden sich nicht im thermischen Gleichgewicht mit dem Gitter und müssen als Ursache der störungsempfindlichen Eigenschaften betrachtet werden. Die physikalischen Eigenschaften, die durch die atomaren, reversiblen Baufehler bedingt sind, verhalten sich wie störungsunempfindliche Vorgänge, sind also insbesondere nicht von Herkunft und Vorbehandlung der Kristalle abhängig. Es erscheint daher zweckmäßig, allgemein zwischen reversiblen und nichtreversiblen Baufehlern zu unterscheiden.

Laves gibt eine ausführliche Systematik der reversiblen atomaren Fehlordnungstypen. Er unterscheidet:

1. Substitution. Einzelne Partikeln werden durch andere ersetzt, z. B. Mischkristalle Cu-Au, Ag-Au oder (Na, K)Cl.

2. Addition (Einlagerung). Atome werden in das Gitter eingefügt, wobei die chemische Zusammensetzung des Kristalls sonst geändert oder auch nicht geändert werden kann. Beispiele: Lösung von C im γ-Fe oder CaF_2 mit YF_3-Gehalt („Isomorphie mit Füllung vakanter Gitterorte").

3. Subtraktion. Atome werden aus dem Gitter herausgenommen mit oder ohne sonstige Änderung der chemischen Zusammensetzung des Kristalls. Z. B. $Fe_{1-x}S$ oder α-Ag_2HgJ_4 (S. 242).

4. Division. Eine stöchiometrisch bedingte Anzahl von Bausteinen ist auf eine wesentlich größere Anzahl von Punkten verteilt. Z. B. α-AgJ (S. 241). Hier sind die beiden Ag-Ionen nicht auf zwei bestimmten Gitterplätzen festgelegt, sondern werden mit mehr oder weniger gleicher Wahrscheinlichkeit an 42 verschiedenen Plätzen angetroffen.

5. Multiplikation. Eine beginnende Unordnung liegt bereits vor, wenn in einem an und für sich ideal gebauten Kristall solche Partikeln, die vom chemischen Standpunkt aus als gleich anzusehen sind, verschiedene Umgebungen haben. Da in diesen Fällen

gleiche Atome vielfache Umgebungen aufweisen, nennt LAVES diesen Fehlordnungstypus „Multiplikation". Dabei können die Koordinationszahlen gleich oder verschieden sein. Beispiel: SiO_2 in der Modifikation des Tridymits (exakter wäre zu schreiben: $Si_2O^IO_3{}^{II}$, wobei die O^I bzw. O^{II} ungleichwertige Gitterplätze einnehmen):

Der Multiplikationstyp gibt uns einen Hinweis dafür, daß die erwähnten Fehlordnungstypen keineswegs gleichwertig sind. Man kann vielmehr von einem Grad der Unordnung bzw. Ordnung sprechen, wobei wir uns darüber im klaren sein müssen, daß zwischen Ideal- und Realkristall keine scharfe Grenze existiert.

Definitionsgemäß gehören zu den Kristallbaufehlern selbstverständlich auch die Abweichungen vom idealen Gitterbau, die durch die thermischen Schwingungen der Gitterbausteine bedingt sind. Tatsächlich werden einige physikalische Eigenschaften – z. B. das plastische Verhalten – durch diese thermischen Baufehler beeinflußt, sind also insofern störungsempfindlich. Für das Folgende wollen wir die Wärmeschwingungen im wesentlichen außer Betracht lassen und uns die Bausteine als in den Gleichgewichtslagen ruhend vorstellen. In vielen Fällen dürfte es noch eine lohnende Aufgabe bleiben, Wirkung und Einfluß der thermischen Baufehler zu untersuchen.

Die nichtreversiblen Baufehler können nach ihrer Entstehung eingeteilt werden in Wachstums-Baufehler, Verformungs-Baufehler und Umkristallisations-Baufehler. Bereits beim Wachstumsprozeß selbst können sich insbesondere gröbere Gitterstörungen ausbilden. Das wird besonders dann der Fall sein, wenn die Kristallisationsbedingungen morphologisch ungünstig sind, etwa bei raschem Wachstum. In den meisten Fällen wird die Bildung mehr oder weniger grober Baufehler nicht vermieden werden können. Daß der Realkristall mit seinen verschiedenartigen Baufehlern eine prinzipielle Erscheinungsweise der geordneten (anisotropen) Phase darstellt, ist bereits mehrfach nachgewiesen. In erster Linie gilt dies für die reversiblen Kristallbaufehler.

Schließlich können wir mechanische und chemische Baufehler unterscheiden (SMEKAL), wobei wir unter chemischen Baufehlern solche verstehen wollen, die durch Einlagerung von Fremdatomen oder -atomgruppen dargestellt werden. Mechanische Baufehler dagegen sind Risse, Sprünge, Spalten, Versetzungen u. dgl.

SEITZ unterscheidet folgende primäre Baufehlertypen:

1. Phononen (Quanten der Gitterschwingungen),
2. Elektronen und Elektronenlöcher („Defektelektronen"),
3. Exzitonen,
4. Leerstellen und Zwischengitteratome,
5. Fremdpartikel,
6. Versetzungen.

Dazu kommen noch folgende vorübergehende Baufehler („transient imperfections"):

7. Photonen (Quanten der elektromagnetischen Strahlung jeder Wellenlänge),
8. geladene Teilchenstrahlen (schnelle positive und negative Ionen, Elektronen und Positronen, geladene Mesonen) und
9. elektrisch neutrale Teilchen (Neutronen, neutrale Mesonen, Neutrinos).

Man kommt zu einer exakteren Definition der Baufehler, wenn man nach F. C. Frank der Realstruktur eine ideale „Bildstruktur" zuordnet, indem man die Schwerpunkte der Atome auf in entsprechenden Positionen liegende Gitterpunkte bezieht. Indem man mit diesem Verfahren von Atom zu Atom fortschreitet, erhält man für jeden Weg in der Realstruktur einen „Bildweg" in der Idealstruktur. Bereiche, in denen der Bildweg eindeutig bestimmbar ist, werden als „gut" bezeichnet. Bei „schlechten" Kristallbereichen ist eine solche Zuordnung nicht mehr in eindeutiger Weise möglich. „Fast fehlerfrei" („nearly perfect") wird ein Kristall genannt, dessen „schlechte" Bereiche nur einen kleinen Bruchteil des gesamten Kristallvolumens ausmachen.

Umfährt man ein „schlechtes" Strukturgebiet längs eines geschlossenen Weges, der ganz im „guten" Bereich der Realstruktur liegt derart, daß man wieder zum Ausgangspunkt zurückkehrt (Burgers-*Umlauf*), dann braucht sich der zugehörige „Bildweg" im Idealkristall nicht zu schließen (Abb. 67). Der Vektor $\mathfrak{b}$, der vom Endpunkt des „Bildweges" zum Ausgangspunkt zurückführt, wird als Burgers-*Vektor* bezeichnet. Der Burgers-Vektor wird im allgemeinen ein Gittervektor sein.

Man kann nun die „schlechten" Bereiche in einem „fast fehlerfreien" Kristall durch Flächen, die ganz im „guten" Gebiet verlaufen, eingrenzen. Nach SEEGER ergibt sich auf Grund der Dimensionen, in denen die auf solche Weise eingeschlossenen Bereiche größere als nur atomare Ausdehnung zeigen, folgende Systematik der Baufehler:

a) *Nulldimensionale Fehler* sind Leerstellen (Gitterlücken), Zwischengitteratome, Atome auf falschen Gitterplätzen usw. – Definitionsgemäß weisen nulldimensionale Fehler in allen drei

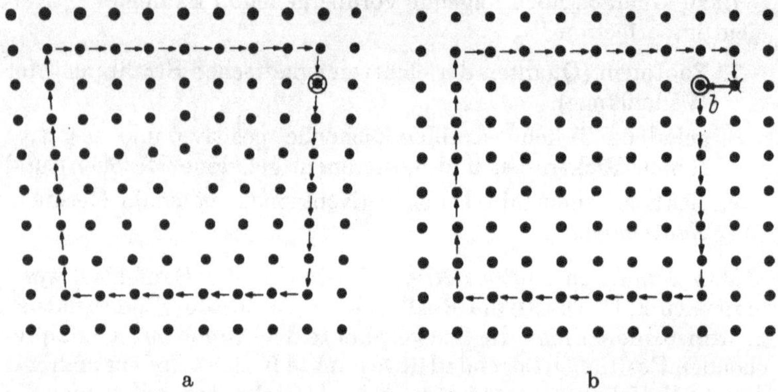

Abb. 67. BURGERS-Umlauf in der Realstruktur (a) und zugehöriger „Bildweg" in der Idealstruktur (b). *b* BURGERS-Vektor

Raumrichtungen atomare Ausdehnungen auf. Die Grenzfläche zwischen „gutem" und „schlechtem" Strukturbereich ist eine Kugeloberfläche, und der BURGERS-Vektor ist gleich Null.

b) *Eindimensionale Fehler* sind Versetzungen, wenn sich der BURGERS-Vektor als endlicher Gittervektor ergibt. Die Trennfläche zwischen „gutem" und „schlechtem" Gebiet ist in diesem Falle eine Röhre, deren Durchmesser von atomarer Dimension ist. Ein Beispiel wäre eine nadelförmige Ausschneidung in einem sonst fehlerfreien Kristall. Man beachte aber, daß im Gegensatz zur Versetzung hier der BURGERS-Vektor um die Nadel Null wird. Der BURGERS-Vektor ist von Null verschieden, wenn die „schlechten" Gebiete den Zusammenhang eines Torus oder noch kompliziertere Verhältnisse aufweisen oder sich von Kristalloberfläche zu Kristalloberfläche erstrecken.

c) *Zweidimensionale Fehler* besitzen nur in einer einzigen Dimension einen Durchmesser von atomarer Größenordnung. Als Beispiel können Korngrenzen und Zwillingsgrenzen angeführt werden.

2. Festigkeit und Plastizität

Zu den störungsempfindlichen Eigenschaften gehören in erster Linie die Festigkeitseigenschaften. Wir wollen zunächst einmal zeigen, daß es unter der Voraussetzung eines mathematisch regelmäßigen Gitters nicht möglich ist, die Festigkeitseigenschaften auch nur qualitativ zu beschreiben (OROWAN). Wir führen folgenden Gedankenversuch durch: Auf ein ideales, störungsfreies Gitter denken wir uns einen Zug ausgeübt und lassen die Dehnung immer größer werden. Die Spannung wächst anfänglich mit der Dehnung an und erreicht schließlich ein Maximum, das der „theoretischen Reißfestigkeit" entspricht. Dann nimmt die Spannung wieder ab und geht mit beliebig wachsender Dehnung asymptotisch gegen Null. Wegen der vorausgesetzten idealen Regelmäßigkeit des Gitters müssen bei der Dehnung die entsprechenden Gitterabstände stets gleichbleiben, so daß ein Zerreißen des Kristalls, wie man es tatsächlich beobachtet, gar nicht stattfinden könnte. Der Kristall würde vielmehr mit zunehmender Dehnung gleichmäßig auseinanderfließen müssen. Wir ersehen also daraus, daß beim idealen Gitter der Zerreißvorgang ganz anders verlaufen müßte, als er beim Realkristall tatsächlich stattfindet. Wir haben bereits darauf hingewiesen, daß die empirische Zerreißfestigkeit von Steinsalz z. B. zwischen 10 und 60 kg/cm^2 liegt. Demgegenüber berechnet man auf Grund der Gittertheorie eine „Idealgitterfestigkeit" von 40000 kg/cm^2. Allgemein ergibt sich, daß die „theoretischen Festigkeiten" größenordnungsmäßig (meist um 2 bis 3 Zehnerpotenzen) höher liegen als die wirklich beobachtete „technische Festigkeit".

Diese Diskrepanz wird durch folgende Überlegung beseitigt: Bei der Berechnung der theoretischen Festigkeit geht man stillschweigend von der Annahme aus, daß jede Stelle des Kristall- oder Gitterquerschnitts gleichwertig ist und daß demzufolge der „Bruch" genau gleichzeitig im ganzen Querschnitt erfolgen müßte. In Wirklichkeit wird der Bruch an einer irgendwie geschwächten Stelle des Querschnitts einsetzen und sich auch von dort aus über den gesamten Querschnitt ausbreiten. Das Entscheidende dieses Vorgangs ist die Tatsache, daß zur Ausdehnung eines bereits vorhandenen Risses über den ganzen Querschnitt nur noch eine Spannung notwendig ist, die unter Umständen um Größenordnungen kleiner ist als die theoretische Zerreißfestigkeit.

Wir wollen uns den Vorgang des Zerreißens beim Realkristall einmal etwas genauer überlegen: In einem durch Zug beanspruchten Kristall sei eine Inhomogenitätsstelle (z. B. ein Riß) vorhanden. Es ist selbstverständlich, daß dann auch die Spannungsverteilung in der Umgebung des Risses nicht mehr homogen sein kann. Vor allem wird im Kerbgrund die Spannung wesentlich erhöht sein, so daß der Mittelwert der Spannung um Größenordnungen überschritten werden kann. Erreicht die Spannung dabei den Wert der theoretischen Festigkeit, so wird die Kerbe weiter aufreißen. Da die „Kerbwirkung" mit wachsender Rißlänge zunimmt, breitet sich der Riß dann rasch über den gesamten Querschnitt aus. Die technische Festigkeit wird also durch die durchschnittliche Spannung bestimmt, durch die in der Nähe einer Inhomogenitätsstelle ein Spannungswert in der Größenordnung der theoretischen Festigkeit hervorgerufen wird.

Man kann die „Kerbwirkung" auch quantitativ abschätzen, wenn man den Riß in geeigneter Weise schematisiert. Nimmt man an, daß der Riß durch ein elliptisches Loch dargestellt wird, dessen große Achse mit der Länge $2c$ senkrecht auf der Zugrichtung steht, so ergibt sich die Spannung im Kerbgrund σ_k zu

$$\sigma_k = \sigma \cdot 2\sqrt{\frac{c}{\varrho}}\,.$$

Hierin ist σ die Spannung, die bei Abwesenheit des Loches wirken würde und ϱ der Krümmungsradius des spitzen Scheitels der Ellipse. Selbstverständlich sagt diese Gleichung noch nicht viel aus über den eigentlichen Wert der Kerbspannung, denn es kann sich ja jede beliebige Spannungserhöhung ergeben, falls ϱ nur hinreichend klein ist. Nun kann natürlich ϱ in Wirklichkeit nicht beliebig klein werden, sondern hat eine untere Grenze in den Gitterdimensionen. Offenbar kann man den Partikelabstand a in erster Näherung als unterste Grenze für ϱ annehmen. Die größtmögliche relative Spannungserhöhung durch einen Riß von der Länge $2c$ ist demnach:

$$\frac{\sigma_k}{\sigma} = 2\sqrt{\frac{c}{a}}\,.$$

Erreicht die Kerbspannung σ_k den Wert der theoretischen Reißfestigkeit σ_0, so reißt der Kristall im Kerbgrund ein, und es kommt zum Bruch, da mit wachsender Rißlänge die Kerbspannung ja noch größer wird. Die technische Festigkeit σ_1 eines Kristalls mit der theoretischen Festigkeit σ_0, in dem innere Risse der Länge $2c$ oder Oberflächenrisse der Länge c vorhanden sind, beträgt:

$$\sigma_1 = \frac{\sigma_0}{2}\sqrt{\frac{a}{c}}\,.$$

Zur Berechnung von σ_1 fehlt uns vor allem die Kenntnis der Rißlänge. Es ist auch hier bisher nicht gelungen, diese Größe unabhängig von der Formel, etwa durch direkte Beobachtung zu gewinnen und damit die technische Festigkeit zu ermitteln. Es ist also höchstens möglich, mit Hilfe der Gleichung unter Verwendung der beobachteten Festigkeitswerte die Rißlänge $2c$ zu bestimmen. Bei spröden Körpern (z. B. Glas und Quarzglas) kommt man dabei auf plausible Werte von etwa 1 bis 2 μ. Demnach erklärt die Kerbwirkungstheorie die Diskrepanz zwischen theoretischer und technischer Festigkeit bei spröden Körpern in befriedigender Weise.

Bei plastischen Kristallen (z. B. Steinsalz, Metallkristalle) tritt allerdings eine nicht unbeträchtliche Schwierigkeit auf: Rechnet man z. B. auf dem angegebenen Wege die Rißlängen für Steinsalz aus, so kommt man zu einem Wert von $2c = 0{,}2$ cm. Für Zink erhält man sogar eine Rißlänge von 1,1 cm. Es ist selbstverständlich, daß so großen Rißlängen keine reale Bedeutung mehr zukommen kann. Die Fehlstellen in einem Realkristall müssen ja erheblich kleiner sein! Daraus ergibt sich zweifelsohne, daß bei plastischen Kristallen der Mechanismus der Rißausbreitung vom Kerbwirkungsmechanismus etwas abweicht. Betrachten wir wieder einen durch Zug beanspruchten, plastischen Kristall und nehmen wir an, daß bereits der größte Teil einer bestimmten Gleitebene zu gleiten begonnen hat! Dann wird dieser Teil und seine Umgebung im Gitter stark entlastet, während der noch nicht in Gleitung befindliche Teil wesentlich überlastet wird. Befindet sich nun in dem überlasteten Gebiet ein Riß, so kann man eine quantitative Bedingung ableiten dafür, daß die Überlastung statt zu einer Ausdehnung des

Gleitvorganges auf den restlichen Teil der Gleitebene zu einem Weiterreißen des Risses führt. Dabei müssen dann natürlich keine unwahrscheinlich großen Rißlängen angenommen werden, vielmehr kommt man jetzt auf Rißlängen von etwa 1 μ. Mit diesem Ergebnis kann allgemein festgestellt werden, daß die erweiterte Rißausbreitungstheorie eine zwanglose Deutung der Festigkeitserscheinungen bei Kristallen ermöglicht.

Daß auch bei den plastischen Vorgängen Baufehler eine Rolle spielen müssen, ergibt sich ebenfalls aus dem Vergleich der gittertheoretischen Ergebnisse mit der Erfahrung. Wie wir früher gezeigt haben (S. 131), ist der Beginn des Gleitvorganges durch das Schubspannungsgesetz geregelt. Das Schubspannungsgesetz besagt, daß der Gleitprozeß erst dann einsetzt, wenn die Schubspannung einen bestimmten Mindestwert (Schubfestigkeit) überschreitet. Ähnlich wie die Zerreißfestigkeit läßt sich auch die Schubfestigkeit mit Hilfe der Gittertheorie berechnen. Dabei ergeben sich Werte, die wie die Zerreißfestigkeit bei mehreren 100 kg/mm^2 liegen. Demgegenüber betragen die experimentell gefundenen Schubfestigkeiten nur größenordnungsweise 100 g/mm^2. Also auch die Translation setzt weit vor Erreichen der Schubfestigkeitsgrenze des idealen Gitters ein. Auch im Falle der Schubfestigkeit kann die Kerbwirkung von Rissen und Fehlstellen mit Erfolg zur Überbrückung von Idealtheorie und Erfahrung herangezogen werden. Dabei liegt ebenso wiederum die Spannungsanhäufung an den Enden des Risses, und die Richtung maximaler Schubspannung fällt mit der Richtung des Risses zusammen. Schließlich ergeben sich auch da wieder größenordnungsmäßig die gleichen Rißlängen wie bei der Reißfestigkeit.

Diese Schwierigkeit kann ebenfalls vermieden werden, wenn man von folgender Vorstellung über den Gleitmechanismus ausgeht: Es wird angenommen, daß in dem Gitter eines plastischen Kristalls „*Versetzungen*“ vorhanden sind. Wir denken uns in einer Gleitebene einen Bereich, in dem Gleitung erfolgt ist. Die Grenzlinie zwischen diesem Bereich und dem übrigen Bereich, in dem keine Gleitung stattgefunden hat, wird Versetzungslinie genannt. Im allgemeinen wird der Burgers-Vektor beliebig zur Versetzungslinie orientiert sein. Es gibt aber zwei ausgezeichnete Fälle:

a) Der Burgers-Vektor steht senkrecht auf der Versetzungslinie: *Stufenversetzung* („edge dislocation“),

b) Der BURGERS-Vektor liegt parallel zur Versetzungslinie: *Schraubenversetzung* („screw dislocation“).

Zum Verständnis der Stufenversetzung denken wir uns längs einer Ebene ABCD eines Kristalls die beiden durch die

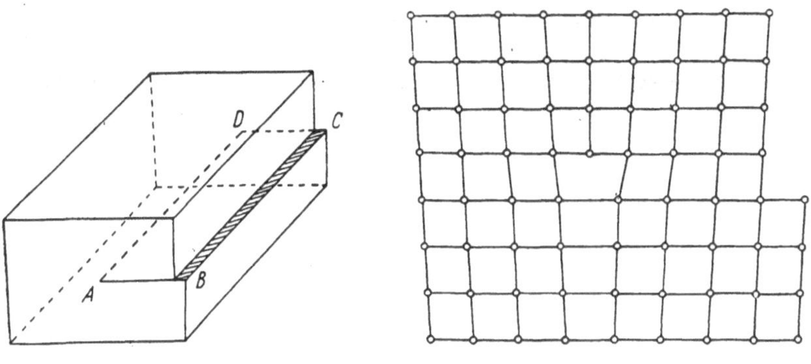

Abb. 68. Stufenversetzung
a Schema, b strukturelle Darstellung, in Richtung der Versetzungslinie projiziert

Ebene getrennten Gebiete gegeneinander verschoben, wobei die Linie AD („Versetzungslinie“) die Grenze des verschobenen Kristallbereichs festlegt (Abb. 68 a). Das entsprechende strukturelle Bild, in Richtung AD projiziert, zeigt Abbildung 68 b. Man sieht, daß bei einer solchen Versetzung eine Anordnung vorliegt, bei der (längs der Ebene ABCD) n Atome in einer Gitterreihe $n+1$ Atomen in der benachbarten Reihe einander gegenüberstehen. Die Verschiebungsrichtung der Atome, d. i. der BURGERS-Vektor, steht senkrecht auf der Versetzungslinie AD („Stufenversetzung“).

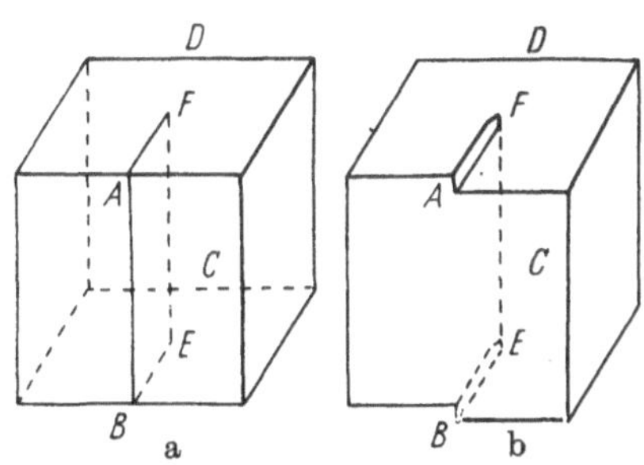

Abb. 69. Bildung einer Schraubenversetzung a vor der Gleitung, b nach der Gleitung

Zum Verständnis der „Schraubenversetzung" denken wir uns durch einen Gitterblock einen Teilschnitt ABEF gelegt (Abb. 69a). Verschieben wir die Kristallgebiete links und rechts der Ebene ABEF gegeneinander um eine Gitterperiode (Abb. 69b), so haben wir das Schema einer „Schraubenversetzung". Hier ist EF die Versetzungslinie, die Verschiebung (BURGERS-Vektor) liegt in AB, d. h. parallel zur Versetzungslinie.

Die Bewegung einer Stufenversetzung und der dadurch bedingte Gleitvorgang ist in Abbildung 70 schematisch dargestellt. Unter

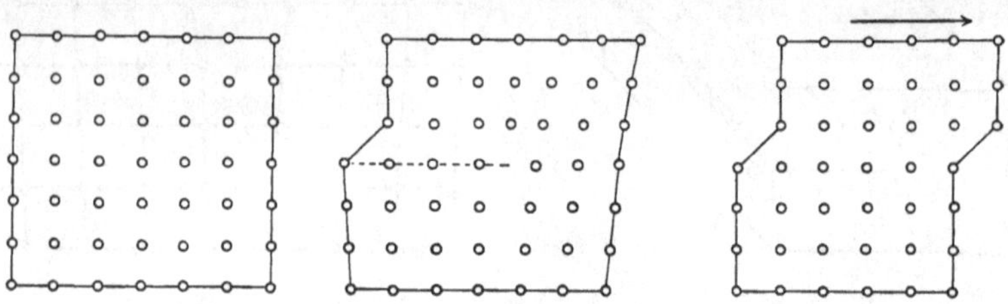

a b c

Abb. 70. Translation in einem einfachen Gitter. a Das undeformierte Gitter, b Gitter mit einer „Versetzung", c das deformierte Gitter

der Wirkung einer äußeren mechanischen Beanspruchung wird zunächst eine Stufenversetzung gebildet, die dann durch das Kristallgitter hindurchwandert. Es ist allerdings auch angenommen worden (COTTRELL), daß die Versetzung im Kristall bereits vor der Deformation vorhanden sein müsse, da zu ihrer Erzeugung die Beanspruchung größer sein müßte als die größte beobachtbare Zugfestigkeit. Nun ist aber beim Mechanismus einer makroskopischen Gleitung die Bildung einer großen Anzahl von Gleitlinien erforderlich, so daß die Präexistenz einer großen Zahl von Versetzungen angenommen werden müßte. Man kommt aber ohne diese Annahme aus, wenn man das Vorhandensein einer sogenannten FRANK-READ-*Quelle* voraussetzt. Bei diesem Mechanismus genügen zur Erzeugung beliebig vieler Versetzungen einige vorgebildete Versetzungsstellen. In Abbildung 71 bedeutet AB ein Stück einer (im allgemeinen räumlichen) Versetzungslinie, das in der Gleitebene liege. Da sich die übrigen Abschnitte der Versetzungslinie, außerhalb der Gleitebene befinden, bleiben die Punkte A und B fest verankert, während sich bei Beanspruchung die Linie zwischen A und B ausbreitet, bis es schließlich zu einer Berührung der beiden Äste der Versetzungslinie kommt (vgl. die verschiedenen Stadien in Abb. 71!). Es entsteht ein Ring, der die beiden Quellen A und B einschließt. Dann beginnt der Vorgang wieder von neuem. Solche Versetzungsquellen sind also in der Lage, laufend in einer Gleitebene Versetzungsringe zu erzeugen. Damit wird die Beobachtung erklärt, daß nicht jede mögliche Gleitebene an der Verformung teilnimmt, sondern nur einzelne Ebenen zwischen 500 und 2000 Gleitschritte ausführen.

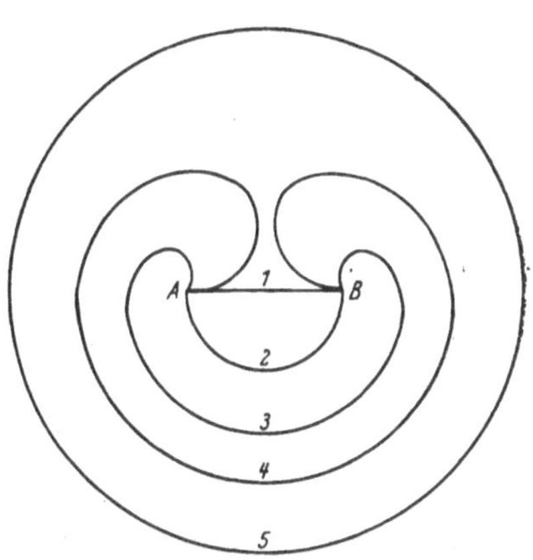

Abb. 71. FRANK-READ-Quelle mit verschiedenen Stadien in der Erzeugung einer Versetzungsschleife durch den Abschnitt AB einer Versetzungslinie

Die bei der Bildung einer Versetzung aufgewandte Energie wird während der Wanderung der Versetzung der Reihe nach auf alle Atome der Kette übertragen, wobei eine weitere Energiezufuhr nicht mehr notwendig ist. In Analogie zu Vorgängen auf dem Gebiet der chemischen Kinetik kann man auch hier von einer Kettenreaktion sprechen. Durch die Versetzung wird demnach eine räumliche und zeitliche Auflösung des großen Energiebetrages bewirkt, der bei der homogenen Verformung des Idealkristalls auf einmal aufgewandt werden müßte. Denn bei der Bildung einer Versetzung müssen nur wenige Atome gleichzeitig die theoretische Schubspannung überwinden, und bei ihrer Wanderung erfolgt die gegenseitige Verschiebung zweier Atome um einen Atomabstand nicht in einem, sondern in vielfachen Schritten. Dadurch wird ermöglicht, daß bereits bei Schubspannungen, die wesentlich kleiner sind als die theoretischen Werte, die plastische Verformung einsetzen kann. Wichtig ist nun noch, daß die „Versetzung“ sich nicht durch den ganzen Kristallquerschnitt hindurch bewegen können, sondern sehr bald auf Hindernisse stoßen, die den Weg der Versetzung beenden. Solche Hindernisse können wiederum durch Kristallbaufehler verschiedener Art dargestellt werden. Die Versetzungen können also nur eine begrenzte Strecke zurücklegen. Es läßt sich dabei quantitativ zeigen, daß unter diesen Voraussetzungen die Schubfestigkeit in der richtigen Größenordnung gewonnen wird.

Bei der Deformation durch eine Schraubenversetzung erfolgt die Gleitung parallel zur Versetzungslinie. Im allgemeinen werden sich komplexe Versetzungen (z. B. von ring- oder spiralförmigem Bau) aus Abschnitten von Stufen- und Schraubenversetzungen zusammensetzen lassen.

Nach Kochendörfer genügt es, als Ursache für die Verfestigung die Eigenspannungen der Versetzungen anzunehmen. Danach kommt die Verfestigung dadurch zustande, daß die Energieschwellen, die bei der Bildung und Wanderung von Versetzungen überwunden werden müssen, infolge der Eigenspannungen der Versetzungen erhöht werden. Eder und Täubert haben auf Grund einer verfeinerten Analyse des Mechanismus der Frank-Read-Quelle eine Theorie der „Eigenverfestigung“ solcher Quellen entwickelt. Danach rollt sich die Versetzungslinie spiralartig um die Fixpunkte und bildet stark verspannte Gebiete. Dadurch wird die wirksame Länge der Quelle erniedrigt und schließlich die kritische Spannung erhöht. Das geschieht nach folgender Beziehung:

$$\tau_0 = G b \,/\, L_0 ,$$

wobei τ_0 die zur Betätigung der Quelle erforderliche Schubspannung, G der Schubmodul, b der Burgers-Vektor und L_0 die Versetzungslänge bedeuten. τ_0 nimmt im Laufe der Verformung zu, da sich mit dem Aufbau der verspannten Gebiete um die Quellpunkte die wirksame Versetzungslänge verringert. Dieser thermodynamisch metastabile Zustand der eigenverfestigten Frank-Read-Quelle kann auf zwei verschiedene Arten in den stabilen übergehen: Die Spannungen werden entweder durch Diffusion abgebaut, und es kommt zur „Erholung“; oder es entstehen in den verspannten Gebieten Rekristallisationskeime.

Man sieht anschaulich ein, daß die Wanderung von Versetzungen um so leichter erfolgt, je intensiver die Atomverschiebungen auf die Nachbaratome und die anstoßenden Gittergraden einwirken können. Das wird aber um so mehr der Fall sein, je dichter die Atome gepackt sind. Tatsächlich zeigt ja die Erfahrung, daß Gleitrichtungen Gittergeraden mit dichtester Packung entsprechen bzw. Gleitebenen dicht oder dichtest besetzten Netzebenenscharen parallel laufen (S. 133). Als Maß für die Packungsdichte kann uns zunächst die Koordinationszahl dienen (S. 43). Nach unserer Betrachtung ist zu erwarten, daß Kristalle mit hohen Koordinationszahlen besser plastisch verformbar sind als solche mit niederer Koordinationszahl. Im letzteren Falle werden Versetzungen wohl entstehen, aber sie werden nicht so leicht das Kristallgitter durchwandern können. Tatsächlich wird diese Vorstellung durch die Erfahrung gestützt: Die Verformbarkeit kubischer Kristalle mit den Koordinationszahlen 12 und 8 ist bei allen Temperaturen sehr gut; dagegen sind Kristalle mit der Koordinationszahl 4 (z. B. Diamant) kaum verformbar. Dabei spielen sicher auch die kristallchemischen Bindungskräfte eine Rolle. Allerdings muß darauf hingewiesen werden, daß dieser Einfluß relativ gering ist. Insbesondere gelten die allgemeinen Gesetze der Plastizität für Kristalle aller Bindungstypen. Erwähnenswert ist in diesem Zusammenhang noch die gute Verformbarkeit des weißen Zinns, bei dem eine Koordinationszahl von 6 vorliegt, im Vergleich zum grauen Zinn mit der Koordinationszahl 4.

Praktisch sehr wichtig ist das Problem der Abhängigkeit der Plastizität von chemischen Baufehlern, d. h. der Einfluß von Beimengungen oder Verunreinigungen auf die Verformbarkeit. So verhalten sich bereits intermetallische Verbindungen weit weniger plastisch als reine Metalle. Und auch durch Mischkristallbildung wird die Verformbarkeit herabgesetzt. Technisch spielt diese Problemstellung bei der Metallvergütung eine bedeutsame Rolle. Auch bei heteropolaren Kristallen, wie z. B. Salmiak, Silberchlorid u. a., wirken die chemischen Baufehler in gleicher Richtung wie bei den Metallen. Beispielsweise ist AgCl bei Zimmertemperatur so plastisch, daß es sich wie Metalle kalt walzen läßt. Bereits Zusätze von 0,1% CuCl zerstören diese Eigenschaft völlig (SEIFERT). Man kann annehmen, daß in solchen Fällen die eingelagerte Fremdsubstanz die gewöhnlichen Gleitrichtungen und -ebenen stark blockiert und damit die Wanderung von Versetzungen gehemmt wird.

Ebenso wie bei der Zerreißfestigkeit und bei der Schubfestigkeit spielen selbstverständlich die Kristallbaufehler auch bei der Spaltbarkeit der Mineralien und Kristalle eine wesentliche Rolle. Wenn auch die Spaltebenen in ihrer Lage durch den idealen Gitterbau bedingt sind (S. 140), so wird die Spaltung dort jeweils bevorzugt erfolgen, wo durch Fehlstellen im Gitterbau die Kohäsion entscheidend herabgesetzt ist. In diesem Zusammenhang ist auch die elektrische Durchschlagsfestigkeit zu erwähnen, die erwartungsgemäß ebenfalls stark störungsempfindlich ist.

3. Kristallwachstum und Versetzungen

Es wurde bereits auf S. 106 gezeigt, daß unter der Voraussetzung des Wachstums über zweidimensionale Keime am Idealgitterblock

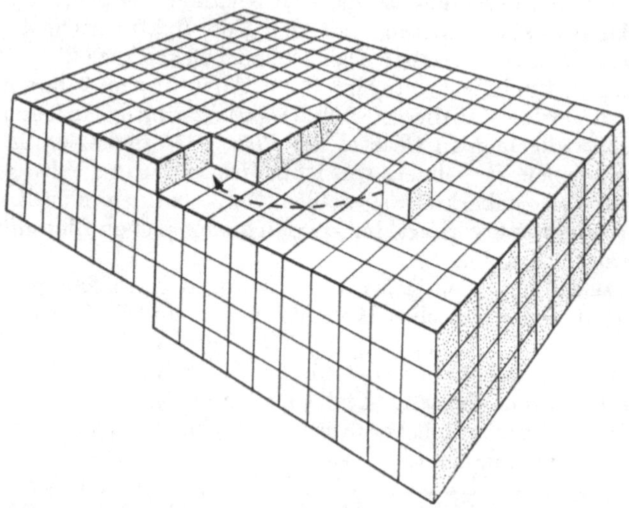

Abb. 72. Anlagerung an die Stufe einer Schraubenversetzung

im allgemeinen Diskrepanzen zwischen theoretischen und beobachteten Überschreitungen festzustellen sind. Man muß deshalb annehmen, daß Störungen an der Kristalloberfläche zur Verminderung der Keimbildungsarbeiten führen. Eine spezielle Vorstellung über den Mechanismus des störungsempfindlichen Wachstums ist von F. C. Frank entwickelt worden.

Frank postuliert Schraubenversetzungen, deren Versetzungslinie auf der Hauptwachstumsfläche ausmündet. Die Schraubenversetzung zeigt auf der Fläche eine Stufe, an der – ohne Aufwendung einer Bildungsarbeit für zweidimensionale Keime – die Anlagerung neuer Bausteine stattfinden kann (Abb. 72). Entscheidend ist nun, daß während des gesamten Wachstumsverlaufs die Stufe stets erhalten bleibt. Da die Anlagerungswahrscheinlichkeiten

Abb. 73. Entwicklungsphasen einer Wachstumsspirale

längs der Stufe im wesentlichen gleich sind, ergibt sich dieselbe Lineargeschwindigkeit für das Vorrücken der Stufe. Allerdings bleibt dabei der Durchstoßpunkt der Versetzungslinie („Versetzungspunkt") *fest*. Deshalb muß die *Winkel*geschwindigkeit um den Versetzungspunkt um so größer sein, je mehr man sich diesem Fixpunkt nähert. In Abbildung 73 sind eine Reihe von Verschiebungsphasen einer Versetzungsstufe der wachsenden Fläche schematisch dargestellt. Man erkennt, daß sich die Stufe spiralförmig um den Versetzungspunkt windet: Es entsteht eine Wachstumsspirale (Abb. 74).

Bedeuten v_∞ die lineare Verschiebungsgeschwindigkeit einer geradlinigen Stufe und v_ϱ die Verschiebungsgeschwindigkeit einer Stufe mit dem Krümmungsradius ϱ, so gilt:

$$v_\varrho = v_\infty \, (1 - \varrho_c/\varrho)\,.$$

Hierin ist

$$\varrho_c = a \cdot \psi \,/\, 2\,kTS\,.$$

ϱ_c ist der „kritische Krümmungsradius", der folgendermaßen definiert ist: Ist der Krümmungsradius eines zweidimensionalen Keims kleiner als ϱ_c, ist die Wahrscheinlichkeit, daß der Keim verdampft, größer als daß er weiterwächst, während ein Keim mit einem Krümmungsradius $\varrho > \varrho_c$ eine höhere Wahrscheinlichkeit zum Weiterwachsen besitzt. a bedeutet der kürzeste Abstand der

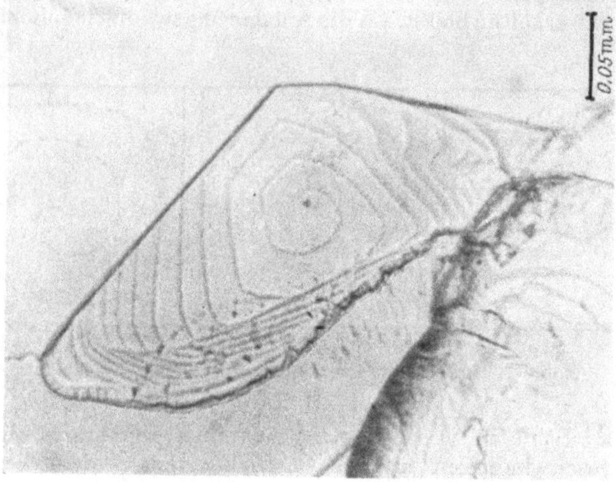

Abb. 74. Wachstumsspirale auf (0 0 0 1) von Cadmiumjodid (Aufn. GÜLZOW-QUAL)

Kristallbausteine, ψ ihre Abtrennungsarbeit, $S = \ln p/p_0$ (vgl. S. 104). Für die Winkelgeschwindigkeit der Spirale ergibt sich schließlich der Ausdruck:

$$w = 0{,}31 \cdot \frac{v_\infty}{\varrho_c}\,.$$

In den meisten Fällen zeigen die Wachstumsspiralen (teilweise) geradlinige Stufen. Diese Erscheinung ist durch die Abhängigkeit der Verschiebungsgeschwindigkeit der Wachstumsfront von der kristallographischen Richtung bedingt. Liegt beispielsweise die Stufe parallel einer dicht besetzten Gittergeraden, so wird die Zahl der

Wachstumsstellen („kinks") gering sein, d. h. ihre lineare Verschiebungsgeschwindigkeit ist relativ klein. Deshalb wird sich eine geradlinige Stufe ausbilden, und die Wachstumsspirale ist polygonal. Hexagonale Spiralen sind z. B. auf (0001) von SiC oder von CdJ_2 beobachtet worden.

Ein besonderer Fall ist gegeben, wenn zwei Schraubenversetzungen mit entgegengesetztem Vorzeichen (Windungssinn) auf einer Kristallfläche vorliegen (Abb. 75). Unter bestimmten Bedingungen wird die Stufe zwischen den beiden Versetzungspunkten voranschreiten und sich spiralförmig um beide Festpunkte winden.

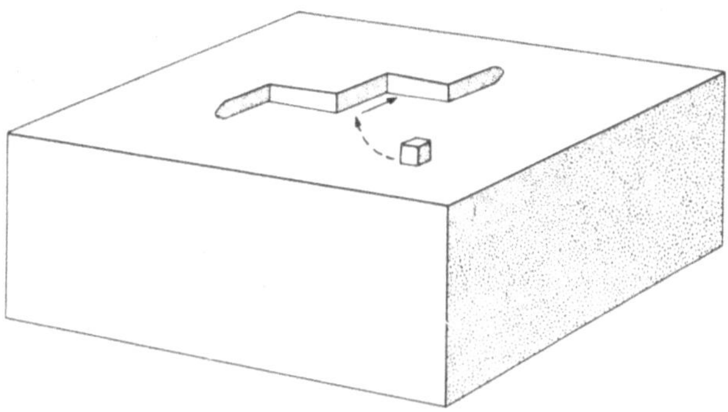

Abb. 75. Stufenbildung zwischen zwei Versetzungen mit entgegengesetzten Vorzeichen auf einer Kristallfläche

Dabei werden sich schließlich die beiden Schleifen vereinigen – ganz analog wie dies in Abbildung 71 angedeutet ist. So entsteht letzten Endes ein geschlossener Ring, in dessen Innern die beiden Versetzungspunkte liegen, und zwischen diesen Punkten hat sich wieder eine Stufe ausgebildet, so daß der Mechanismus von neuem beginnen kann. Der Vorgang ähnelt durchaus jenem an einer FRANK-READ-Quelle.

Bemerkenswert im Zusammenhang mit dem Einfluß von Gitterstörungen auf das Kristallwachstum sind die theoretischen Ergebnisse, die JÄNTSCH bei der Untersuchung von Kristallisationsprozessen in *Schmelzen* gewonnen hat. JÄNTSCH hat das Verhalten der linearen Kristallisationsgeschwindigkeit unterkühlter Schmelzen im schmelzpunktnahen Temperaturbereich genauer analysiert. Wichtig ist das Resultat, daß die Kristallisationsgeschwindigkeit unter der Voraussetzung, daß auf der Oberfläche stets Wachstumsstellen (z. B. durch Baufehler) vorhanden sind, am Schmelzpunkt einen von Null verschiedenen Differentialquotienten besitzt, während die theoretische Kristallisationskurve, die nur Flächenkeimbildung voraussetzt, den Anstieg Null aufweist. JÄNTSCH vergleicht nun die theoretischen Kurven mit den experimentell für Salol gefundenen Werten und kommt zu dem Schluß, daß beim Salol die Hauptwachstumsflächen bis etwa 2,5° Unterkühlung fast ausschließlich infolge des Vorhandenseins von Wachstumsstellen (Realkristall) wachsen. Erst bei stärkeren Unterkühlungen setzt eine Erhöhung der zweidimensionalen Keimbildung ein, die schließlich die dominierende Rolle spielt.

Eine plausible Deutung der *Polytypie* (S. 76) wurde auf Grund der Theorie des Spiralwachstums vorgeschlagen (F. C. FRANK). Nach dieser Theorie muß bei der polytypen Modifikation eine initiale Schraubenversetzung mit einem bestimmten BURGERS-Vektor vorliegen, durch den die Stapelfolge der Kristallstruktur festgelegt ist. Als Konsequenz dieser Vorstellung ergibt sich die Übereinstimmung der (etwa auf interferometrischem Wege) gemessenen Stufenhöhe der Versetzung mit der röntgenographisch bestimmten c_0-Konstanten bei dem gegebenen Kristall. Tatsächlich sind solche Übereinstimmungen z. B. beim CdJ_2 oder SiC festgestellt worden.

Die Entstehung der Schraubenversetzungen bei den polytypen Modifikationen hat man durch die Annahme zu erklären versucht, daß zu Beginn des Wachstums durch hohe Temperaturgradienten oder ungleichmäßige Verteilung von Verunreinigungen u. a. Deformationen erzeugt wurden. Tatsächlich deuten verschiedene Beobachtungen darauf hin, daß Polytype dann mit großen Stapelfolgen bzw. fehlgeordneten Modifikationen auftreten, wenn das Milieu, in dem sich die Kristalle bilden, stark verunreinigt ist.

Die FRANKsche Theorie der Polytypie ist nicht unwidersprochen geblieben. Vor allem JAGODZINSKI hat eine Reihe von Einwänden vorgebracht. Wichtig ist u. a. das Argument, daß bei der Bildung von Schraubenversetzungen erhebliche Energiebeträge aufzuwenden sind. Wenn das aber möglich wird, sollten auch Stufenversetzungen auftreten. Die Ursache der Stabilität der zahlreichen zum Teil extrem langperiodischen Strukturen sieht JAGODZINSKI in der Schwingungsentropie. Damit wird verständlich, warum trotz kleiner Unterschiede in den potentiellen Energien geordnete Zustände stabiler sind als ungeordnete. Die Häufigkeitsverteilung der geordneten Strukturen wird nach der Auffassung JAGODZINSKIS demnach durch die potentielle Energie und die Schwingungsentropie bestimmt. Durch die potentielle Energie wird die Stapelfolge festgelegt, und zwar so, daß die Struktur um so unwahrscheinlicher wird, je größer die Zahl der Packungsfolgen von hexagonalem Typ ist. Die Schwingungsentropie kontrolliert die Identitätsperiode, wobei die Struktur um so unwahrscheinlicher wird, je länger die Periode ist.

Die Bildung von Fehlern in der Schichtfolge („Stapelfehler") beim Wachstum polytyper Modifikationen ist durch Berücksichtigung von Stufenversetzungen zu deuten. Außer den Versetzungen bietet damit die Polytypie ein Beispiel für einen weiteren Baufehlertypus: die Lagenfehlordnung oder Stapelfehler.

Noch auf einem anderen Spezialgebiet der Kristallisation spielt der Mechanismus des Spiralwachstums eine entscheidende Rolle. Es handelt sich dabei um eine morphologische Besonderheit, die nicht der üblichen Korrespondenz zur Struktur entspricht. Unter bestimmten Bedingungen wachsen (auch kubische) Kristallarten in Form von Nadeln („*Whisker*"). Beispielsweise bilden sich auf Zinn-, Zink- oder Cadmiumplatten nach längeren Zeiten Whisker, die eine Länge bis zu 1 cm und einen Durchmesser von etwa 2 μ erreichen. Durch Kondensation von Hg-Dampf auf eine Glasoberfläche sind Quecksilber-„Nadeln" gewonnen worden. Auch bei der Reduktion von Salzen und Oxyden mit Wasserstoff bei höheren Temperaturen können Whisker entstehen. Schließlich sind salzartige Whisker auf porösem Trägermaterial aus Lösungen gezüchtet worden (GYULAI). Dabei muß die Kristallisation so gelenkt werden, daß die Verdunstung des Lösungsmittels möglichst langsam erfolgt. Es ist experimentell festgestellt worden, daß diese „Haarkristalle" an ihren freien Enden weiterwachsen. Folgende Tabelle bringt eine Zusammenstellung der kristallographischen Orientierung der Whisker-Achsen:

Kristallart	Kristall-klasse	Whisker-Achse
NaCl, KCl, KBr, KJ	$m3m$	[100]
NH_4Cl	$m3m$	[111]
KAl-Alaun	$m3$	[100]
$NaClO_3$	23	[100]
$NaNO_3$	$\bar{3}m$	[100]
KH_2PO_4	$\bar{4}2m$	[001]
KNO_3	mmm	[001]
$KClO_3$	$2/m$	[001]
$CuSO_4 \cdot 5H_2O$	$\bar{1}$	[100]

Es ist vermutet worden, daß ein Whisker-Kristall eine einzige Schraubenversetzung besitzt, deren Versetzungslinie bzw. BURGERS-Vektor (nicht notwendig) parallel zur Nadelachse liegt. An der freien Endfläche wächst die Nadel demnach über Wachstumsspiralen. Demgegenüber können die Seitenflächen der Nadel nur über die Bildung zweidimensionaler Keime wachsen. Für die Whisker-Bildung muß demnach die Übersättigung kleiner sein als die kritische Übersättigung, bei der das Wachstum über zweidimensionale Keime beginnt. Als notwendige Bedingung folgt hieraus, daß die Seitenflächen von Hauptwachstumsflächen gebildet werden, die beim Idealkristall über Flächenkeime wachsen. Dies trifft auch in den meisten der angeführten Fälle zu.

Nach SEARS erfolgt der Transport der Lösung längs der Seitenflächen zum freien Ende des Whiskers – aber nicht durch Diffusion! Die treibende Kraft ist vielmehr der Gradient der Oberflächenspannung längs den Seitenflächen, der durch den Konzentrationsgradienten bedingt ist. Für die Whiskerlänge l ergibt sich nach der Theorie folgende Beziehung in Abhängigkeit von der Wachstumsdauer:

$$l = l_m \cdot \{1 - \exp(-Q \cdot t)\}^{1/2},$$

wobei l_m und Q Konstanten darstellen.

Wie bereits auf S. 116 erwähnt wurde, stellt auch die Umkehrung der Wachstumsvorgänge – nämlich Auflösung und Ätzung – ein störungsempfindliches Phänomen dar. Der Abbau einer Kristallfläche setzt im allgemeinen dort ein, wo Baufehler vorhanden sind, und es bilden sich an solchen Stellen die Ätzfiguren (im allgemeinen Ätzgruben). Methoden zur Erzeugung und Untersuchung von Ätzfiguren sind den Mineralogen schon seit langer Zeit gut bekannt. Die Beziehungen zwischen Ätzgruben und Versetzungen sind erst

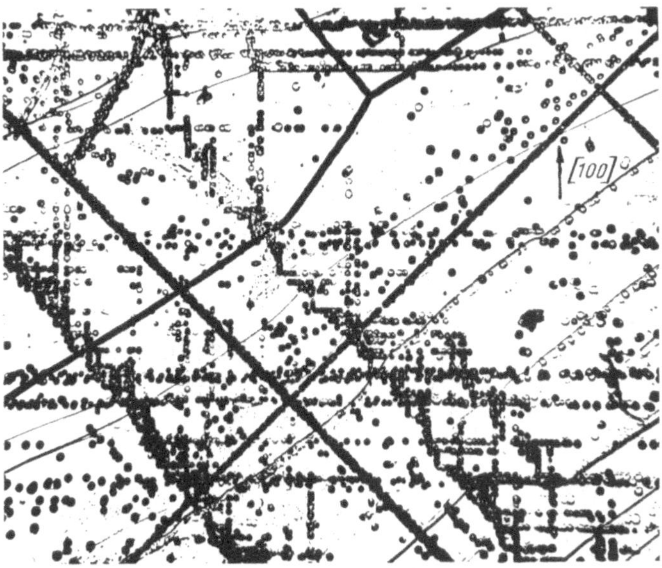

Abb. 76. Versetzungs-Ätzgruben auf einer Spaltfläche von Lithiumfluorid (Aufn. BOHM)

neuerdings eingehender betrachtet worden. Es hat sich gezeigt, daß es unter geeigneten Ätzbedingungen möglich ist, an den Durchstoßpunkten der Versetzungslinien Ätzgruben zu erzeugen. Damit liefert die Ätzmethode ein recht einfaches Hilfsmittel, Versetzungsstellen sichtbar zu machen. Die Methode spielt heute bei der Bestimmung von Versetzungsdichten bei Halbleiter-Einkristallen eine technisch wichtige Rolle.

Abbildung 76 zeigt die photographische Aufnahme einer Spaltfläche von Lithiumfluorid mit Versetzungs-Ätzgruben. Man er-

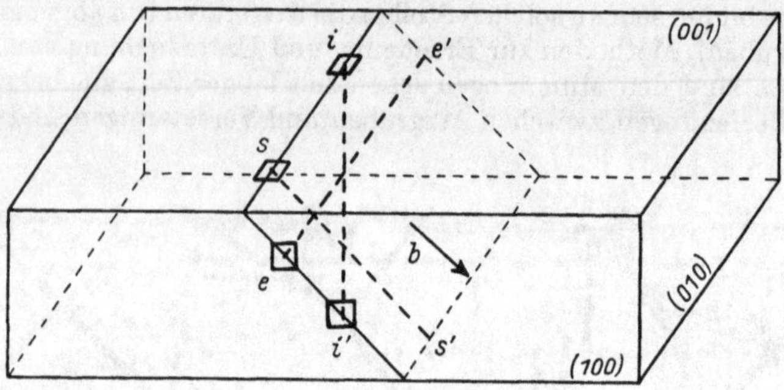

Abb. 77. Gleitebene (011) in einer Spaltform von LiF
b BURGERS-Vektor, Linie der Stufenversetzung: *ee'*, der Schraubenversetzung: *ss'* und einer Versetzung mit intermediärem Charakter: *ii'* (nach GILMAN, JOHNSTON und SEARS)

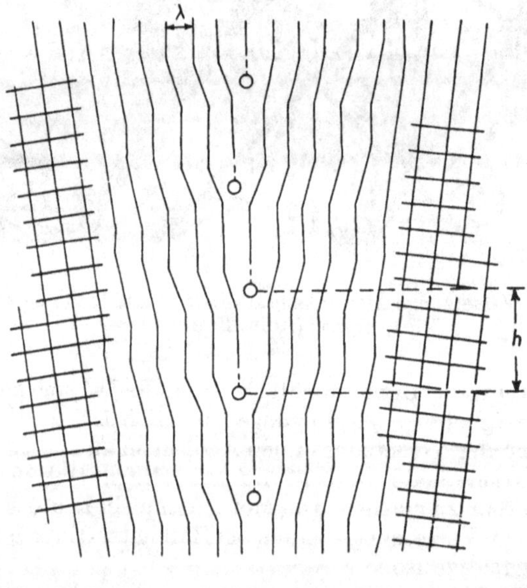

Abb. 78. Kleinwinkelkorngrenze mit einer Reihe von parallelen Stufenversetzungen

kennt, daß die Gruben in zwei kristallographisch verschiedenen Richtungen aufgereiht sind: Bezeichnet man die Spaltfläche mit (001), so liegen diese Richtungen parallel [100] und [110]. Da beim LiF (NaCl-Struktur!) die Translationsebene parallel (110) mit der Translationsrichtung in [$\bar{1}$10] orientiert ist (S. 134), so liegt die Versetzungslinie einer Schraubenversetzung parallel [110] und jener einer Stufenversetzung parallel [100]. Die Ätzfiguren der Stufenversetzungen reihen sich somit parallel [110] und die Ätzfiguren der Schraubenversetzungen parallel [100] an (Abb. 77).

Mit Hilfe des Ätzverfahrens können auch leicht Kleinwinkelkorngrenzen zum Ausdruck gebracht werden (z. B. Abb. 76). Längs solcher Grenzen sind nach BURGERS Versetzungspunkte aufgereiht (Abb. 78), die als Ätzgruben in Erscheinung treten. Aus den Abständen der Gruben läßt sich der Winkel zwischen den Gitterblöcken ausrechnen.

4. Diffusions- und Leitereigenschaften

Neben den Kohäsionseigenschaften sind es vor allem Diffusions- und Leitungsvorgänge, in denen die Wirksamkeit der Baufehler zum Ausdruck kommt. Eine sehr anschauliche Vorstellung vom Mechanismus der Ionen- und Elektronenwanderung haben WAGNER und SCHOTTKY gegeben. Es ist bekannt, daß Silberchlorid bei höherer Temperatur eine beträchtliche elektrische Leitfähigkeit aufweist, die im wesentlichen durch die Bewegung von Silberionen bedingt ist. Jeder Versuch, eine Ionenwanderung in einem idealen Gitter anzunehmen, mißlingt offenbar. Vielmehr ist zu vermuten, daß einige Silberionen ihre regularen Gitterplätze verlassen und statt dessen an anderen Stellen zwischen den übrigen Gitterbausteinen auf sogenannten „Zwischengitterplätzen“ eingebaut werden. Dann ist selbstverständlich eine Elektrizitätsleitung durch Silberionen möglich, indem sich die Silberionen von einem Zwischengitterplatz auf den nächsten bewegen. Zum anderen kann selbstverständlich eine Wanderung der Ionen im Gitter dadurch zustande kommen, daß benachbarte Ionen in die Leerstellen einrücken, die von den Zwischengitterionen zurückgelassen wurden. Dieser Mechanismus soll durch folgendes Schema verdeutlicht werden (□ bedeutet hierin eine Leerstelle):

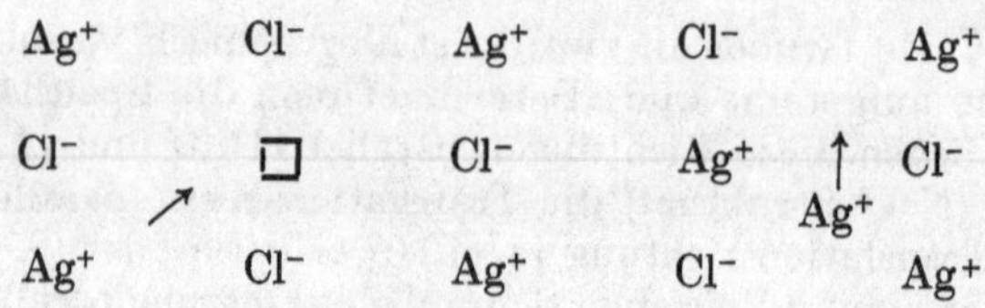

Da in vielen Gittern nun (z. B. NaCl) eine Wanderung der Kationen auf Zwischengitterplätzen aus räumlichen und energetischen Gründen sehr unwahrscheinlich ist, so muß angenommen werden, daß bei höheren Temperaturen Alkali- und Halogenionen in gleicher Zahl ihre normalen Plätze verlassen und an die Oberfläche abwandern. Dabei bilden sich einmal im Innern des Gitters Leerstellen aus, während an der Oberfläche das Kristallgitter regelmäßig weiter gebaut wird. Ein Platzwechsel ist dann wieder durch Nachrücken von Ionen auf benachbarte Leerstellen möglich. Für diesen Mechanismus ergibt sich folgendes Schema:

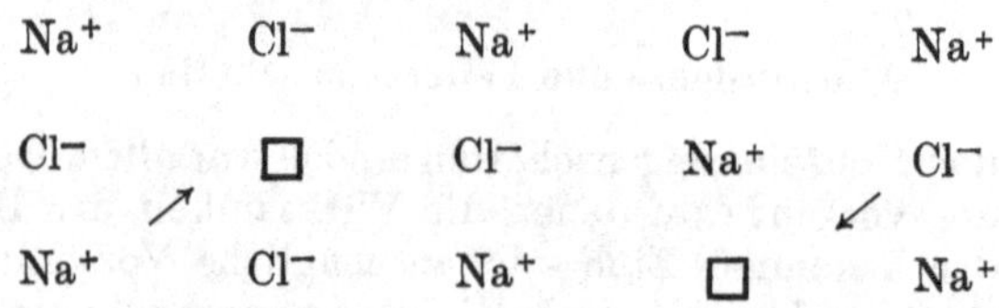

In einem Ionenkristall der allgemeinen Form A^+B^- kann man grundsätzlich vier verschiedene Arten von Eigenfehlstellen unterscheiden, die durch Temperaturerhöhung erzeugt werden und mit dem gesamten Kristallgitter im thermodynamischen Gleichgewicht stehen („thermodynamische Defekte"):

1. Kationen auf Zwischengitterplätzen,
2. Leerstellen im Kationenteilgitter,
3. Anionen auf Zwischengitterplätzen,
4. Leerstellen im Anionenteilgitter.

Danach hat man die thermische Fehlordnung in folgende Grenztypen gegliedert:

Grenztypus I: Kationen auf Zwischengitterplätzen und Leerstellen im Kationenteilgitter (FRENKEL-Typ).

Grenztypus II: Anionen auf Zwischengitterplätzen und Leerstellen im Anionenteilgitter (Anti-FRENKEL-Typ).

Grenztypus III: Kationen und Anionen auf Zwischengitterplätzen (Anti-SCHOTTKY-Typ).

Grenztypus IV: Leerstellen im Anionen- und Kationenteilgitter (SCHOTTKY-Typ).

Schematisch lassen sich diese Grenztypen in folgender Weise darstellen:

Außer diesen einfachen Grenztypen sind selbstverständlich kompliziertere Fehlordnungen möglich, wie z. B. die Kombination von FRENKEL- und SCHOTTKY-Defekten oder die Assoziation von Leerstellen zu Leerstellenpaaren usw.

Noch wesentlich größer ist das Ionenleitvermögen, wenn eine Struktur vorliegt, in der etwa die Kationen eine allgemein größere Bewegungsmöglichkeit besitzen. Das ist z. B. bei der regulären Hochtemperaturmodifikation des Jodsilbers (α-AgJ) der Fall. Im α-AgJ ist der feste Zustand durch den gittermäßigen Zusammenhang der Jodionen bedingt, während sich die Ag^+-Ionen, ohne definierte Gitterplätze zu besetzen, in den Lücken des J-Ionengitters befinden. Die offenbar verhältnismäßig frei beweglichen Ag^+-Ionen sind gleichmäßig in den Lücken des festen kubisch-raumzentrierten Jodgitters verteilt. Die α-AgJ-Struktur besteht demnach aus einer raumzentrierten J-Ionenpackung mit insgesamt 42 symmetrisch angeordneten Lücken pro Elementarzelle. In diesen 42 Lücken sind zwei Ag^+-Ionen ohne Rücksicht auf die strukturgeometrischen Eigenschaften dieser Plätze frei beweglich eingelagert (STROCK). Es ist selbstverständlich, daß dadurch die ungewöhnlich hohe Leitfähigkeit des α-AgJ anschaulich zu erklären ist. Ganz ähnlich liegen die Verhältnisse beim α-Ag_2HgJ_4 und beim α-Cu_2HgJ_4. Die Kristallstrukturen beider Verbindungen sind kubisch-flächenzentriert und gehören dem Zinkblendetypus an (S. 34). Die beiden Silber- (Kupfer-)Ionen und das Quecksilberion, pro Elementarzelle gerechnet, sind unregelmäßig auf je vier Gitterplätze verteilt (KETELAAR). Damit ist naturgemäß eine erhöhte Beweglichkeit der Kationen und somit eine beträchtliche Ionenleitfähigkeit bedingt. Eine derartige Leitungsart wird zweckmäßigerweise als „Lückengitterleitung" bezeichnet.

Läßt man auch Kristalle mit nicht stöchiometrischer Zusammensetzung zu, so ergeben sich folgende Fehlordnungszustände:

1. Zwischengitterplatztypus. Atome bzw. Ionen des stöchiometrisch überschüssig vorhandenen Bestandteils sind zwischen den regulären Gitterbausteinen eingelagert.

2. Leerstellentypus. Einzelne Gitterplätze des unterschüssig vorhandenen Bausteins sind unbesetzt, während sämtliche regulären Plätze des überschüssig vorhandenen Bestandteils besetzt sind.

3. Substitutionstypus. Einzelne Atome bzw. Ionen des einen Bestandteils sind durch Atome bzw. Ionen des anderen ersetzt. Auch bei diesen Fehlordnungstypen handelt es sich um reversible Störungen, die sich im thermodynamischen Gleichgewicht mit dem Gitter befinden. Dabei wird sich mit wachsender Temperatur die Zahl der Störstellen vergrößern. Es werden daher bei nicht zu niedrigen Temperaturen stets größere Bereiche existieren, in denen Ionenleitung und Diffusion von zufälligen (nicht reversiblen) Baufehlern des Kristallgitters mehr oder weniger unabhängig sind und reine Temperaturfunktionen darstellen. Diese Hochtemperaturleitung bzw. -diffusion ist demnach störungs*un*empfindlich. Dagegen werden bei tieferen Temperaturen die nicht-reversiblen Gitterstörungen stärker in Erscheinung treten, so daß die Tieftemperaturleitung bzw. -diffusion einen stärkeren störungsempfindlichen Anteil erhält.

Es ist zu erwarten, daß der Zwischengitterplatztypus nur dann auftritt, wenn es sich um eine Einlagerung von verhältnismäßig kleinen Ionen oder Atomen handelt. Ein Gitter vom Zwischengitterplatztypus scheint bei den Abbauprodukten von PbO_2 vorzuliegen. Ist ein Mangel an Sauerstoffionen im Verhältnis Pb : O = 1 : 1,69 vorhanden, so tritt bei unverändertem Gitter eine Aufweitung gegenüber den Kristallen mit normalem Verhältnis Pb : O = 1 : 2 auf. Diese Gitteraufweitung ist nur so zu verstehen, daß die überschüssigen Bleiatome auf Zwischengitterplätzen eingelagert sind.

Demgegenüber haben wir z. B. beim FeO, FeS und FeSe Kristallgitter mit Leerstellen. Gitter mit Leerstellen kann man auf folgende Art und Weise ermitteln:

Zunächst wird die Dichte des Kristalls etwa pyknometrisch bestimmt, dann röntgenographisch das Volumen der Elementarzelle. Durch Multiplikation von Dichte und Volumen wird die mittlere Masse der Elementarzelle gewonnen, die man andererseits auf Grund der chemischen Zusammensetzung berechnen kann. Der experimentelle Wert muß in charakteristischer Weise gegenüber dem theoretischen verkleinert sein, wenn Leerstellen vorhanden sind.

Substitution kommt häufig bei Ionenkristallen dann vor, wenn isomorphe Vertretbarkeit zwischen zwei Komponenten der betreffenden Verbindung besteht. Ob damit allerdings dann besondere Leitereigenschaften der Ionenkristalle verbunden sind, ist nicht bekannt. Eine große Rolle spielt der Substitutionstypus bei den intermetallischen Verbindungen.

Zur Vertiefung des Verständnisses für die Fehlordnungserscheinungen wollen wir den Fehlordnungsgrad auf Grund einer einfachen kinetischen Betrachtung ableiten (FRENKEL, JOST). Wir gehen von einem reinen Kristall der Zusammensetzung A aus. Dabei sollen die Partikeln A ein ideales Gitter aufbauen, wie es nur beim absoluten Nullpunkt stabil ist. Mit wachsender Temperatur wird eine zunehmende Zahl von Bausteinen fehlgeordnet sein. Als speziellen, einfachen Fall nehmen wir an, daß dabei ein Teil der Gitterpunkte unbesetzt ist, und daß statt dessen die von dort abgewanderten Bausteine im Zwischengitterraum untergebracht sind. Demnach existieren als Fehlstellen Lücken und Partikeln im Zwischengitterraum in äquivalenter Zahl. Bezeichnen wir die Gesamtzahl der Partikeln pro cm^3 mit N und die Zahl der im cm^3 vorhandenen Gitterplätze mit N_g, so ist offenbar $N = N_g$. Ferner gilt $n_e = n_z$, wenn n_e die Zahl der Leerstellen im cm³ und n_z die Zahl der Teilchen auf Zwischengitterplätzen bedeuten. Im allgemeinen können wir voraussetzen, daß der Fehlordnungsgrad klein ist, d. h., es ist $n_e \ll N$ und $n_z \ll N$. Andererseits darf man setzen $n_g \cong N = N_g$, wenn n_g die Zahl der Teilchen auf normalen Gitterplätzen bedeutet. Nun bezeichnen wir noch die Zahl der vorhandenen Zwischengitterplätze mit N_z. Diese Zahl wird stets von der gleichen Größenordnung sein wie N_g. Wir setzen hier speziell: $N_z = N_g = N$.

Wir nehmen nun an, daß die potentielle Energie für einen Zwischengitterplatz um E_0 (bezogen auf ein Mol) größer ist als für einen normalen Gitterplatz. Wenn ein Teilchen von einem normalen Gitterplatz auf einen Platz im Zwischengitterraum gebracht werden soll, so muß mindestens die Energie E_0 zugeführt werden. Nun kann aber noch dem Platz im Zwischengitterraum eine Potentialschwelle der Höhe U vorgelagert sein. Dann muß bei der Überführung des Teilchens in den Zwischengitterraum die Energie $E_0 + U$ aufgewandt werden, während beim Übergang des Teilchens aus dem Zwischengitterraum auf den normalen Gitterplatz nur die Schwellenenergie U zugeführt werden muß.

Die Anzahl der Übergänge pro Zeiteinheit von normalen Gitterplätzen auf Zwischengitterplätze – wir nennen sie n_1 – wird proportional sein der Zahl der auf Gitterplätzen vorhandenen Partikeln, also n_g, ferner proportional einem Boltzmann-Faktor $exp\{-(E_0 + U)/kT\}$ und proportional der Wahrscheinlichkeit, einen Zwischengitterplatz unbesetzt anzutreffen, d. i.

$$\frac{N_z - n_z}{N_z} \cong 1\,.$$

So wird:

$$n_1 \sim n_g \cdot \exp\left\{-(E_0 + U)/kT\right\} \cong N \cdot \exp\left\{-(E_0 + U)/kT\right\}.$$

Andererseits wird n_2 = Zahl der Übergänge der Teilchen von Zwischengitterplätzen auf normale Gitterplätze proportional der Zahl der besetzten Zwischengitterplätze (n_z), dem Boltzmann-Faktor $\exp(-U/kT)$ sowie der Wahrscheinlichkeit, einen Gitterplatz unbesetzt anzutreffen, d. i. n_e/N_g oder n_z/N. Schließlich wird:

$$n_2 \sim n_z \cdot \frac{n_z}{N} \cdot \exp(-U/kT)\,.$$

Im Gleichgewicht müssen die Zahlen der Übergänge von normalen Plätzen auf Zwischengitterplätze und umgekehrt einander gleich sein. Also gilt:

$$N \cdot \exp\left\{-(E_0 + U)/k\,T\right\} \cong \frac{n_z^2}{N} \exp(-U/k\,T)$$

oder

$$N^2 \exp(-E_0/k\,T) \cong n_z^2$$

und schließlich

$$n_z \cong N \cdot \exp(-E_0/2\,k\,T).$$

E_0 ist darin vielfach von der Größenordnung 1 Elektronenvolt ($\sim$ 23 kcal) pro Mol. Der Fehlordnungsgrad $\frac{n_z}{N}$ ist demnach im allgemeinen klein, kann aber in Schmelzpunktnähe beträchtlich (10% und mehr) werden. Für $T = 273°$ abs. errechnet sich aus der Formel mit $E_0 = 20$ kcal ein Fehlordnungsgrad von 10^{-8}, für 400° C ($T = 673°$ abs.) $6 \cdot 10^{-4}$ und für 800° C ($T = 1073°$ abs.) 10^{-2}.

Die Erfassung der Ionenleitfähigkeit in Kristallen ist vielfach deshalb besonders erschwert, weil meist neben der Ionenleitfähigkeit eine größere Elektronenleitfähigkeit vorhanden ist, die beide nun nicht immer leicht voneinander zu trennen sind. Es hat sich gezeigt, daß bei der Elektronenleitung der Einfluß etwaiger Abweichungen von der ganzzahligen stöchiometrischen Zusammensetzung ganz besonders intensiv zur Wirkung kommt. C. Wagner variierte die Sauerstoffdrucke über den Oxyden bei Temperaturen von 600° bis 1000°, bei denen sich der Sauerstoffgehalt des kristallisierten Oxyds mit der Gasphase ins Gleichgewicht setzt. Auf Grund dieser Untersuchungen werden folgende Gruppen von Oxyden unterschieden:

1. Die elektrische Leitfähigkeit fällt mit wachsendem Sauerstoffdruck, z. B. ZnO und CdO.

2. Die elektrische Leitfähigkeit steigt mit wachsendem Sauerstoffdruck, z. B. Cu_2O, NiO, FeO, CoO.

3. Die elektrische Leitfähigkeit ist im wesentlichen unabhängig vom Sauerstoffdruck bei CuO, Co_3O_4, Fe_3O_4, Fe_2O_3.

Zunächst ergibt sich für die erste Gruppe von Oxyden, z. B. Zinkoxyd, folgende Deutung:

Zinkoxyd ist bei 600° bereits partiell dissoziiert. Ein Teil der Sauerstoffatome ist an die Gasatmosphäre abgegeben, so daß ein

Überschuß an Metall im Oxydgitter auftritt. Dabei müssen wir annehmen, daß in den Oxyden wenigstens zum Teil die Metallatome in positiv geladene Ionen und quasi freie Elektronen gespalten sind. Die Elektronen sind die Träger der Leitfähigkeit. Je größer der Sauerstoffdruck demnach ist, desto weniger Sauerstoffatome werden an die Gasatmosphäre abgegeben, desto geringer also wird der Zinküberschuß sein. Desto kleiner ist schließlich auch die Elektronenkonzentration und damit die Leitfähigkeit.

Bei der zweiten Gruppe von Oxyden (z. B. Cu_2O) tritt im Gegensatz zur ersten Gruppe eine Erhöhung der Leitfähigkeit mit dem Sauerstoffdruck ein. Sauerstoff ist nun ein elektronegatives Element und verbraucht demnach Elektronen unter Bildung von negativen Sauerstoffionen. Die beobachtete Leitfähigkeitserhöhung mit steigender Sauerstoffaufnahme kann demnach nicht auf das Vorhandensein von quasi freien Elektronen zurückgeführt werden. Es ist vielmehr folgendes anzunehmen: Überschüssig z. B. in das Cu_2O-Gitter gelangende Sauerstoffatome entnehmen den normal besetzten Elektronenschalen der regulären Gitterbausteine einzelne Elektronen und bilden damit Sauerstoffionen. An Stelle der entfernten Elektronen sind nun sogenannte „Elektronendefektstellen", häufig auch als „Löcher" bezeichnet, getreten. Ganz analog wie auch die Leerstellen vermögen die Elektronendefektstellen einen Elektronentransport zu vermitteln. Im Falle des Cu_2O können die Defektstellen mit höher geladenen Metallionen gleichgesetzt werden, die ein Elektron zu wenig haben. Solche Ionen müssen sich selbstverständlich wie Fremdbausteine in dem betreffenden Oxydgitter verhalten, sind also ebenfalls wieder als Kristallbaufehler zu betrachten. Für das Cu_2O läßt sich der Wanderungsmechanismus wie folgt symbolisch schreiben:

$$\underbrace{Cu^{+} + Cu^{++}}_{e^{-}} = Cu^{++} + Cu^{+}.$$

Dazu ist nun allerdings zu bemerken, daß dieses korpuskulare Bild den experimentellen Tatbestand nicht völlig richtig wiedergibt. Aus der Erfahrung ist zu entnehmen, daß die mittlere freie Weglänge der wandernden Elektronen wesentlich größer ist als der Abstand unmittelbar benachbarter Kupferionen. Diese Frage aber kann restlos erst auf wellenmechanischer Grundlage gelöst werden. Ohne auf die wellenmechanischen Entwicklungen dieses Problems einzugehen, wollen wir versuchen, möglichst anschaulich das darzustellen, was heute über den Mechanismus der Elektronenleitung in Kristallen im einzelnen gesagt werden kann.

Der leitende physikalische Grundgedanke ist die Vorstellung, daß in einem Kristallgitter, ähnlich wie beim isolierten Atom, erlaubte und nicht erlaubte Energiezustände vorhanden sind. Jeder zulässige Energiezustand (Term) eines Valenzelektrons wird infolge der Wechselwirkung mit allen N Gitterbausteinen in $2N$ Terme aufgespalten. Da N sehr groß ist, liegen die einzelnen Terme recht nahe beisammen. Wird N beliebig groß, so wird der Abstand zweier aufeinanderfolgender Terme beliebig klein. Man hat es also praktisch mit einer kontinuierlichen Folge von Termen zu tun. Auf diese Weise entstehen breite Bänder von erlaubten Energiezuständen. Das ganze Energiespektrum der Gitterelektronen besteht demnach aus einzelnen Energiebändern mit je $2N$ Eigenwerten.

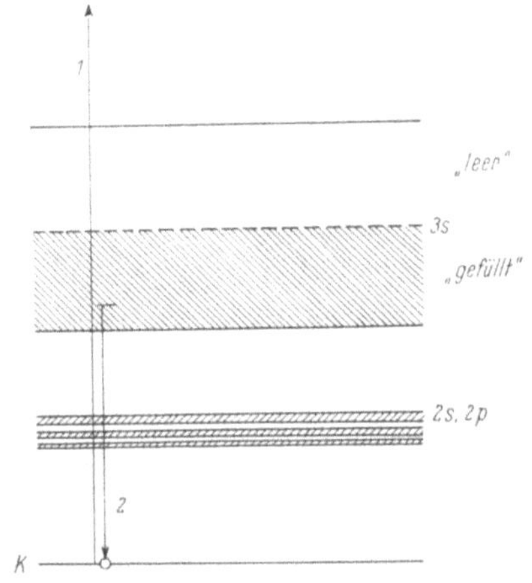

Abb. 79. Energiebändermodell von Kaliummetall nach KITTEL

Trägt man für eine beliebige Richtung im Kristall die Elektronenenergien auf, so gelangt man zu einer Folge von nach oben immer breiter werdenden Bändern erlaubter Energiebeträge, zwischen denen nach oben stets schmaler werdende Zonen verbotener Energiebeträge liegen (Abb. 79). In den Bändern sind die Elektronen nicht mehr der klassischen Vorstellung entsprechend streng lokalisiert, sondern sie gehören jeweils dem gesamten Kristallgitter an. In Isolatoren gibt es nur erlaubte Bänder, die mit Elektronen voll besetzt oder ganz leer sind. Wegen des PAULI-Prinzips kann jeder Term immer nur von einem Elektron besetzt sein. Das höchste beim absoluten Nullpunkt vollbesetzte Band wird als Grundband oder Valenzband, das nächstfolgende unbesetzte Band als Leitfähigkeitsband oder Leitungsband bezeichnet. Elektronenleitung ist nur dann möglich, wenn das Leitfähigkeitsband teilweise besetzt ist. Nur dann ist eine Bewegung von Elektronen möglich.

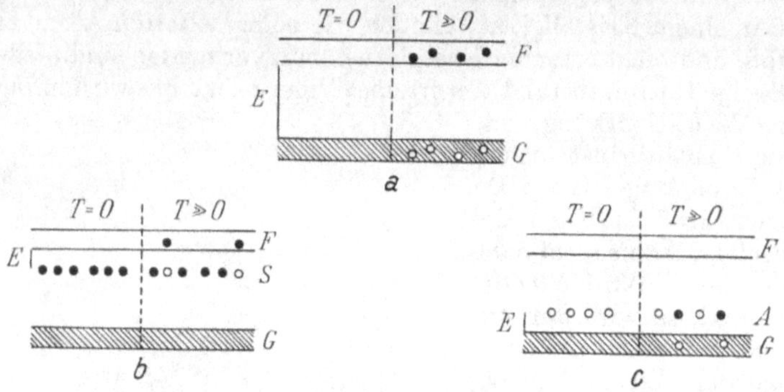

Abb. 80. Energiebänder. a Im idealen Gitter, b in einem Gitter mit „Spenderstellen", c in einem Gitter mit „Auffängerstellen"

Denken wir uns an den Kristall ein äußeres elektrisches Feld angelegt, so werden Elektronen beschleunigt, d. h. ihre potentielle Energie wird etwas vermehrt. Dann ändert sich aber nichts, wenn die Bänder voll besetzt sind. Denn wegen des Pauli-Prinzips ist kein Energieniveau für ein weiteres Elektron frei, d. h., es müssen ebenso viele Elektronen in Richtung des Stromes, wie gegen den Strom beschleunigt werden. Ist aber das oberste Band nicht voll besetzt, dann können Elektronen in den noch unbesetzten Bandteil gehoben werden, sie können eine Beschleunigung erfahren und so als Träger eines elektrischen Stromes auftreten (metallische Leitung). In Abbildung 80a sei G das oberste beim absoluten Nullpunkt voll besetzte (Grundband), F das nächsthöhere und völlig unbesetzte erlaubte Band (Leitfähigkeitsband). Damit ist der betreffende Kristall zunächst ein Isolator, da in dem einen Band keine Elektronen vorhanden sind, während das zweite voll besetzt ist. Bei höheren Temperaturen stellt sich nun ein Gleichgewicht zwischen „freien" Elektronen im F-Band und „Löchern" im G-Band ein. Die Leitung durch die freien Elektronen in F wird als Überschußleitung bezeichnet, die Leitung durch die „Löcher" in G als Defektleitung (auch

Mangel-, Löcher- oder Ersatzleitung). Wie es oben am Beispiel des Cu_2O dargelegt wurde, besteht die Mangelleitung im Ersatz eines fehlenden Elektrons, wobei sich die Elektronenlücke in bezug auf die Richtung der Elektronenwanderung rückwärtig verlagert. Wie die Elektronenlücke, so würde sich auch eine positive Elementarladung im elektrischen Feld bewegen.

Das eben beschriebene einfachste Modell eines elektronischen Halbleiters (Abb. 80a) ist jedoch bisher in der Natur nicht mit Sicherheit beobachtet worden. Es hat sich gezeigt, daß bei allen genauer untersuchten Elektronenleitern der Leitungsmechanismus wesentlich von stöchiometrischen Störungen beeinflußt wird (vgl. Cu_2O). Es wird angenommen, daß in solchen Fällen von den stöchiometrischen Störstellen Energiezwischenwerte erzeugt werden (S in Abb. 80 b). Während am absoluten Nullpunkt alle Energieniveaus besetzt sind, soll sich wiederum bei höheren Temperaturen ein Gleichgewicht zwischen dem Zwischenterm S und dem höheren Band F einstellen. Damit ist eine Überschußleitung in F möglich. Je nachdem ob ein Metall- oder Metalloidüberschuß die Leitung bedingt, unterscheidet man nach Peierls zwei Arten von Störstellen:

1. Die bereits besprochenen „Spenderstellen“ oder „Donatoren“ (S) bei Halbleitern mit Metallüberschuß und

2. „Auffängerstellen“ oder „Akzeptoren“ (A) bei Halbleitern mit Metalloidüberschuß (Abb. 80c).

Im Gegensatz zu den S-Stellen sind die A-Stellen bei $T = 0°$ abs. unbesetzt, während bei höherer Temperatur eine Verteilung zwischen besetzten A-Stellen und Löchern im G-Band eintritt. Dadurch ist im G-Band natürlich eine Mangelleitung bedingt. Als A-Stellen mögen z. B. CuO in Cu_2O, Cu_2J in CuJ, Ni_2O_3 in NiO, als S-Stellen beispielsweise WO_2 in WO_3, Na in NaCl, Zn in ZnO usw. in Frage kommen.

Besonders wichtig sind heute die Halbleitereigenschaften von Silizium und Germanium. Die beiden Elemente besitzen Diamantstruktur (Abb. 21, S. 32), wobei jedes Atom vier nächste Nachbarn (tetraedrische Koordination) hat. Dabei ist zu beachten, daß Si und Ge vierwertig sind. Wenn nun ein fünfwertiges Fremdatom (z. B. P, As, Sb) an Stelle eines normalen Atoms im Gitter eingebaut wird, so steht – wegen der tetraedrischen Koordination – pro Fremdatom ein überschüssiges Valenzelektron zur Verfügung. Deshalb liefert ein fünfwertiges Fremdatom einen „Donator", und es resultiert eine elektrische Leitfähigkeit durch *negative* Ladungen („*n*-Typ-Halbleiter"). Ein dreiwertiges Fremdatom (z. B. Bor) stellt einen Akzeptor dar. Das Atom entnimmt ein Elektron aus dem Valenzband, wobei ein positives Elektronen„loch" gebildet wird. Die elektrische Leitung wird demnach durch positive „Löcher" bewerkstelligt („*p*-Typ-Halbleiter").

Wenden wir uns nun noch einmal für einen Augenblick der Abhängigkeit der Leitfähigkeit vom Sauerstoffdruck beim Cu_2O zu! Es erhebt sich dabei die Frage, wie denn die überschüssigen Sauerstoffionen in das Gitter eingebaut werden. Mit großer Wahrscheinlichkeit müssen wir annehmen, daß die bei Sauerstoffüberschuß neu hinzukommenden Sauerstoffionen wegen ihres großen Ionenradius nicht auf Zwischengitterplätze eingebaut werden können. Wohl aber werden die Kupferionen unter Bildung von Leerstellen nach außen abwandern und mit den überschüssig hinzukommenden Sauerstoffionen ein nach außen erweitertes („angebautes") Cu_2O-Gitter bilden. Es ergibt sich für diesen Fall folgendes Schema:

$$
\begin{array}{ccccccccccc}
Cu^{++} & & Cu^{+} & & \square & & Cu^{+} & & Cu^{+} & & Cu^{+} \\
& O^{--} & & O^{--} & & O^{--} & & O^{--} & & O^{--} & \\
Cu^{+} & & Cu^{++} & & Cu^{+} & & Cu^{+} & & \square & & Cu^{+}
\end{array}
$$

Auf Grund dieser Deutungen des Leitungsmechanismus bei Halbleitern hat WAGNER eine einfache Regel aufgestellt: Elektronendefektleitung ist im wesentlichen dann zu erwarten, wenn in einer gegebenen Verbindung die normalen Ionen in einer niederen oder mittleren chemischen Wertigkeitsstufe vorliegen und relativ leicht in eine höhere Wertigkeitsstufe übergehen können. Elektronenüberschußleitung ist dagegen im wesentlichen zu erwarten, wenn Verbindungen der höchsten Wertigkeitsstufe des beteiligten Metalls vorliegen.

Bei der dritten Gruppe von Oxyden (z. B. CuO) ist die Leitfähigkeit unabhängig vom Sauerstoffdruck. Es wird angenommen, daß beim CuO beispielsweise unabhängig von kleinen Abweichungen von der ganzzahligen stöchiometrischen Zusammensetzung bei höherer Temperatur einzelne Elektronen von den Cu^{++}-Ionen abgelöst und an anderen Cu^{++}-Ionen angelagert sind. Dabei würden dann in gleicher Anzahl Cu^{+}- und Cu^{+++}-Ionen entstehen, die ohne weiteren Energieaufwand Elektronen bzw. Elektronendefekte mit benachbarten Cu^{++}-Ionen austauschen können.

Bemerkenswert ist in diesem Zusammenhang das Verhalten des Co_3O_4, das im sogenannten Spinellgitter kristallisiert. Spinelle sind Verbindungen vom Typus AB_2O_4, wobei A bzw. B = Mg^{2+}, Mn^{2+}, Fe^{2+}, Fe^{3+}, Al^{3+} ist (vgl. S. 212).

Ähnlich wie bei den „inversen" Spinellen kann beim Co_3O_4 angenommen werden, daß bei höheren Temperaturen eine mindestens teilweise statistische Verteilung der Co^{2+}- und Co^{3+}-Ionen auf die 8- und 16zähligen Punktlagen gegeben ist. Somit erhalten wir folgende Austauschmöglichkeiten, die eine gute elektrische Leitfähigkeit bedingen: 1. Elektronenaustausch zwischen Co^{2+} und Co^{3+} in [4]-Koordination, 2. Elektronenaustausch zwischen Co^{2+} und Co^{3+} in [6]-Koordination. Bei Zimmertemperatur und ganzzahliger stöchiometrischer Zusammensetzung Co_3O_4 haben wir hingegen einen Einbau der Co^{2+}-Ionen in [4]-Koordination und einen Einbau der Co^{3+}-Ionen in [6]-Koordination. Der Elektronenübergang $Co^{2+} \rightarrow Co^{3+}$ ist dann nicht mehr ohne weiteres möglich, weil dieser Übergang zu einem Zustand höherer Energie führen würde. Daher hat Co_3O_4 ohne Sauerstoffüberschuß bei gewöhnlicher Temperatur nur geringes Leitvermögen. Schließlich ist bei Zimmertemperatur mit Sauerstoffüberschuß das Verhältnis Metallionen: Sauerstoffionen $< 3:4$. Die Entfernung eines Co-Atomes denken wir uns folgendermaßen durchgeführt: Es wird ein Co^{2+}-Ion aus der [4]-Koordination entfernt, danach zwei Elektronen. Diese werden zwei Co^{2+}-Ionen entzogen, die sich in [4]-Koordination befinden. Damit sind gleichzeitig zwei Co^{3+}-Ionen in [4]-Koordination entstanden. Auf diese Weise ist nun wiederum die Möglichkeit gegeben, daß Co^{2+}- und Co^{3+}-Ionen in [4]-Koordination die Elektronen austauschen. In der Tat wurde eine Zunahme der elektrischen Leitfähigkeit von Co_3O_4 bei Sauerstoffüberschuß beobachtet.

Eingehend untersucht ist die Elektronenleitung in den Alkalihalogenidkristallen. Diese Untersuchungen, die von POHL und Mitarbeitern durchgeführt worden sind, haben eine große allgemeine Bedeutung für das Problem der Elektrizitätsleitung in Kristallen gewonnen. Wir müssen daher auf diese wichtigen Ergebnisse etwas näher eingehen: Die Kristalle der Alkalihalogenide sind völlig farblos, durchsichtig und bei tiefen Temperaturen gute Isolatoren. Bei höheren Temperaturen werden sie zu Ionenleitern. Durch Einstrahlung von Röntgen- oder ultravioletten Strahlen können die Kristalle verfärbt werden. Man bezeichnet diese Erscheinung als „photochemische" oder auch „subtraktive" Färbung. Ihr gegenüber pflegt man die sog. „additive" Färbung zu stellen, die durch thermische Eindiffusion von Natriumatomen erzeugt wird. Additiv oder subtraktiv verfärbte Kristalle können sich wie Halbleiter verhalten, indem sie neben einer Ionenleitung eine Elektronenleitung aufweisen („Mischleiter"). Die Abspaltung der Leitungselektronen kann durch Wärme oder Licht erfolgen. Durch den Einbau von Metallüberschuß in das Kristallgitter wird eine im Sichtbaren gelegene Absorptionsbande erzeugt. Beim KBr z. B. ergibt sich dabei eine Blaufärbung. Diese Absorptionsbande im Sichtbaren bezeichnet man als F-Bande, deren Träger die F-Zentren („Farbzentren") sind.

Man hat auf Grund chemischer Analysen festgestellt, daß das Vorhandensein von F-Zentren in Alkalihalogenidkristallen mit einem Überschuß an Alkalimetallatomen verknüpft ist. Dieser Überschuß ist im allgemeinen von der Größenordnung 10^{16} bis 10^{19} pro cm^3. Jedoch kann man die F-Zentren nicht direkt mit neutralen Alkalimetallatomen identifizieren. Denn die Absorption in der F-Bande ist nicht für das Alkalimetall charakteristisch, mit dem der Kristall additiv verfärbt wurde, sondern für den Kristall. Die Bande für NaCl ist dieselbe, gleichgültig ob der Kristall mit Kalium oder Natrium verfärbt wurde. Außerdem entspricht die magnetische Suszeptibilität vollkommen dem Spin-Beitrag eines Elektrons. Demnach vertritt man heute die Vorstellung, daß ein F-Zentrum mit einem Elektron zu identifizieren ist, das an eine Anionenleerstelle gebunden ist. Nach KITTEL ist anzunehmen, daß das Elektron als $4s$-Valenzelektron abwechselnd an eines der sechs Alkalimetallionen geknüpft ist, die die Anionenleerstelle oktaedrisch umgeben.

Zu diesem Bild passen größenordnungsmäßig gut die Energiewerte für die F-Zentren (in eV), wie sich aus folgender Zusammenstellung ergibt (KITTEL):

LiF	5,0	LiCl	3,1	LiBr	2,7
NaF	3,6	NaCl	2,7	NaBr	2,3
KF	2,7	KCl	2,2	KBr	2,0
		RbCl	2,0	RbBr	1,8
		CsCl	2,0		

Bei Absorption von Licht in der F-Bande wird bei Zimmertemperatur pro Lichtquant ein Elektron ausgelöst und damit ein F-Zentrum ausgeschaltet:

Der verfärbte Kristall wird gebleicht, außerdem wird er während der Einstrahlung leitend (Photoleitfähigkeit). Bei der Einstrahlung in die F-Bande entsteht noch ein weiterer Typ eines Farbzentrums: die F'-Zentren. Das F'-Zentrum bildet sich dadurch, daß ein von einem F-Zentrum abgegebenes Elektron von einem anderen F-Zentrum eingefangen wird. Demnach kann man sich unter einem F'-Zentrum zwei Überschußelektronen in der Nähe einer Anionenleerstelle vorstellen.

Es ist noch eine ganze Reihe weiterer Zentrenarten festgestellt worden, deren Deutung zum Teil noch nicht endgültig durchgeführt ist. Unter anderen sind F_2-Zentren (F-Zentrenpaar), F_2^+-Zentren (= ein Überschußelektron in der Nähe zweier Anionenleerstellen), V_1-Zentren (= Elektronenloch in der Nähe einer Kationenleerstelle) oder U-Zentren (H^--Ionen in einer Anionenleerstelle) angenommen worden.

Abschließend sei noch auf eine Reihe von Erscheinungen hingewiesen, die in engem Zusammenhang mit den Halbleitereigenschaften stehen. Es sind das Effekte, die bei Photozellen, Trockengleichrichtern, Sperrschichtzellen und Kristalldetektoren eine Rolle spielen. Vieles, auch Grundsätzliches, ist bei dieser Erscheinungsgruppe noch nicht geklärt und bedarf vor allem noch der gittertheoretischen Ausdeutung. Sperrschichtzellen sind prinzipiell aufgebaut aus einem Trägermetall (z. B. Cu) und aus einer Schicht einer elektrischen Halbleitersubstanz (z. B. Cu_2O). An einer solchen Anordnung lassen sich zwei Effekte beobachten: 1. Bei Anlegen eines äußeren elektrischen Feldes wirkt die Vorrichtung als Gleichrichter, und zwar in dem Sinne, daß der Elektronenstrom leichter vom besseren (Cu) zum schlechteren Leiter (Cu_2O) übergeht als umgekehrt. 2. Bei Bestrahlung wirkt das System als Stromerzeuger („Sperrschichtphotozellen"). Als Kristalldetektoren (oder Kristalldioden) bezeichnet man Vorrichtungen zur Gleichrichtung elektrischer Schwingungen. Sie bestehen aus zwei elektronisch leitenden Elektroden von möglichst ungleichen Dimensionen (Spitze und Fläche), die durch eine dünne isolierende Schicht („Sperrschicht") beliebiger chemischer Natur getrennt sind (GEISMANN).

Halbleiter-Einkristalle mit mindestens drei Elektroden, die ähnlich wie Elektronenröhren (Trioden) wirken, nennt man Transistoren. Meist verwendet man heute zu ihrer Herstellung Germanium oder Silicium.

5. Lumineszenzerscheinungen

Daß auch die Lumineszenzerscheinungen der Kristalle wesentlich durch Eigenschaften des Realbaus bedingt sind, wurde bereits frühzeitig erkannt. Hierbei spielen offenbar chemische Baufehler eine besondere Rolle (Fremdstoffphosphore). Das umfangreiche Tatsachenmaterial wurde in den grundlegenden Untersuchungen von LENARD, F. SCHMIDT, TOMASCHEK, RIEHL, SCHÖN, STÖCKMANN, ADIROWITSCH u. a. erarbeitet. Auf Grund dieser ausgedehnten Erfahrungen mußte gefolgert werden, daß Baufehler als Ursache für das Zustandekommen der Lumineszenzfähigkeit in Betracht zu ziehen sind.

Zunächst sei kurz auf die wichtigsten Erscheinungen und Begriffe eingegangen, mit denen wir es bei der Lumineszenz zu tun haben.

Nach WAWILOW ist Lumineszenz die zusätzliche, zur Temperaturstrahlung hinzutretende Strahlung eines Körpers von endlicher Dauer, die wesentlich größer als die Periode der Lichtschwingungen ist (ADIROWITSCH).

Früher war es üblich, zwischen Fluoreszenz und Phosphoreszenz zu unterscheiden. Bei der Fluoreszenz erfolgt die Lichtemission unmittelbar nach dem Erregungsvorgang, während bei der Phosphoreszenz die Lichtemission erst einige Zeit nach dem Erregungsvorgang stattfindet. Nach ADIROWITSCH versteht man unter Phosphoreszenz den temperaturabhängigen Teil des Nachleuchtens.

Die lumineszenzfähigen Stoffe bezeichnet man als Luminophore (oder Phosphore). Fremdatome, die die Lumineszenz bedingen, werden Phosphorogene oder Aktivatoren genannt. Als Kristallphosphore werden Luminophore definiert, deren Lumineszenzfähigkeit nicht auf einer von vornherein gegebenen Disposition ihrer Atome oder Molekeln beruht, sondern bei denen die Lumineszenzfähigkeit erst die Folge eines charakteristischen kristallinen Aufbaus ist. Es ist dabei von großer Bedeutung, daß sich am Leuchtvorgang der Kristallphosphore grundsätzlich der ganze Kristall, zumindest aber größere Kristallbereiche, deren

Dimensionen die atomare Größenordnung weit überschreiten, beteiligen. Es ist selbstverständlich, daß an dieser Stelle ausschließlich die Kristallphosphore interessieren. Zur Gruppe der Kristallphosphore gehören Zink- und Zinkcadmiumsulfide, Silikate (z. B. Willemit, $2\,ZnO \cdot SiO_2$), Wolframate (z. B. Scheelit $CaWO_4$), ferner die klassischen LENARD-Phosphore (d. s. Erdalkalisulfide und -oxyde mit kompliziertem kristallchemischem Aufbau) und schließlich Halogenide (POHLsche Untersuchungen).

In den Grundzügen vollzieht sich der Lumineszenzvorgang in folgender Weise: Die eingestrahlten Lichtquanten werden von dem gesamten Kristallgitter aufgenommen. Die Energie wird dann von Gitteratom zu Gitteratom weitergegeben, bis sie von einem Phosphorogenatom („Aktivator") absorbiert wird. Der Aktivator befindet sich in einem angeregten Zustand. Durch Elektronenübergang zum Phosphorogenatom schließlich wird wieder Energie emittiert.

Eine exakte Deutung der Lumineszenzeigenschaften von Kristallphosphoren ist heute auf Grund der Untersuchungen von RIEHL, SCHÖN, MÖGLICH, ROMPE, STÖCKMANN, ADIROWITSCH u. a. weitgehend möglich. Diese wellenmechanische Theorie der Lumineszenz geht von dem Energiebändermodell der Gitterelektronen aus (vgl. S. 247). Wir nehmen an, daß der Kristallphosphor als Isolator vorliege, bei dem also das Grund- oder Valenzband voll besetzt ist, während das Leitungsband unbesetzt ist. Durch Absorption eines Lichtquants im Grundgitter wird ein Elektron aus dem Grundband in das Leitfähigkeitsband gehoben. Dabei gilt für solche optischen Übergänge ein strenges Auswahlverbot: Beim optischen Übergang (Wellenzahl des Lichtes $\gg$ Wellenzahl des Elektrons) kann ein Elektron von einem Energiewert des einen Bandes nur zu einem einzigen Energiewert eines anderen Bandes übergehen. Demnach kann das in das Leitfähigkeitsband angeregte Elektron nur dann wieder unter Strahlung in das Grundband zurückkehren, wenn während der Verweilzeit im angeregten Zustand die Lücke, die das Elektron hinterlassen hat, noch nicht aufgefüllt ist. Auch darf es selbst in dieser Zeit seine energetische Lage im Leitfähigkeitsband nicht ändern. Kann das Elektron zurückkehren, so wird genau die Frequenz ausgestrahlt, die absorbiert wurde. Beim idealen Kristall wäre in solchem Fall höchstens eine verstärkte Reflexion der einfallenden Strahlung zu beobachten. Tatsächlich aber wandert das angeregte Elektron rasch an das untere Ende des Leitfähigkeitsbandes, so daß es nicht mehr in den Ausgangszustand zurückkehren kann. Demnach wird beim idealen Kristall überhaupt keine Emission stattfinden.

Hier hilft nun wiederum die Annahme über das Vorhandensein von Kristallbaufehlern weiter. Durch den Einbau von Phosphorogenatomen, d. s. ja chemische Baufehler, erscheinen in den verbotenen Zonen zwischen den Energiebändern sogenannte Störterme (vgl. Abb. 81). Die Störterme, die zunächst in Betracht zu ziehen sind, liegen in geringer Höhe über dem oberen Rand des Grundbandes und werden Aktivatorterme oder kurz Aktivatoren (A in Abb. 81) genannt. Bei den Aktivatortermen muß im Gegensatz zu den „Auffängerstellen“, die zur Deutung der elektronischen Leitfähigkeit herangezogen werden, angenommen werden, daß sie mit Elektronen aufgefüllt sind. Dann können diese Elektronen die Löcher, die im Grundband durch die angeregten Elektronen entstanden sind, wieder auffüllen. Das geschieht entweder sofort oder nach der Diffusion der Löcher an den oberen Rand des Grundbandes. Die Zeit für den Übergang aus dem Störterm in das untere Band ist um so kürzer, je näher dieser Term am Band liegt. Nach Stöckmann wird bei der Anregung ein Aktivatoratom A durch Absorption von Lichtquanten ionisiert (Elektronenübergang 1 in Abb. 81). Das abgegebene Elektron wird dabei in das Leitungsband gehoben und kann dort im Gitter diffundieren.

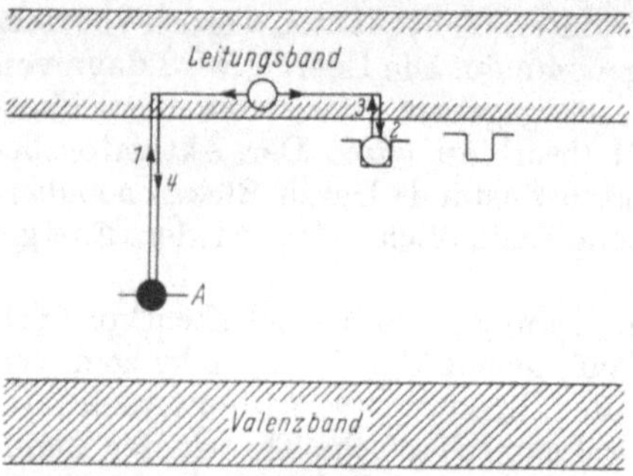

Abb. 81. Mechanismus der Phosphoreszenz nach Stöckmann

Die Strahlungsemission findet nun beim Übergang des Elektrons aus dem Leitfähigkeitsband in den freien Störterm (Übergang 4 in Abb. 81) statt. Diese Feststellung deutet die Erfahrung, daß die Frequenz der emittierten Strahlung vom Phosphorogenatom abhängt, richtig.

Zur Erklärung der Speicherung von Energie müssen weitere Störterme angenommen werden, die unmittelbar unterhalb des unteren Randes des Leitungsbandes liegen. Sie werden Anlagerungsterme oder Haftstellen (H in Abb. 81) genannt und sind – wiederum im Gegensatz zu den „Spenderstellen" der Leitfähigkeit – nicht besetzt. Die in das Leitfähigkeitsband gehobenen (also angeregten) Elektronen können in die Haftstellen übergehen und sich hier anlagern (Übergang 2 in Abb. 81). Durch thermische Bewegung oder Ultraroteinstrahlung können die Elektronen in den Anlagerungstermen wieder in das Leitungsband gehoben werden (Übergang in 3 Abb. 81) und dort nun durch Übergang zu den unbesetzten Aktivatortermen zur Emission Anlaß geben. Ein unmittelbarer Übergang vom Anlagerungsterm zum besetzten Band kann wiederum nicht stattfinden, da ja das Loch im besetzten Band sofort wieder aufgefüllt wird. Damit findet die Einfrierungsmöglichkeit der Phosphoreszenzstrahlung ohne Schwierigkeit seine Erklärung. Infolge der Existenz der Anlagerungsterme ist neben der Absorption im Grundgitter und der Absorption am Störterm noch eine dritte Erregungsart möglich: Übergang eines Elektrons vom Grundband in den Anlagerungsterm, d. i. also eine direkte Erregung der Phosphoreszenz. Es ist klar, daß hierbei ein Spontanleuchten nicht auftreten kann.

Zusammengefaßt sind folgende Stufen zu berücksichtigen:

1. Grundzustand: neutrale Aktivatoren A, neutrale Haftstellen H

2. Erregung: $A + h \cdot \nu_1 \rightarrow A^+ + e^-$; $e^- + H \rightarrow H^-$
entweder durch direkte Adsorption in den Aktivator oder durch Elektronenübergang vom Valenzband zum Leitungsband gekoppelt mit dem Übergang vom Aktivator zum Grundband oder direkter Übergang vom Aktivator zur Haftstelle.

3. Erregter Zustand: positive Aktivatoren A^+ und negative Haftstellen H^-.

4. Nachleuchten: H^- $(+h\nu_2) \rightarrow H + e^-$; $e^- + A^+ \rightarrow A + h\nu_3$.

Einer Erklärung bedarf noch die Tatsache der bemerkenswert raschen Diffusion der Elektronen, die unter Abgabe der Energie an das Gitter an den unteren Rand des Leitfähigkeitsbandes wandern. Auf Grund klassisch und quantenmechanisch durchgeführter Überschlagsrechnungen hat es sich nämlich gezeigt, daß die Wechselwirkung eines Elektrons mit dem Gitter wegen des großen Massenunterschiedes derart ist, daß für die Diffusion an den unteren Rand Zeiten erforderlich wären, die größenordnungsmäßig wesentlich über den experimentell gefundenen Zeiten liegen. Eine Deutung dieser Verhältnisse wurde von MÖGLICH und ROMPE gegeben. Danach muß neben der Wechselwirkung mit dem Gitter noch die Wechselwirkung der Elektronen untereinander („Plasmawechselwirkung") berücksichtigt werden. Diese Wechselwirkung besteht zwischen dem schnellen, in das obere Band gehobene Elektron und der Menge der langsamen, mit dem Gitter im Wärmegleichgewicht stehenden Elektronen. Sie bewirkt bei genügend hoher Elektronenkonzentration eine Bremsung des schnellen Elektrons. Wegen ihrer elektrischen Ladung ist der Wirkungsquerschnitt der Elektronen für eine gegenseitige Wechselwirkung sehr hoch. Durch diese Wechselwirkung wird also die Energie des schnellen Elektrons auf alle im Leitfähigkeitsband vorhandenen Elektronen aufgeteilt, die dann die so aufgenommene Energie an das Gitter übertragen. Auch der letztere Vorgang geht ziemlich rasch vor sich, da ja sehr viele Elektronen gleichzeitig daran beteiligt sind.

Ein weiterer Vorgang, der von MÖGLICH und ROMPE aufgeklärt werden konnte, betrifft die strahlungslosen Übergänge der angeregten Elektronen. Die bedeutsame Theorie, auf die wir hier kurz eingehen wollen, erklärt die praktisch gefundene Quantenausbeute, die unter 1 liegt, ferner die Erscheinungen der Ultrarotausleuchtung und -tilgung der Phosphoreszenz. Wie bekannt, kann man die Phosphoreszenz durch intensive Kühlung vollständig unterbinden („einfrieren"). Mit wachsender Temperatur nimmt die Nachleuchtdauer ab, die Helligkeit des Leuchtens zu, während die sogenannte „Lichtsumme" (= zeitliches Integral der Intensität) konstant bleibt. Der gleiche Effekt kann auch durch Ultraroteinstrahlung erzielt werden. Dabei wird offenbar die Ultrarotstrahlung von den Haftstellen absorbiert, wobei das gebundene Elektron wieder in das Leitfähigkeitsband gehoben wird und von dort unter Lichtemission zum Aktivatorterm übergehen kann.

Allerdings haben dabei Elektronen, die eine gewisse Energie (1–1,5 Volt) im oberen Band besitzen, eine erhebliche Wahrscheinlichkeit, strahlungslos in das untere Band zurückzukehren. Bei der Ultrarottilgung vollziehen sich diese Übergänge überhaupt nur noch strahlungslos. Tilgung wird auch noch durch weitere Temperatursteigerung erzielt. Es kommt dann zu keiner Phophoreszenz mehr (Auslöschung der Phosphoreszenz). Man könnte für die Tilgung die Einfachstöße verantwortlich machen, bei denen ein Elektron seine Energie an eine einzige Gitterschwingung überträgt. Es hat sich aber gezeigt, daß diese Vorgänge nicht ausreichen, um den strahlungslosen Übergang zu erklären.

Wenn man nun bei dem Ansatz für die Wechselwirkungen in dem Potential die Störungen in größerer Näherung berücksichtigt, ergeben sich Stöße, bei denen ein Elektron seine Energie gleichzeitig an mehrere Gitterschwingungen abgibt. Für die Wahrscheinlichkeit solcher Vielfachstöße W ergibt sich der Ausdruck:

$$W = \text{const.} \left(\frac{k\,T}{h}\right)^{\frac{\Delta E}{h\bar{\nu}}}.$$

Hierin sind $\bar{\nu}$ ein Mittelwert der an dem Stoß beteiligten Gitterfrequenzen, ΔE die Energiedifferenz zwischen Anfangs- und Endzustand und T die abs. Temperatur. Danach ist die Wahrscheinlichkeit der Vielfachstöße einer hohen Potenz der Temperatur proportional.

Die Theorie der „Vielfachstöße“ kann allerdings — wie gezeigt wurde (Adirowitsch) — nicht als Lösung der strahlungslosen Übergänge angesehen werden. Vielmehr erweist sich diese Theorie in ihren Grundlagen als falsch, weil hierbei die Voraussetzungen des Bändermodells gar nicht mehr erfüllt sind. Eine qualitative Behandlung der Bedingungen für strahlende und strahlungslose Elektronenübergänge ist von Mott und Gurney sowie von Seitz gegeben worden. Man betrachtet nach Seitz die Abhängigkeit der potentiellen Energie des Kristallgitters von einem Konfigurationsparameter, der die Verschiebung der Ionen kennzeichnet. Für verschiedene Elektronenzustände erhält man verschiedene Kurven für die potentielle Energie, deren Minima, die den Gleichgewichtskonfigurationen entsprechen, im allgemeinen nicht übereinstimmen. Es zeigt sich, daß zwei verschiedene Möglichkeiten in der gegenseitigen Lage der Potentialkurven gegeben sind. Im ersten Falle geht durch Absorption eines Lichtquants das Gitter in die Konfiguration des angeregten Zustandes über, von der aus ein strahlender Übergang unter Aussendung eines Lumineszenzquants möglich ist. Im zweiten Fall ist aber ein strahlender Übergang unmöglich, da das Gitter die Gleichgewichtskonfiguration des angeregten Zustandes gar nicht erreicht, sondern strahlungslos in die des Grundzustandes zurückkehrt. Über die quantitative Theorie der strahlungslosen Übergänge vergleiche man ADIROWITSCH.

Eine weitere kristallphysikalische Erscheinung soll hier noch Erwähnung finden, da sie über die Lumineszenzvorgänge hinaus an Bedeutung gewinnen dürfte. Es handelt sich dabei um eine Art Oberflächenaktivierung bei Kristallen, wie sie folgendes Beispiel typisch zeigt: Die in einem bestimmten Zeitintervall adsorbierte Menge gewisser Farbstoffe an ZnS wächst, wenn dieser Adsorptionsprozeß bei Bestrahlung verläuft. Dabei scheint auch der Einbau von Fremdatomen eine entscheidende Rolle zu spielen. Allgemein werden bei solchen Vorgängen zur Aktivierung von Reaktionen Energien an der Oberfläche frei gemacht, die erheblich größer sind als die thermodynamisch verfügbaren Mengen. Es muß daher angenommen werden, daß potentielle Energie aus dem Innern des Kristalls laufend an seine Oberfläche wandert und dort für die Aktivierung der Reaktion verbraucht wird (HEDVALLsche Störstellenwanderung).

MÖGLICH und ROMPE gehen in ihrer Deutung der Oberflächenaktivierung von der Tatsache aus, daß der energetische Zustand der Kristalloberfläche eine Singularität darstellt, die nicht immer vernachlässigt werden kann. Berücksichtigt man den Oberflächenzustand, so wird auch das Energiespektrum in charakteristischer Weise abgeändert, indem zu den Bändern, die sich nur unwesentlich modifizieren, noch neue Terme, die sog. Oberflächenterme, hinzugefügt werden. Die Oberflächenterme liegen energetisch teilweise in den verbotenen Zonen zwischen den erlaubten Energiebändern. Insbesondere stellt ein großer Teil der Anlagerungsstellen solche Oberflächenterme dar, die sowohl von äußeren als auch von „inneren" Oberflächen herrühren können. Nur dann aber kann von der Oberfläche für die Reaktionsauslösung Energie bereitgestellt werden, wenn sowohl einige Elektronen in den Termen unterhalb des Leitfähigkeitsbandes vorhanden sind als auch gleichzeitig einige Elektronen in den Termen oberhalb des Grundbandes fehlen. Diese Elektronenverteilung entspricht also nicht der, die zur Deutung der Lumineszenzvorgänge angenommen, sondern wie sie zur Erklärung der elektronischen Leitfähigkeit vorausgesetzt wurde (Abb. 80b und c, S. 248). Wenn nun durch irgendwelche Prozesse Energie an der Oberfläche abgeschöpft wird, so bedeutet das, daß die Elektronen, die unmittelbar unter dem Leitfähigkeitsband liegen, in die Terme oberhalb des Grundbandes übergehen. Wenn dann die Energienachlieferung aus dem Innern aufgehört hat (z. B. durch Beendigung der Einstrahlung), dann ist der ursprüngliche Zustand mangelnder Oberflächenenergie wieder hergestellt. Geht aber die Einstrahlung weiter, so gelangen dabei die Elektronen aus den Termen unmittelbar oberhalb des Grundbandes in das Leitfähigkeitsband und können unter Abgabe eines Teiles ihrer Energie an das Gitter in Oberflächenterme übergehen, die unmittelbar unter dem Leitfähigkeitsband liegen. Damit ist wieder der Zustand erhöhter Oberflächenenergie erreicht.

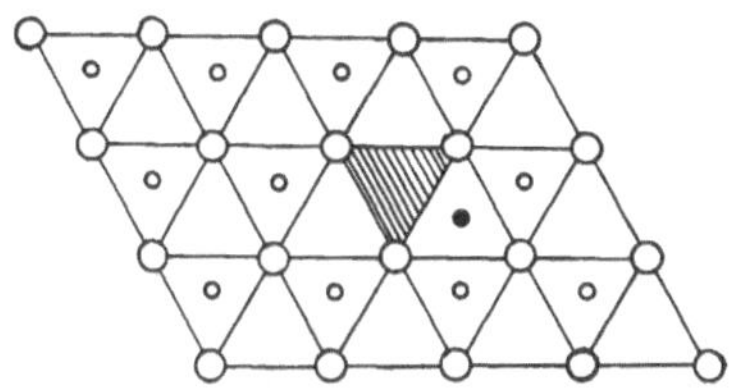

Abb. 82. Schematischer Aufbau eines Zinkblendegitters (große Kreise S, kleine Kreise Zn), im schraffierten Feld fehlt ein Zn-Atom, das an einem Zwischengitterplatz eingelagert ist (kleiner Vollkreis!)

Eine gittertheoretische Betrachtung der Lumineszenzprozesse wäre nicht vollständig, wenn nicht auch auf den kristallchemischen Aufbau der Leuchtstoffe eingegangen würde. Es ist sicher, daß ein völlig idealer, gar nicht gestörter Kristall keinerlei Lumineszenzfähigkeit aufweisen würde, wenn nicht etwa die Bausteine selbst an und für sich leuchtfähig sind. Lumineszenzfähigkeit tritt erst auf, wenn die Gitterperiodizität gestört ist. Meist handelt es sich dabei um eingelagerte Fremdatome, also um chemische Baufehler. Es kann aber auch ein stöchiometrischer Überschuß einer Komponente des Kristallgitters (z. B. Zn in ZnS) als Aktivator wirken. Nach Riehl sind die Phosphorogenatome beim Zinksulfid in den unbesetzten Zentren der Tetraeder von S-Atomen des ZnS-Gitters untergebracht (Abb. 21, S. 32). In Abb. 82 ist schematisch der Aufbau des Zinkblendegitters parallel (111) dargestellt. Dabei sind die S-Atome durch große Kreise, die Zn-Atome durch kleine Kreise angedeutet. Es ist nun durchaus möglich, daß ein Zn-Atom nicht auf seinem regulären Platz sitzt, sondern auf einem Zwischengitterplatz (Abb. 82). In solchem Falle stellt das Zn-Atom ein Phosphorogenatom dar. Es ist zu erwarten, daß auch die gitterfremden Phosphorogenatome zum Teil in diesen Zwischengitterplätzen untergebracht sind. Mit dieser Vorstellung ist die experimentelle Erfahrung durchaus im Einklang, daß ein Metallatom nicht als Phosphorogenatom wirksam sein kann, wenn sein Volumen eine bestimmte Grenze überschreitet (Regel von TIEDE und RIEHL).

Es existieren aber auch Fälle, bei denen ohne Zweifel das aktivierende Fremdstoffatom mischkristallartig in das Gitter eingebaut ist (z. B. Cr in Al_2O_3). Dabei tritt allerdings keine Phosphoreszenz, sondern nur Fluoreszenz auf. Demnach erscheint Einlagerung auf Zwischengitterplätzen für das Auftreten von Phosphoreszenz entscheidend zu sein, d. h., die Aktivatorterme sind durch die Einlagerungen auf Zwischengitterplätzen bedingt.

Man hat sich vielfach daran gewöhnt, neben der Phosphoreszenz noch eine weitere Lumineszenzart zu unterscheiden, die als Thermolumineszenz bezeichnet wird. Man versteht darunter das spontane Aufleuchten natürlicher Mineralien und künstlicher Kristallarten beim Erhitzen unterhalb der Glühtemperatur (STEINMETZ). Die meisten Phosphore strahlen ja die aufgespeicherte Lichtsumme bereits bei Zimmertemperatur aus. Bei einer Reihe von Substanzen erfolgt aber die Emission erst bei höheren Temperaturen. Diese Eigenschaft zeigen u. a. Kalkspat, Quarz, Fluorit, Apatit, Korund, Spinell. In dieser Hinsicht sind vor allem von STEINMETZ und Mitarbeitern umfangreiche Untersuchungen an thermolumineszenzfähigen Mineralien durchgeführt worden. Das Ziel dieser Untersuchungen war in erster Linie ein mineralogisches: Ermittlung der Abhängigkeit der Lumineszenz von der Art des Vorkommens der betreffenden Mineralarten. Dabei konnte allerdings keine generelle Beziehung zwischen Bildungstyp und Intensität der Lumineszenz gefunden werden.

Im Prinzip unterscheidet sich die Thermolumineszenz in keiner Weise von der Phosphoreszenz. Es besteht höchstens ein gradueller Unterschied insofern, als die Thermolumineszenz nennenswert erst bei höheren Temperaturen auftritt oder – wie man auch sagen kann – daß die Phosphoreszenzbanden der thermolumineszierenden Stoffe eine „hohe Temperaturlage" haben. Auch die Tatsache, daß bei den Mineralien die Erregung der Thermolumineszenz nicht durch Licht oder Ultraviolett erfolgen konnte, beweist nicht, daß es sich um eine prinzipiell andere Erscheinung als eben um Phosphoreszenz handelt. Fluorite z. B. zeigen auch dann Thermolumineszenz, wenn sie nie ans Licht gelangt sind. Man nimmt an, daß bei diesen Fluoriten die Erregung entweder durch ihren schwachen Gehalt an radioaktiven Elementen oder durch radioaktive Strahlung der Umgebung bedingt ist.

Es ist nicht verwunderlich, daß das Energiebändermodell der Elektronen nicht ausreicht, um alle Lumineszenz- und Leitereigenschaften der Kristalle restlos zu erfassen. Man muß sich darüber im klaren sein, daß dieses Modell nur ein sehr schematisiertes Bild vom Verhalten der Elektronen im Gitter gibt. Eine wesentliche Schwäche des Bändermodells liegt zum Beispiel darin, daß es die angeregten Zustände übersieht, in denen eine nicht mit einer Leitfähigkeit verbundene Energieübertragung im Kristall möglich wird (Adirowitsch). Wenn ein Atom oder Ion in einem Kristall angeregt wird, so wird im allgemeinen der angeregte Zustand nicht am ursprünglichen Atom lokalisiert bleiben, vielmehr wird sich die Anregung durch elektrostatische oder elektromagnetische Kupplung auf benachbarte Bausteine übertragen. Demnach wird sich der Erregungszustand durch das Kristallgitter bewegen. Man nennt solche Anregungswellen *Exzitonen*. Es muß betont werden, daß dabei ein Energietransport erfolgt, ohne daß es insgesamt zu einer Ladungsverschiebung kommt. Ein etwas problematischer Versuch ist es, das Exziton als gekoppeltes Paar von Elektron und Elektronenloch (Defektelektron) zu deuten, das durch die gegenseitige Anziehung zusammengehalten wird und das Gitter durchwandert.

6. Zwillingsbildung

Eine für die Kristallographie ungemein spezifische und charakteristische Eigentümlichkeit ist die Erscheinung der Zwillingsbildung. Es handelt sich dabei um gesetzmäßige Verwachsungen zweier gleichartiger Kristallindividuen. Ist eine solche Verwachsung derart, daß alle entsprechenden Kanten und Flächen der beiden Individuen parallel laufen, so spricht man von „Parallelverwachsung". Verlaufen bei beiden Kristallindividuen nur ein Teil der Kanten bzw. Flächen parallel, so bezeichnet man eine derartige Verwachsung dann als „Zwillingsbildung", wenn diese Kristallgruppe durch ein verhältnismäßig häufiges Vorkommen als nicht zufällige Bildung zu erkennen ist. In den meisten Fällen lassen sich Kristallzwillinge auf folgende zwei Typen zurückführen:

1. Die beiden Zwillingsindividuen liegen spiegelbildlich zueinander in bezug auf eine Kristallfläche, die man als „Zwillingsebene" bezeichnet.

2. Die beiden Zwillingsindividuen sind um eine kristallographische Richtung um 180° gegeneinander verdreht. Diese gemeinsame Richtung (Kante) bezeichnet man als „Zwillingsachse".

Offenbar sind die Kristallgitter zweier Zwillingsindividuen in ihrer gegenseitigen Orientierung nicht parallel. Während bei einem einheitlichen Kristall das Gitter über den gesamten Kristallbereich homogen bleibt, wird beim Zwilling im allgemeinen nur eine Gittergerade oder eine Netzebene über die Zwillingsgrenze hinaus homogen bleiben. Nach FRIEDEL unterscheidet man hinsichtlich der strukturellen Zusammenhänge zwei Gruppen von Zwillingen: die meroedrischen und die pseudomeroedrischen Zwillinge. Bei den meroedrischen Zwillingen bleibt das Translationsgitter über die Zwillingsebene hinaus homogen. Dazu rechnet man auch solche Zwillinge, bei denen ein (nicht alle identischen Punkte umfassendes) multiples Gitter über die Zwillingsgrenze hinaus wirklich homogen bleibt. Wird das einfache Gitter oder ein multiples Gitter nicht genau homogen (pseudohomogen) über die Zwillingsgrenze hinaus fortgesetzt, so spricht man von einem pseudomeroedrischen Zwilling. Wie man sich eine meroedrische Zwillingsbildung mit einfachem homogenem Gitter vorstellen kann, soll die schematische Darstellung Abb. 83 erläutern. Wir erkennen aus dieser Abbildung, daß sich das (zweidimensionale) Translationsgitter (Gitter der Leerkreise) homogen über die Zwillingsebene $x-x$ hinaus erstreckt. Dadurch, daß in dem dargestellten Beispiel ein zweites Translationsgitter eingezeichnet ist (Gitter der Vollkreise), wird die Symmetrie des zusammengesetzten Gitters erniedrigt. Auf diese Weise kann

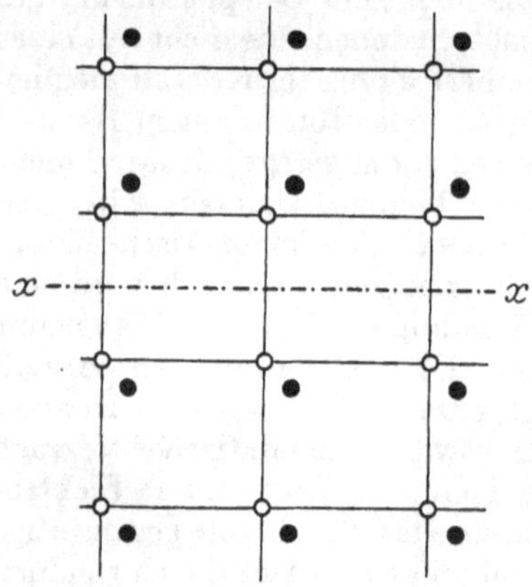

Abb. 83. Meroedrische Zwillingsbildung, einfacher Fall

die Ebene $x - x$ Zwillingsebene werden, die im einfachen Translationsgitter tatsächlich auch Symmetrieebene ist. In Abbildung 84 ist eine meroedrische Zwillingsbildung höherer Ordnung angedeutet. In diesem Falle bleibt nur ein multiples Gitter auch über die Zwillingsgrenze hinaus homogen.

Die Deutung der Zwillingsbildung, die naturgemäß vom rein geometrischen Standpunkt aus recht einfach aussieht, wird wesent-

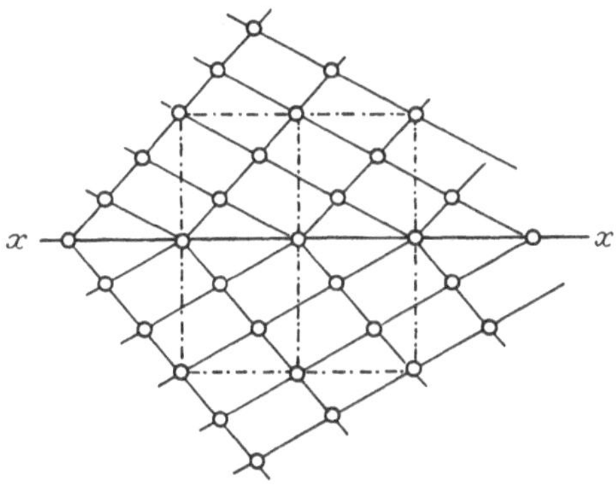

Abb. 84. Meroedrische Zwillingsbildung höherer Ordnung

lich undurchsichtiger, wenn man diese Erscheinung nun auch in physikalischer Hinsicht näher untersuchen will. Die Schwierigkeiten treten vor allem in der physikalischen Ausdeutung der Grenzschichten zwischen den Zwillingsindividuen auf. Schon einfache geometrische Betrachtungen zeigen uns, daß innerhalb der Grenzschicht kein idealer Gitteraufbau vorliegen kann. Zur restlosen Klärung der Natur der Zwillingsbildung genügen offenbar strukturgeometrische Betrachtungen allein nicht.

Daß chemische Baufehler bei der Zwillingsbildung eine maßgebliche Rolle spielen, ist schon mehrfach vermutet und auch durch das Experiment weitgehend bestätigt worden. So wurden bei Kristallen, wie z. B. NaCl und KCl, die im allgemeinen praktisch keine Zwillinge bilden, dann beim Auskristallisieren aus wäßriger Lösung Zwillinge beobachtet, wenn der Lösung Fremdionen zugesetzt waren. NaCl ergab Zwillinge bei Auskristallisation in Gegenwart von $MnCl_2$, $CaCl_2$ und $CoCl_2$. KCl zeigte Zwillinge in Gegenwart von $PbCl_2$, $SrCl_2$, NaCl und $KClO_3$ (LÖFFLER). Somit stellt einwandfrei die Fähigkeit und Möglichkeit der Zwillingsbildung eine störungsempfindliche Eigenschaft dar.

Interessante experimentelle und theoretische Ergebnisse im Zusammenhang mit Untersuchungen an aufgedampften, dünnen Kristallschichten sind von LÜDEMANN gewonnen worden. Es wurden Alkalihalogenidschichten vom NaCl-Typus auf Einkristallunterlagen derselben Verbindung aufgedampft und mit Hilfe von Elektroneninterferenzen analysiert. Dabei zeigte sich, daß die Unterlage

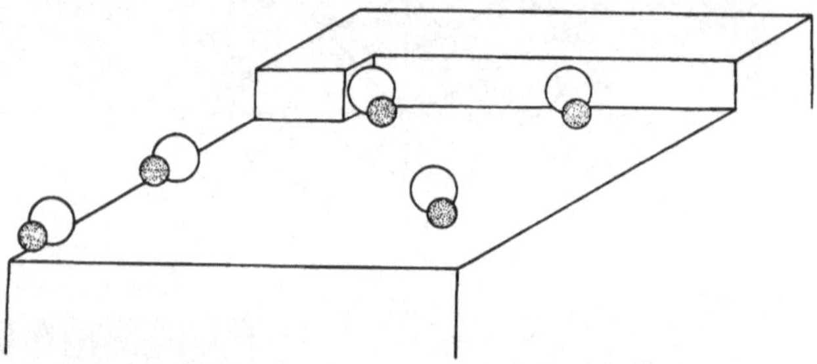

Abb. 85. Anlagerungsmöglichkeiten von NaCl-Molekeln an verschiedenen Plätzen des idealen Gitterblocks (nach LÜDEMANN)

nicht ungestört weiterwächst, sondern daß bereits in dünnsten Schichten (≤ 10 Å) neben Kristalliten mit Parallelorientierung zur Unterlage noch solche in Zwillingsstellung auftreten. Das Zwillingsgesetz ist stets (111) als Zwillingsebene. Beim Aufwachsen auf fremden Unterlagen (andere Alkalihalogenide) ist die Zwillingsbildung erst dann nachweisbar, wenn die mittlere Dicke der Aufdampfschicht mehrere 10 Å oder sogar einige 100 Å beträgt.

Außerdem ist die Tendenz zur Zwillingsbildung temperaturabhängig: Beim Aufwachsen auf einer arteigenen Unterlage treten oberhalb einer für die betreffende Kristallart charakteristischen Temperatur keine Zwillinge mehr auf.

Lediglich unter Berücksichtigung der COULOMBschen Anteile werden die Anlagerungsenergien für verschiedene Plätze und Stellungen der NaCl-Molekeln berechnet (Abb. 85). In der Zwillingsstellung liegt das negative Ion der Dampfmolekel senkrecht über einem positiven der Unterlage, während das positive Ion der Dampfmolekel zwei benachbarte negative Ionen der Unterlage berührt (Abb. 86). Der Vergleich der berechneten Werte unter Berücksichtigung der Idealstruktur der Unterlage zeigt, daß alle Anlagerungsmöglichkeiten in Zwillingsstellungen gegenüber der Normallage energetisch erheblich ungünstiger sind. Damit scheidet der Idealkristall als Unterlage bei dem betrachteten Modell völlig aus.

Unter der Annahme, daß eine Lücke in der Oberfläche der Unterlage vorhanden ist, ergeben sich größere Anlagerungsenergien für

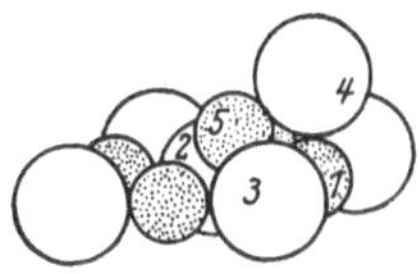

Abb. 86. Zwillingslage einer NaCl-Molekel. Die Molekel 4—5 befindet sich in Zwillingssellung nach (1 1 1) gegenüber der Unterlage (nach LÜDEMANN)

die Zwillingsstellung als für die Normalstellung. Jedoch werden die Anlagerungsenergien für die nachfolgenden Molekel in Normallage günstiger, so daß der Zwilling nicht weiterwachsen kann. Erst wenn man annimmt, daß auf den Spaltflächen Stufen oder Risse parallel (110) vorhanden sind, errechnen sich Anlagerungsenergien, die auch für die nachfolgenden Molekel für die Zwillingslage (in bezug auf den Trägerkristall) günstiger sind als für die Normallage.

Durch die Untersuchungen von LÜDEMANN ist zum erstenmal auch theoretisch die Störungsempfindlichkeit der Zwillingsbildung nachgewiesen. Es ist damit insbesondere gezeigt worden, daß nicht nur die Zwillingsgrenzschichten einen ausgesprochenen Realbau besitzen, sondern daß die Anlagerung in Zwillingsstellung selbst schon die Präexistenz von Baufehlern an der Oberfläche der arteigenen Unterlage voraussetzt.

Literatur

Das Schrifttum, von dem hier nur die wichtigsten und grundlegenden Werke und Veröffentlichungen angeführt sind, wurde nach Kapiteln geordnet. Das Verzeichnis soll dazu dienen, dem Leser das Eindringen in ihn besonders interessierende Spezialgebiete zu erleichtern. Weiteres Schrifttum ergibt sich aus den zitierten Arbeiten.

I. Der Gitteraufbau der kristallisierten Materie

1. Geometrie der Kristallgitter

NIGGLI, PAUL, Geometrische Kristallographie des Diskontinuums. Leipzig 1919.

—, Lehrbuch der Mineralogie und Kristallchemie. I. Berlin, 3. Aufl. 1941.

VON WOLFF, F., Einführung in die Kristallstrukturlehre. Leipzig 1928.

BRANDENBERGER, E., Angewandte Kristallstrukturlehre. Berlin 1938.

CORRENS, CARL W., Einführung in die Mineralogie. Berlin 1949.

ESKOLA, P., Kristalle und Gesteine. Wien 1946.

MACHATSCHKI, F., Grundlagen der allgemeinen Mineralogie und Kristallchemie. Wien 1946.

BUERGER, M. J., Elementary Crystallography. New York-London 1956.

KLEBER, W., Einführung in die Kristallographie. 3. Aufl. Berlin 1959.

2. Die wichtigsten Methoden der Kristallstrukturbestimmung

EWALD, P. P., Kristalle und Röntgenstrahlen. Berlin 1923.

MARK, HERMANN, Die Verwendung der Röntgenstrahlen in Chemie und Technik. Leipzig 1926.

OTT, H., Strukturbestimmung mit Röntgeninterferenzen. Handb. d. Experimentalphysik 7, 2. Leipzig 1928.

SCHIEBOLD, E., Methoden der Kristallstrukturbestimmung mit Röntgenstrahlen. I. LAUE-Methode. Leipzig 1932.

GLOCKER, RICHARD, Materialprüfung mit Röntgenstrahlen. 4. Aufl. Berlin-Göttingen-Heidelberg 1958.

BIJVOET, J. M., N. H. KOLKMEIJER und C. H. MACGILLAVRY, Röntgenanalyse von Kristallen. Berlin 1940. X-Ray Analysis of Crystals. London 1951.

KLEBER, W., Die Grundlagen der Kristallstrukturuntersuchung und ihre Aufgaben in der Technik. Bonn 1946.

International Tables for X-Ray Crystallography. Birmingham 1952.

Handbuch der Physik, Bd. XXXII. Strukturforschung. Berlin-Göttingen-Heidelberg 1957.

BRAGG, W. L., The Crystalline State I. General Theory. London 1949.
JAMES, R. W., The Optical Principles of the Diffraction of X-Rays. (The Crystalline State II.) London 1948.
LIPSON, H., und W. COCHRAN, The Determination of Crystal Structures. (The Crystalline State III.) London 1953.
LONSDALE, K., Crystals and X-Rays. London 1948.
BUEGRER, M. J., X-Ray Crystallography. New York 1949.
HENRY, N. F. M., H. LIPSON und W. A. WOOSTER, The Interpretation of X-Ray Diffraction Photographs. London 1953.
KLUG, H. P., und L. E. ALEXANDER, X-Ray Diffraction Procedures. London 1954.

3. Einfache Strukturtypen

a) Allgemeine Bauprinzipien

LAVES, F., Die Bauzusammenhänge innerhalb der Kristallstrukturen, I., II. Z. Krist. **73**, 202, 275 (1930).

b) Beschreibung einiger wichtiger anorganischer Strukturen

EWALD, P. P., und C. HERMANN, Strukturbericht 1913—1918. Leipzig 1931.
MACHATSCHKI, F., Kristallchemie der Silikate. Geol. Fören. Stockholm Förhandl. **54**, 447 (1932).
—, Silikate, Konstitution. Handwörterb. Naturwiss. **9**, 1 (1934).
STRUNZ, H., Mineralogische Tabellen. 3. Aufl. Leipzig 1957.

Die Physik der idealen Kristallgitter

A. Die physikalisch-chemischen Eigenschaften

1. Die Bausteine der Kristallgitter und deren Bindung

a) Die kristallchemischen Bindungskräfte

HEDVALL, J. ARVID, Reaktionsfähigkeit fester Stoffe. Leipzig 1938.
GRIMM, H. G., R. BRILL, C. HERMANN und CL. PETERS, Studien über chemische Bindung mittels FOURIER-Analyse, I., II. Die Naturwiss. **26**, 29, 479 (1938).
EVANS, R. C., An introduction to crystal chemistry. Cambridge 1939. Einführung in die Kristallchemie (ins Deutsche übertragen von E. THILO) Leipzig 1954.
HILLER, JOHANNES-E., Grundriß der Kristallchemie. Berlin 1952.
WELLS, A. F., Structural Inorganic Chemistry. 2. Aufl. Oxford 1950.
PAULING, LINUS, The Nature of the Chemical Bond. Ithaca 1948.
COULSON, C. A., Valence. Oxford 1952.
WINKLER, H. G. F., Struktur und Eigenschaften der Kristalle. 2. Aufl. Berlin-Göttingen-Heidelberg 1955.

BARRETT, CHARLES S., Structure of Metals. 2. Aufl. London 1953.
HALLA, FRANZ, Kristallchemie und Kristallphysik metallischer Werkstoffe. 3. Aufl. 1957.
HUME-ROTHERY, W., und G. V. RAYNOR, The Structure of Metals and Alloys. 3. Aufl. London 1954.
COTTRELL, A. H., Theoretical Structural Metallurgy. 2. Aufl. London 1957.
KREBS, H., Der Einfluß homöopolarer Bindungsanteile auf die Struktur anorganischer Salze. Z. anorg. allg. Chemie **278**, 82 (1955).
—, Der Einfluß homöopolarer Bindungsanteile auf die Struktur anorganischer Salze. II. Halbleiter und legierungsartige Phasen. Acta Cryst. **9**, 95 (1956).
—, — III. Verbindungen der Halbmetalle. Z. Elektrochem. **61**, 925 (1957).
—, Anorganische Hochpolymere. Angew. Chem. **70**, 615 (1958).
SCHOTT, G., Die Hybridisierung und ihr Einfluß auf Valenz und Struktur. Tagungsber. Chem. Ges. DDR 48 (1956).

b) Gitterenergie

BORN, MAX, Atomtheorie des festen Zustandes. 2. Aufl. Leipzig-Berlin 1923.
HERZFELD, K. F., Gittertheorie der festen Körper. Handb. d. Experimentalphysik **7**, 2. Leipzig 1928.
BORN, M., und KUN HUANG, Dynamical Theory of Crystal Lattices. Oxford 1954.

c) Die Größenbeziehungen der Kristallbausteine

GOLDSCHMIDT, V. M., Geochemische Verteilungsgesetze der Elemente. Kristiania 1923.
—, Kristallchemie. Handwörterb. Naturwiss. **5**, 1128 (1934).
HASSEL, O., Kristallchemie. Dresden und Leipzig 1934.
LAVES, F., Kristallographie der Legierungen. Die Naturwiss. **27**, 65 (1939).
DEHLINGER, U., und G. E. R. SCHULZE, Kristallchemie der Verbindungen vom Typ $MgCu_2$ und $MgZn_2$. Z. Krist. **102**, 377 (1940).
LAVES, F., und H. J. WALLBAUM, Über den Einfluß geometrischer Faktoren auf die stöchiometrische Formel metallischer Verbindungen, gezeigt an der Kristallstruktur des KNa_2. Z. anorg. allg. Chemie **250**, 110 (1942).
Vgl. ferner HILLER, EVANS, PAULING, WELLS, siehe oben.

2. Polymorphie, Isotypie und Isomorphie

LEONHARDT, J., und W. BORCHERT, Gitterbeschaffenheit und Wachstum im Umschlagsgebiet polymorpher Substanzen, speziell vom Kaliumnitrat. Naturwiss. **24**, 412 (1936).
MACHATSCHKI, F., Isomorphie und Mischkristallbildung. Geol. Fören, Stockholm. Förenhandl. **54**, 319 (1932).

STACKELBERG, M. v., und K. F. CHUDOBA, Dichte und Struktur des Zirkons II. Z. Krist. **97**, 252 (1937).
FAESSLER, A., Untersuchungen zum Problem des metamikten Zustandes. Z. Krist. **104**, 81 (1942).
LANGE, HERMANN, Rekristallisationsversuche an autoisotropisierten Mineralien. Diss. Bonn 1944.
KLEBER, W., und O. VERWORNER, Über Kristallisation und Epitaxie von Kaliumnitrat. Z. Krist. **111**, 435 (1959).
BAUMHAUER, H., Über die Krystalle des Carborundums. Z. Krist. **50**, 33 (1911).
—, Über die verschiedenen Modifikationen des Caborundums und die Erscheinung der Polytypie. Z. Krist. **55**, 249 (1915).
VERMA, A. R., Crystal Growth and Dislocations. London 1953.
MITCHELL, R. S., Screw Dislocations and Polytypes of Silicium Carbide. Z. Krist. **109**, 1 (1957).
DEHLINGER, U., Umwandlungen und Ausscheidungen im kristallinen Zustand. Handb. Physik VII/2. Kristallphysik II. Berlin-Göttingen-Heidelberg, 211—253. 1958.
Vgl. ferner HALLA, GOLDSCHMIDT, HEDVALL, LAVES, NIGGLI, STRUNZ, siehe oben.

3. Diffusion und Platzwechselvorgänge

CICHOCKI, JEAN, Etude théorique de la diffusion des solides. Journ. Phys. et le Radium **7** (7), 420 (1936).

4. Grenzflächenvorgänge

a) Aufbau und Abbau der Kristallgitter

KOSSEL, W., Zur Theorie des Kristallwachstums. Nachr. Ges. Wiss. Göttingen, Math. phys. Kl. 1927, 135.
—, Reziprozitätssatz beim Kristallwachstum. Probleme der modernen Physik. (A. SOMMERFELDT-Festschrift.) Leipzig 1928, 215.
KOSSEL, W., Über Kristallwachstum. Naturwiss. **18**, 901 (1930).
STRANSKI, I. N., Zur Theorie des Kristallwachstums. Z. phys. Chem. A **136**, 259 (1928).
—, Wachstum und Auflösung der Kristalle vom NaCl-Typ. Z. phys. Chem. B **17**, 127 (1932).
STRANSKI, I. N., und R. KAISCHEW, Gleichgewichtsformen homöopolarer Kristalle. Z. Krist. **78**, 373 (1931).
— —, Gleichgewichtsform und Wachstumsform der Kristalle. Ann. Phys. **23**, (5), 330 (1935).
STRANSKI, I. N., R. KAISCHEW und L. KRASTANOW, Beitrag zur Frage der Gleichgewichtsform homöopolarer Kristalle. Z. Krist. **88**, 325 (1934).

BRADISTILOV, G., und I. N. STRANSKI, Über die Gleichgewichtsform des Fluoritkristalls. Z. Krist. **103**, 1 (1940).

KLEBER, W., Die strukturtheoretische Diskussion kristallmorphologischer Fragen. Fortschr. Min. **21**, 169 (1937).

—, Gitterenergie und Ionenanlagerung beim heteropolaren Gitter vom CsCl-Typ. Zbl. Min. A 1938, 353.

STRAUMANIS, M., Das Wachstum von Metallkristallen im Metalldampf. Z. phys. Chem. B **19**, 63 (1932); **26**, 246 (1934); **30**, 132 (1935).

KAISCHEW, R., L. KEREMIDTSCHIEW und I. N. STRANSKI, Über Wachstumsvorgänge an Kadmium- und Zinkkristallen und deren Bedeutung für die Ermittlung der zwischen den Gitteratomen wirksamen Kräfte. Z. Metallkde. **34**, 201 (1942).

STRAUMANIS, M., Die neuesten Kristallwachstumstheorien u. der Versuch. Wiener Chemiker-Ztg. **46** (1943).

NEUHAUS, A., Messungen von geometrischen Verschiebungsgeschwindigkeiten am NaCl und deren Abhängigkeit von Begrenzungsart, Konzentration und Lösungsgenossen. Z. Krist. **68**, 15 (1928).

STRANSKI, I. N., und R. KAISCHEW, Über den Mechanismus des Gleichgewichts kleiner Kriställchen. Z. phys. Chem. B **26**, 100 (1934).

— —, Kristallwachstum und Kristallkeimbildung. Phys. Z. **36**, 393 (1935).

HONIGMANN, B., Gleichgewichts- und Wachstumsformen von Kristallen. Darmstadt 1958.

b) Oberflächendiffusion

VOLMER, MAX, Kinetik der Phasenbildung. Dresden und Leipzig 1939.

BADER, H., und P. NIGGLI, Mineralogische und strukturelle Charakterisierung des Schnees und seiner Metamorphose. (Aus „Geologie der Schweiz — Geotechnische Serie — Hydrologie". Lieferung 3: Der Schnee und seine Metamorphose. I—XXIII. 1—61.)

SCHMIDT, RICHARD W., Über Wachstums- und Abbauformen von Wolframkristallen, insbesondere über den Gleichstromeffekt. Z. Phys. **120**, 69—85 (1942).

KLEBER, W., Bemerkungen zum Problem der Bildung von Kristallskeletten. N. Jb. Min. Monatshefte. 1943. A. 106—127.

HILLE, M., H. RAU und J. SCHLIPF, Über die kristallographische Orientierung von Salzkristallen. Z. Elektrochem. **63**, 283 (1959).

SCHLIPF, J., Zur Kinetik des dendritischen Kristallwachstums. Fortschr. Min. **38**, 74 (1960).

c) Grenzflächenreaktionen

FISCHBECK, K., Reaktionsgeschwindigkeit in heterogenen Systemen (unter besonderer Berücksichtigung des Umsatzes mit festen Körpern). Der Chemie-Ingenieur **3**, 1, Kap. IIb. Leipzig 1937, 242.

WOLF, K. L., Physik und Chemie der Grenzflächen. I. Berlin-Göttingen-Heidelberg 1957.

GREGG, S. J., Oberflächenchemie fester Stoffe. Berlin 1958.

KLEBER, W., Zum Mechanismus der Einkristallätzung mit optisch-aktiven Säuren. Zbl. Min. 1 A 938, 294.

—, Zur Deutung der mit optisch-aktiven Säuren erzeugten Ätzerscheinungen. Z. Krist. **102**, 455 (1940).

MAHL, H., und I. N. STRANSKI, Über Ätzfiguren an Al-Kristalloberflächen. I. Z. phys. Chem. (B) **51**, 319 (1942).

STRAUMANIS, M., Zur Theorie der Metallauflösung. VII. Auflösungsgeschwindigkeit und Abbau des Aluminiumgitters, nach I. N. STRANSKI, Korrosion u. Metallschutz **19**, 157 (1943).

KLEBER, W., Zur topochemischen Adsorptionstheorie der Einkristall-Ätzung. Z. Elektrochem. **62**, 587 (1958).

GRUBITSCH, H., Chemische und elektrochemische Korrosion. Z. Metallkunde **47**, 184 (1956).

KNACKE, O., und I. N. STRANSKI, Kristalltracht und Adsorption. Z. Elektrochem. **60**, 816 (1956).

KLEBER, W., Zur Adsorptionstheorie der Exomorphose. Z. Krist. **109**, 115 (1957).

—, Über Adsorption und Epitaxie. Fortschr. Min. **36**, 38 (1958).

BLIZNAKOW, G., Die Kristalltracht und die Adsorption fremder Beimischungen. Fortschr. Min. **36**, 149 (1958).

HONIGMANN, B., Gleichgewichts- und Wachstumsformen von Kristallen. Darmstadt 1958.

KLEBER, W., Ein Beitrag zum Cupritproblem. N. Jb. Min. Monatshefte A 241 (1944).

—, Über nicht strukturbedingte Enantiomorphie bei Kristallen. Die Naturwiss. **32**, 77 (1944).

KLEBER, W., Über Hypomorphie. Wiss. Z. Humboldt-Univ. Berlin, Math.-Nat. R. **5**, 1 (1955/56).

KLEBER, W., Zur Genese der Hyper- und Hypomorphie. Acta Cryst. **10**, 846 (1957).

VON PHILIPSBORN, H., und R. FREIIN VON HODENBERG, Der Universaldrehtisch als Instrument zum Vermessen sehr kleiner Kristalle (8—10 μ). Bestimmung der Kristallformen des Whewellits bei „pseudotetraedrischer" Ausbildung. Z. Krist. **111**, 2 (1959).

B. Die physikalischen Eigenschaften der Kristalle

1. Mechanische Eigenschaften

SCHMID, E., und W. BOAS, Kristallplastizität. Berlin 1935.

WOOSTER, W. A., A text-book on crystal physics. Cambridge Univ. Press. 1938.

HALLA, FRANZ, Kristallchemie und Kristallphysik metallischer Werkstoffe. 3. Aufl. Leipzig 1957.

EWALD, P. P., Der mechanische Aufbau des festen Körpers in atomistischer Betrachtung. MÜLLER-POUILLETS Handb. d. Phys. 11. Aufl. **1** (2), 925 (1929).

WARREN, B. E., The structure of tremolite $H_2Ca_2Mg_5(SiO_3)_8$. Z. Krist. **72**, 42 (1929).

KOCHENDÖRFER, ALBERT, Plastische Eigenschaften von Kristallen und metallischen Werkstoffen. Berlin 1941.

HOUWINK, R., Chemie und Technologie der Kunststoffe. Leipzig 1939.

SEIFERT, H., Über die strukturelle Bedeutung der Gleitelemente in Ionengittern und verwandten Strukturen. Z. Krist. **106**, 80 (1945).

SEITZ, F., The Modern Theory of Solids. New York-London 1940.

KITTEL, Ch., Introduction to Solid State Physics. London 1954.

ZWIKKER, C., Physical Properties of Solid Materials. London 1954.

SEITZ, F., und D. TURNBULL, Solid State Physics. I., II., III. New York 1955, 1956.

NYE, J. F., Physical Properties of Crystals. Oxford 1957.

DEKKER, A. D., Solid State Physics. Englewood Cliffs, N. J. 1958.

Handbuch der Physik. VII. Kristallphsik I. II. Berlin-Göttingen-Heidelberg 1955, 1958.

Vgl. ferner HERZFELD, BORN, GOLDSCHMIDT, siehe oben.

2. Thermische Eigenschaften

FERMI, E., Moleküle und Kristalle, Leipzig 1938.

BRAUNBECK, WERNER, Zur Gitterdynamik des Schmelzvorganges. Z. Phys. **38**, 549 (1926).

DEBYE, P., Zur Theorie der spezifischen Wärmen. Ann. Phys. **39** (4), 789 (1912).

KLEMM, WILHELM, Über die Bestimmung der Wärmeausdehnung luftempfindlicher kristallisierter Salze. Z. Elektrochem. **34**, 523 (1928).

MEGAW, H. D., The thermal expansion of crystals in relation to their structure. Z. Krist. **100**, 58 (1939).

v. KÁRMÁN, Th., Wärmeausgleich in Krystallen im Lichte der Quantenmechanik. Die Naturwiss. **17**, 386 (1929).

Vgl. ferner WOOSTER, HERZFELD, siehe oben.

3. Optische Eigenschaften

BUCHWALD, EBERHARD, Einführung in die Kristalloptik. 3. Aufl. (Sammlung Göschen Nr. 619). Berlin 1937.

EWALD, P. P., Zur Begründung der Kristalloptik. Ann. Phys. **49** (4), 1, 117 (1916).

HYLLERAAS, E., Die Anordnung der Atome in den tetragonalen Kristallen Hg_2Cl_2, Hg_2Br_2, Hg_2J_2 und Berechnung der optischen Doppelbrechung von Hg_2Cl_2. Phys. Z. **26**, 811 (1925).

FAIRBAIRN, H. W., Packing in ionic minerals. Bull. Geol. Soc. Amer. **54**, 1305 (1943).

SZIVESSY, G., Neuere Untersuchungen über die optischen Erscheinungen bei aktiven Kristallen. Fortschr. Min. **21**, 111 (1937).

KUHN, WERNER, Das Problem der absoluten Konfiguration optisch-aktiver Stoffe. Naturwiss. **26**, 289, 305 (1938).

GERLACH, WALTHER, Ramanspektra von kristallisierten und gelösten Nitratsalzen. Ann. Phys. **5** (5), 196 (1930).

RAMACHANDRAN, G. N., Theory of optical activity of crystals. I., II. Proc. Indian Acad. Sci. **33**, A 217—227, 309—315 (1951).

DE VRIES, A., Determination of the Absolute Configuration of α-Quarz. Nature 1193 (1958).

Vgl. ferner WOOSTER, MACHATSCHKI, FERMI, siehe oben.

4. Elektrische Eigenschaften

BERGMANN, L., Schwingende Kristalle. Leipzig-Berlin 1937.

—, Der Ultraschall und seine Anwendung in Wissenschaft und Technik. Berlin 1942.

CADY, W. G., Piezoelectricity. New York-London 1946.

MEISSNER, A., Über piezoelektrische Kristalle bei Hochfrequenz. Z. techn. Phys. **7**, 585 (1926).

—, Untersuchung über Pyro- und Piezoelektrizität. Die Naturwiss. **17**, 25 (1929).

LAVAL, J., Élasticité des cristaux. C. R. Acad. Sci. Paris **232**, 1947 1(951).

LE CORRE, YVES, Étude de l'élasticité et de la piézoélectricité cristallines. Bull. Soc. Franç. Miner. Crist. **77**, 1363 (1954).

„Piezoelectricity" Post Office Research Station. London 1957.

KLEBER, W., Dielektrisches Verhalten und Struktur der Kristalle. Heidelberger Beiträge zur Min. Petr. **3**, 1—8 (1952).

MEGAW, H. D., Ferroelectricity in crystals. London 1957.

SACHSE, H., Ferroelektrika. München 1956.

SCHEIBE, ADOLF, Piezoelektrizität des Quarzes. Dresden und Leipzig 1938.

Vgl. ferner HERZFELD, BORN, WOOSTER, KITTEL, siehe oben.

5. Magnetische Eigenschaften

KITTEL, CH., Physical theory of ferromagnetic domains. Rev. Modern Phys. **21**, 541—583 (1949).

PIETY, R. G., Ferromagnetic anisotropy of iron crystals at various temperatures. Phys. Rev. **50**, 1173—1177 (1936).

Vgl. ferner KITTEL, DEKKER, SEITZ u. TURNBULL, siehe oben.

III. Die Realstruktur der Kristalle und ihre physikalische Bedeutung

1. Vorbemerkungen

SMEKAL, A., Strukturempfindliche Eigenschaften der Kristalle. Handb. d. Phys. **24** (2), 795 (1933).

—, Zur Theorie der Realkristalle. Z. Krist. **89**, 385 (1934).

KLEBER, W., Über die Realstruktur der Kristalle. Decheniana. Festschrift **101** AB, 39 (1942).

GRAF, L., Zum Gefügeaufbau der Realkristalle: Die Ausbildung der Mosaikstruktur in gegossenem, plastisch verformtem und rekristallisiertem Material. Z. Phys. **121**, 73 (1943).

LAVES, F., Übergang zwischen Ordnung und Unordnung in Ionenkristallen. Z. Elektrochem. **45**, 2 (1939).

SEEGER, A., Theorie der Gitterfehlstellen. Handb. d. Physik VII/1. Kristallphysik I. Berlin-Göttingen-Heidelberg 1955, 383—665.

2. Festigkeit und Plastizität

OROWAN, E., Die mechanischen Festigkeitseigenschaften und die Realstruktur der Kristalle. Z. Krist. **89**, 327 (1934).

TAYLOR, G. I., A theory of the plasticity of crystals. Z. Krist. **89**, 375 (1934).

TERTSCH, H., Die Festigkeitserscheinungen der Kristalle. Wien 1949.

SEEGER, A., Kristallplastizität. Handb. Phys. VII/2. Kristallphysik II. Berlin-Göttingen-Heidelberg 1958, 1—210.

SHOCKLEY, W., Imperfections in nearly perfect crystals. New York-London 1952.

READ, JR. W. T., Dislocations in Crystals. London 1953.

FRIEDEL, J., Les Dislocations. Paris 1956.

FISHER, J. C., W. G. JOHNSTON, R. THOMSON, T. VREELAND JR., Dislocations and mechanical properties of crystals. New York-London 1957.

MASING, G., Lehrbuch der allgemeinen Metallkunde. Berlin-Göttingen-Heidelberg 1950.

BURGERS, W. G., Rekristallisation, verformter Zustand und Erholung. Leipzig 1941.

COTTRELL, A. H., Dislocations and plastic flow in crystals. Oxford 1956.

—, Theoretical structural metallurgy. 2. Aufl. London 1957.

DEKEYSER, W., und S. AMELINCKX, Les dislocations et la croissance des cristaux. Paris 1955.

EDER, F. X. und P. TÄUBERT, Eigenverfestigung der FRANK-READ-Quelle. Die Naturwiss. **41**, 473 (1954).

Vgl. ferner SCHMID-BOAS, HALLA, DEKKER, KITTEL, VERMA, siehe oben.

3. Kristallwachstum und Versetzungen

KLEBER, W., Fehlordnung und Kristallwachstum. Wiss. Z. Humboldt-Univ. Berlin 1960.

FRANK, F. C., The growth of carborundum: dislocation and polytypism. Phil. Mag. **42**, 1014 (1951).

JAGODZINSKI, H., Fehlordnungserscheinungen und ihr Zusammenhang mit der Polytypie des SiC. N. Jb. Min. Mh. **49** (1954).

JÄNTSCH, O., Zur Theorie der linearen Kristallisationsgeschwindigkeit unterkühlter Schmelzen. Z. Krist. **108**, 185 (1956).

GYULAI, Z., Beiträge zum Mechanismus des Kristallwachstums. Magyar Fizikai Folyoirat **2**, 371 (1954).

BORCHARDT-OTT, W., und W. KLEBER, Über das Whisker-Wachstum organischer Salzkristalle. Z. phys. Chem. **211**, 79 (1959).

SEARS, G. W., Fibrous growth of $NaClO_3$. Journ. Chem. Phys. **26**, 1549 (1957).

BOHM, J., Experimentelle Verfahren zur unmittelbaren Untersuchung von Versetzungen. Fortschr. Min. **38**, 82 (1960).

4. Diffusions- und Leitereigenschaften

WAGNER, C., Fehlordnungserscheinungen in Ionengittern als Grundlage für Ionen- und Elektronenleitungen. Phys. Z. **36**, 721 (1935).

GUDDEN, B., und W. SCHOTTKY, Probleme der Ionen- und Elektronenleitung in nichtmetallischen festen Körpern. Phys. Z. **36**, 717 (1934).

POHL, R. W., Zur Elektronenleitung in Kristallen. Phys. Z. **35**, 107 (1934).

—, Zusammenfassender Bericht über Elektronenleitung und photochemische Vorgänge in Alkalihalogenidkristallen. Phys. Z. **39**, 36 (1938).

JOST, WILHELM, Diffusion und chemische Reaktion in festen Stoffen. Dresden und Leipzig 1937.

SEELIGER, RUDOLF, Angewandte Atomphysik. Berlin 1938.

GEISMANN, HEINRICH, Über Detektoren. Phys. Z. **36**, 132 (1935).

HAUFFE, K., Reaktionen mit festen Stoffen, aus: „Aktuelle Probleme der physikalischen Chemie". Herausgegeb. von E. THILO. Berlin 1953, 135 bis 181.

—, Reaktionen in und an festen Stoffen. Berlin-Göttingen-Heidelberg 1955.

SPENKE, E., Elektronische Halbleiter. Berlin-Göttingen-Heidelberg 1956.

SHOCKLEY, W., Electrons and Holes in Semiconductors. Princeton N. J. 1956.

Vgl. ferner DEKKER, KITTEL, SEEGER, siehe oben.

5. Lumineszenzerscheinungen

LENARD, P., F. SCHMIDT und R. TOMASCHEK, Phosphoreszenz und Fluoreszenz. Handb. d. Experimentalphys. **23** (1928).

RIEHL, N., Aufbau und Wirkungsweise leuchtfähiger Zinksulfide und anderer Luminophore. Ann. Phys. **29** (5), 636 (1937).

MÖGLICH, F., und R. ROMPE, Über die Energieumwandlung in Kristallphosphoren. Phys. Z. **41**, 236 (1940).

— —, Über Energieumwandlung in Festkörpern. Z. Phys. **115**, 707 (1940).

RIEHL, N., Physik und technische Anwendung der Lumineszenz. Berlin 1941.

SCHÖN, M., Zum Leuchtmechanismus der Kristallphosphore. Z. Phys. **119**, 463 (1942).

MÖGLICH, F., und R. ROMPE, Zur HEDVALLschen Störstellenwanderung. Phys. Z. **44**, 77 (1943).

BIRUS, K., F. MÖGLICH und R. ROMPE, Über einige die Kristallphosphore und Isolatoren betreffenden Fragen. Phys. Z. **44**, 122 (1943).

SCHÖN, M., Die physikalischen Vorgänge in den Kristallphosphoren. Forschg. Fortschr. **19**, Nr. 23/24, 1 (1943).

STEINMETZ, H., Über Thermolumineszenz. Fortschr. Min. usw. **20**, 58 (1936).

ALT, M., und H. STEINMETZ, Über Thermolumineszenz von Quarz. Z. angew. Min. **2**, 153 (1939).

PRZIBRAM, K., Verfärbung und Lumineszenz. Wien 1953.

MOTT, N. F., und R. W. GURNEY, Electronic processes in ionic crystals. 2. Aufl. Oxford 1953.

ADIROWITSCH, E. I., Einige Fragen zur Theorie der Lumineszenz der Kristalle. Berlin 1953.

STÖCKMANN, F., Zur Physik der Kristallphosphore. Naturwiss. **39**, 226, 246 (1952).

Vgl. ferner KITTEL, SEITZ, siehe oben.

5. Zwillingsbildung

FRIEDEL, G., Leçons de cristallographie. Paris 1926.

LÖFFLER, M., Strukturelle und kristallchemische Grundlagen der Zwillingsbildung. N. Jb. Min. (A) Beil.-Bd. **68**, 125 (1934).

LÜDEMANN, H., und H. RAETHER, Über die Struktur dünner auf Einkristallunterlagen aufgedampfter Alkalihalogenidschichten. Acta Cryst. **6**, 873 (1953).

LÜDEMANN, H., Zur Zwillingsbildung in aufgedampften Alkalihalogenidschichten vom NaCl-Typ. Z. Kristall. **108**, 397 (1957).

Namenverzeichnis

Sachverzeichnis

Steinsalztypus, Gitterenergie 62
STOKESsche Linien 187

MIX
Papier | Fördert gute Waldnutzung
FSC® C083411

Zeitfracht Medien GmbH
Ferdinand-Jühlke-Straße 7
99095 Erfurt, Deutschland
produktsicherheit@kolibri360.de